CAD/CAM 职场技能高手视频教程

SolidWorks 2018 基础、进阶、高手一本通

陈桂山　编著

电子工业出版社
Publishing House of Electronics Industry
北京·BEIJING

内 容 简 介

本书是全面、系统学习和运用 SolidWorks 软件的图书,全书分为 15 章,从基础的 SolidWorks 环境介绍开始讲起,以循序渐进的方式详细介绍了操作设置、草图的绘制与编辑、基准特征和曲线的创建等基础知识,接着讲述了进阶方面的知识,包括三维建模特征的创建、放置特征的创建、特征的复制及修改、曲面创建与编辑、装配设计、工程图设计、钣金设计等,最后通过具体的实例训练,结合实际情况介绍常用技巧方法,对每一个抽象的概念、命令、功能和技巧进行讲解,通俗易懂,化深奥为简单易学,使读者能够深入地体会其运用技巧,以达到成为高手的目的。

在内容设置上,书中实例内容具有很强的实用性和广泛的适用性,所有实例均为实际生活中常见产品,使读者能更加贴切地感受到学习 SolidWorks 的用途;在写作方式上,紧贴 SolidWorks 软件的特性,使读者更加准确、快速地操作软件,提高学习效率。

本书的设计技巧,适合 SolidWorks 2012 至 SolidWorks 2018 所有版本,并且是根据专业设计者经常使用 SolidWorks 的操作技巧来编写的,希望读者能够掌握这些操作技巧。

本书适合初、中、高级读者学习,可以作为广大读者快速掌握 SolidWorks 的操作指导书,也可作为大中专院校工业设计、产品设计、仿真、模具设计与计算机辅助设计类课程的教材。

未经许可,不得以任何方式复制或抄袭本书之部分或全部内容。
版权所有,侵权必究。

图书在版编目(CIP)数据

SolidWorks 2018基础、进阶、高手一本通 / 陈桂山编著. —北京:电子工业出版社,2019.6
CAD/CAM职场技能高手视频教程
ISBN 978-7-121-35698-8

Ⅰ. ①S… Ⅱ. ①陈… Ⅲ. ①计算机辅助设计-应用软件-教材 Ⅳ. ①TP391.72

中国版本图书馆CIP数据核字(2018)第280908号

责任编辑:许存权(QQ:76584717)
文字编辑:宁浩洛
印　　刷:天津千鹤文化传播有限公司
装　　订:天津千鹤文化传播有限公司
出版发行:电子工业出版社
　　　　　北京市海淀区万寿路 173 信箱　邮编 100036
开　　本:787×1 092　1/16　印张:29.25　字数:749 千字
版　　次:2019 年 6 月第 1 版
印　　次:2019 年 6 月第 1 次印刷
定　　价:79.00 元

凡所购买电子工业出版社图书有缺损问题,请向购买书店调换。若书店售缺,请与本社发行部联系,联系及邮购电话:(010)88254888,88258888。
质量投诉请发邮件至 zlts@phei.com.cn,盗版侵权举报请发邮件至 dbqq@phei.com.cn。
本书咨询联系方式:(010)88254484,xucq@phei.com.cn。

前　　言

　　SolidWorks 为达索系统（Dassault Systemes S.A）下的子公司，专门负责研发与销售机械设计软件的视窗产品，其研发的 SolidWorks 软件是世界上第一个基于 Windows 开发的三维 CAD 系统，其技术创新符合 CAD 技术的发展潮流和趋势。SolidWorks 有功能强大、易学易用和技术创新三大特点，这使其成为领先的、主流的三维 CAD 解决方案。SolidWorks 能够提供不同的设计方案，减少设计过程中的错误，并提高产品质量。熟悉微软的 Windows 系统的用户基本上都可以用 SolidWorks 来做设计。

　　目前，达索系统推出的最新版本 SolidWorks 2018 中文版，更是集图形处理之大成，代表了当今三维软件的最新潮流和技术巅峰。

本书特点

　　本书不同于以往 SolidWorks 图书，每个命令直接采用操作步骤的方法来说明。全书从基础的知识点开始介绍，对具体的命令进行了详细的操作来说明，使读者能够体会每个命令的使用方法，以及通过带简单实例的说明方式，使读者更加体会命令，提高了学习效率。这样有利于读者举一反三、融会贯通，从而大大提高读者的学习效率，方便掌握其技巧方法。

本书特色

　　（1）内容新颖。以"基础""进阶""高手"的方式安排内容，从基础的命令知识点讲解，到以进阶的方式介绍技巧，再以高手的形式进行实例训练，使 SolidWorks 的应用简单易学。

　　（2）案例丰富。每个章节命令都是以练习的模式来安排的，真正做到边学习边练习，理论联系实际，容易理解上手。

　　（3）功能完全。图书为图解版，以图解作说明，一步一步来进行讲解，简单易学。

　　（4）实用性强。作者实践经验丰富，每个命令、技巧和实例都是作者精心选取和亲自操作过的。

　　（5）视频讲解。每个命令、技巧和实例都录制有视频讲解，使读者学习轻松愉快。

　　本书的进阶部分介绍了常用的基本技巧方法，最后的高手部分提供了相关的实训，内容涵盖了草图的绘制、基准特征的创建、三维建模特征的创建、放置特征的创建、特征的复制及修改、曲面创建与编辑、装配设计、工程图设计，以及造型等领域的操作技巧，叙述清晰，从基础的知识点扩散，让读者既能体会基础知识的重要，又能达到高手训练的目的，真正帮助读者掌握绘图的技巧。

　　随书资源包括了基础知识、进阶的技巧方法及高手的实训练习视频讲解，并附带相关的文件，读者可以充分应用这些资源提高学习效率。

　　读者在学习过程中遇到难以解答的问题，可以向本书技术支持 QQ：3164914606（在线答疑）求助，或直接发邮件到编者邮箱 guishancs@163.com，编者会尽快给予解答。

编　者

目　　录

第一篇　基础篇

第1章　操作设置 …………………… (2)
- 1.1　SolidWorks 2018 操作界面 ………… (3)
- 1.2　文件的管理 ……………………………… (5)
  - 1.2.1　新建文件 ……………………… (5)
  - 1.2.2　打开文件 ……………………… (6)
  - 1.2.3　保存操作 ……………………… (6)
  - 1.2.4　关闭文件 ……………………… (7)
- 1.3　"建模"设计界面 …………………… (7)
  - 1.3.1　菜单栏与快速访问
    　　　工具栏 ……………………… (8)
  - 1.3.2　工具栏 ………………………… (8)
  - 1.3.3　状态栏 ………………………… (10)
  - 1.3.4　FeatureManager 设计树 …… (10)
  - 1.3.5　属性管理器 …………………… (11)
- 1.4　工具栏的设置 ………………………… (11)
- 1.5　快捷键的设置 ………………………… (13)
- 1.6　背景和实体颜色的设置 …………… (14)
  - 1.6.1　背景设置 ……………………… (14)
  - 1.6.2　实体颜色设置 ………………… (15)
- 1.7　单位的设置 …………………………… (16)
- 1.8　视图的修改方法 ……………………… (17)
- 1.9　SolidWorks 术语和模型显示
  　　方法 ……………………………………… (18)
  - 1.9.1　常用术语 ……………………… (18)
  - 1.9.2　模型显示 ……………………… (20)
- 本章小结 …………………………………… (21)

第2章　草图绘制 ……………………… (22)
- 2.1　草图绘制的基本知识 ………………… (23)
- 2.2　绘制直线、中心线与中点线 ……… (25)
- 2.3　绘制圆与周边圆 ……………………… (27)
- 2.4　绘制圆弧 ……………………………… (29)
- 2.5　绘制矩形 ……………………………… (33)
- 2.6　绘制多边形 …………………………… (38)
- 2.7　绘制椭圆与部分椭圆 ………………… (39)
- 2.8　绘制抛物线 …………………………… (41)
- 2.9　绘制圆锥曲线 ………………………… (42)
- 2.10　绘制样条曲线 ……………………… (43)
- 2.11　绘制样式曲线 ……………………… (43)
- 2.12　绘制草图文字 ……………………… (44)
- 2.13　绘制直槽口 ………………………… (45)
- 2.14　绘制点 ……………………………… (49)
- 本章小结 …………………………………… (50)

第3章　草图的编辑与尺寸 ………… (51)
- 3.1　绘制圆角和倒角 ……………………… (52)
- 3.2　等距实体 ……………………………… (53)
- 3.3　转换实体引用 ………………………… (54)
- 3.4　交叉曲线 ……………………………… (55)
- 3.5　剪裁实体 ……………………………… (56)
- 3.6　延伸实体 ……………………………… (57)
- 3.7　镜像实体 ……………………………… (58)
- 3.8　线性草图阵列和圆周草图阵列 …… (59)
- 3.9　移动实体 ……………………………… (62)
- 3.10　复制实体 …………………………… (63)
- 3.11　旋转实体 …………………………… (64)
- 3.12　伸展实体 …………………………… (65)
- 3.13　缩放实体比例 ……………………… (66)
- 3.14　尺寸的创建 ………………………… (67)
- 3.15　添加几何关系 ……………………… (71)
- 本章小结 …………………………………… (73)

第4章　曲线的创建 …………………… (74)
- 4.1　绘制三维草图 ………………………… (75)
- 4.2　创建投影曲线 ………………………… (77)
- 4.3　创建组合曲线 ………………………… (80)
- 4.4　创建螺旋线 …………………………… (81)
- 4.5　创建涡状线 …………………………… (82)
- 4.6　创建分割线 …………………………… (83)

4.7 创建通过参考点的曲线 ……… （85）
4.8 创建通过XYZ点的曲线 ……… （86）
本章小结 ……… （88）

第二篇 进阶篇

第5章 实体特征建模 ……… （90）
5.1 熟悉特征建模基础 ……… （91）
5.2 创建基准面 ……… （92）
5.3 创建基准轴 ……… （96）
5.4 创建坐标系 ……… （100）
5.5 创建点 ……… （101）
5.6 创建拉伸特征 ……… （105）
5.7 创建旋转特征 ……… （110）
5.8 创建扫描特征 ……… （112）
5.9 创建放样特征 ……… （118）
5.10 创建边界凸台/基体特征 ……… （124）
本章小结 ……… （125）

第6章 特征的操作 ……… （126）
6.1 创建圆角特征 ……… （127）
6.2 创建倒角特征 ……… （134）
6.3 创建圆顶特征 ……… （139）
6.4 创建拔模特征 ……… （140）
6.5 创建抽壳特征 ……… （144）
6.6 创建孔特征 ……… （146）
6.7 创建筋特征 ……… （149）
6.8 创建自由形特征 ……… （150）
6.9 创建比例缩放特征 ……… （151）
6.10 创建边界切除特征 ……… （152）
6.11 创建放样切除特征 ……… （153）
6.12 创建阵列特征 ……… （154）
6.13 创建镜像特征 ……… （162）
6.14 创建包覆特征 ……… （164）
6.15 创建相交特征 ……… （165）
本章小结 ……… （165）

第7章 特征的编辑 ……… （166）
7.1 特征的复制与删除 ……… （167）
7.2 参数化设计 ……… （169）
7.3 库特征 ……… （175）
7.4 查询功能 ……… （177）
7.5 零件的特征管理 ……… （181）
7.6 零件外观的操作方法 ……… （186）

本章小结 ……… （190）

第8章 曲面建模与编辑 ……… （191）
8.1 曲面基础知识 ……… （192）
8.2 创建拉伸曲面 ……… （193）
8.3 创建旋转曲面 ……… （194）
8.4 创建曲面-平面区域 ……… （195）
8.5 创建扫描曲面 ……… （196）
8.6 创建放样曲面 ……… （197）
8.7 创建等距曲面 ……… （198）
8.8 创建边界曲面 ……… （199）
8.9 创建延展曲面 ……… （201）
8.10 创建缝合曲面 ……… （202）
8.11 创建相交曲面 ……… （203）
8.12 创建延伸曲面 ……… （203）
8.13 创建剪裁曲面 ……… （205）
8.14 创建填充曲面 ……… （207）
8.15 中面、替换面和删除面 ……… （207）
8.16 移动、复制和旋转曲面 ……… （211）
本章小结 ……… （213）

第9章 钣金设计 ……… （214）
9.1 钣金设计基础知识 ……… （215）
9.2 创建转换钣金特征 ……… （215）
9.3 创建法兰特征 ……… （216）
9.4 创建褶边特征 ……… （223）
9.5 创建闭合角特征 ……… （224）
9.6 创建绘制的折弯特征 ……… （225）
9.7 创建放样折弯特征 ……… （227）
9.8 创建转折特征 ……… （229）
9.9 创建切口特征 ……… （230）
9.10 展开钣金折弯 ……… （231）
9.11 创建断开边角、焊接的边角特征 ……… （234）
9.12 创建通风口特征 ……… （235）
本章小结 ……… （237）

第10章 装配设计 ……… （238）
10.1 装配设计基础知识 ……… （239）

10.2	装配体的基本操作 ……………	(239)	11.2 定义图纸的格式 ……………	(265)
10.3	定位零部件 ……………………	(243)	11.3 插入基本视图 ………………	(268)
10.4	零件的复制、阵列与镜像 ……	(250)	11.4 编辑视图 ……………………	(276)
10.5	装配体的检查 …………………	(254)	11.5 注解的标注 …………………	(280)
10.6	创建爆炸视图 …………………	(258)	11.6 导出 CAD 工程图的方法 ……	(283)
10.7	装配体的简化 …………………	(260)	本章小结 ………………………………	(287)
	本章小结 ………………………………	(262)		

第 11 章　工程图设计 …………… (263)

　　11.1　工程图制作环境 …………… (264)

第三篇　高手篇

第 12 章　高手实训——简单实体和工程图设计 ………… (289)

- 12.1　机座的绘制 ………………… (290)
- 12.2　剃须刀盖的绘制 …………… (295)
- 12.3　容器盖的绘制 ……………… (299)
- 12.4　按钮的绘制 ………………… (302)
- 12.5　六角头螺栓的绘制 ………… (310)
- 12.6　六角螺母的绘制 …………… (312)
- 12.7　蝶形螺母的绘制 …………… (315)
- 12.8　阶梯轴的绘制 ……………… (318)
- 12.9　键槽轴的绘制 ……………… (321)
- 12.10　工程图的创建 …………… (323)
- 本章小结 ……………………………… (328)

第 13 章　高手实训——复杂零件设计 ……………………… (329)

- 13.1　茶杯的绘制 ………………… (330)
- 13.2　三通阀门的绘制 …………… (332)
- 13.3　喇叭的绘制 ………………… (337)
- 13.4　齿轮的绘制 ………………… (346)
- 13.5　圆锥齿轮的绘制 …………… (349)
- 13.6　齿轮轴的绘制 ……………… (354)
- 13.7　盘心齿轮的绘制 …………… (358)
- 本章小结 ……………………………… (365)

第 14 章　高手实训——曲面设计 … (366)

- 14.1　盖子的绘制 ………………… (367)
- 14.2　上盖的绘制 ………………… (373)
- 14.3　啤酒瓶盖的绘制 …………… (382)
- 14.4　鼠标外壳的绘制 …………… (391)
- 14.5　茶壶的绘制 ………………… (397)
- 14.6　轮毂模型的绘制 …………… (406)
- 本章小结 ……………………………… (420)

第 15 章　高手实训——装配设计 … (421)

- 15.1　茶壶的装配 ………………… (422)
- 15.2　轴承的装配 ………………… (426)
- 15.3　齿轮泵装配 ………………… (433)
- 本章小结 ……………………………… (460)

SolidWorks 2018 基础、进阶、高手一本通

第一篇

基 础 篇

第 1 章 操作设置

Chapter 01 操作设置

SolidWorks 软件是世界上第一个基于 Windows 开发的三维 CAD 系统，对于熟悉微软的 Windows 系统的用户，基本上就可以用 SolidWorks 来搞设计了。

SolidWorks 有功能强大、易学易用和技术创新三大特点，这使得 SolidWorks 成为领先的、主流的三维 CAD 解决方案。SolidWorks 能够提供不同的设计方案、减少设计过程中的错误以及提高产品质量。SolidWorks 不仅提供如此强大的功能，而且对每个工程师和设计者来说，其操作简单方便、易学易用。

学习重点

- ☑ 熟悉 SolidWorks 2018 操作界面
- ☑ 掌握文件管理的方法
- ☑ 熟悉"建模"设计界面
- ☑ 掌握工具栏设置的方法
- ☑ 掌握设置快捷键的方法
- ☑ 掌握背景和实体颜色设置的方法
- ☑ 掌握设置单位的方法
- ☑ 掌握视图修改的方法
- ☑ 掌握 SolidWorks 术语
- ☑ 掌握视图显示的方法

1.1 SolidWorks 2018 操作界面

启动桌面上的"SolidWorks 2018 x64 Edition"程序后，欢迎界面如图 1-1 所示，其包含主页、最近、学习、提醒四个选项。

图 1-1 SolidWorks 2018 x64 Edition 欢迎界面

单击"主页"中的"新建"选项下的"零件"按钮，系统弹出如图 1-2 所示的系统提示框，单击对话框中的"确定"按钮，系统进入如图 1-3 所示的初始操作界面，其采用的是"SolidWorks 2018 x64 Edition 初始操作界面"，包括标题栏、菜单栏、快速访问工具栏、状态栏、资源板。

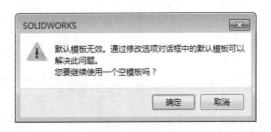

图 1-2 系统提示框

在初始操作界面的窗口中，可以查看一些 SolidWorks 资源菜单，比如 SolidWorks 工具、社区、在线资源、订阅服务等，这对初学者来说可以更加方便操作。

在初始操作界面中，可以单击"快速访问工具栏"中的"新键"按钮，打开"新建 SOLIDWORKS 文件"对话框，如图 1-4 所示，从中选定所需的模块和文件名称等，进入主操作界面。

这里选择"零件"模块，即单一设计零部件的 3D 展现，然后单击"确定"按钮，即进入"建模"设计界面，该主操作界面主要由标题栏、菜单栏、工具栏、状态栏、资源板和绘图区域（图形区）等部分组成，如图 1-5 所示。

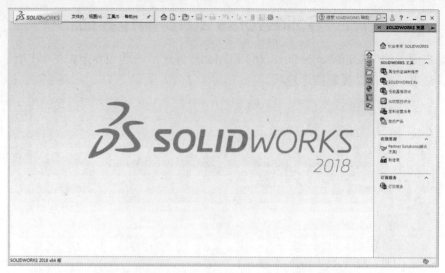

图 1-3 SolidWorks 2018 x64 Edition 初始操作界面

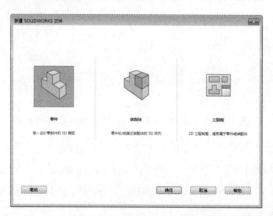

图 1-4 "新建 SOLIDWORKS 文件"对话框

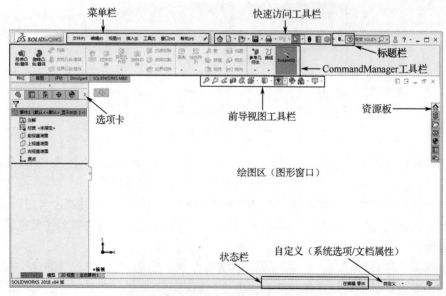

图 1-5 SolidWorks 建模设计操作界面

在绘制完成一个文件后，若要退出 SolidWorks 系统，则在菜单栏中选择"文件"→"退出"命令，系统弹出如图 1-6 所示的系统提示框，根据需要进行相关操作。

图 1-6　系统提示框

1.2　文件的管理

下面将具体讲解文件管理的方法。

1.2.1　新建文件

选择菜单栏中的"文件"→"新建"命令，系统将打开如图 1-4 所示的"新建 SOLIDWORKS 文件"对话框，用户可以根据需要选择合适的模块。

该对话框中常见的有 3 个选项，分别为"零件"、"装配体"和"工程图"；单击对话框中的"高级"按钮，对话框切换至如图 1-7（a）所示的界面。

此对话框有 2 个选项卡，"模板"选项卡和"Tutorial"选项卡，其中"模板"选项卡中的可选项分别为零件、装配体和工程图（6 个图纸幅面和格式）；"Tutorial"选项卡如图 1-7（b）所示，即指导教程模板。

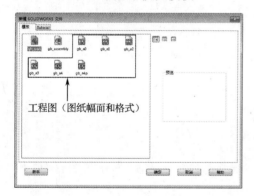

（a）"模板"选项卡

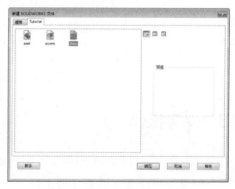

（b）"Tutorial"选项卡

图 1-7　高级模式下的新建文件对话框

操作步骤

01 单击快速访问工具栏中的"新建"按钮，系统打开新建对话框，如图 1-4 所示。

02 默认的选项为"零件",另外还有"装配体"和"工程图"选项,单击"确定"按钮,系统进入如图 1-5 所示的 SolidWorks 建模设计操作界面。

1.2.2 打开文件

操作步骤

01 单击"菜单栏"中的"文件"→"打开"命令。

02 或者单击"打开"按钮,系统弹出如图 1-8 所示的"打开"对话框,利用该对话框设置所需的文件类型。

03 从指定目录范围中选择要打开的文件后,单击"打开"按钮即可打开选定的文件。

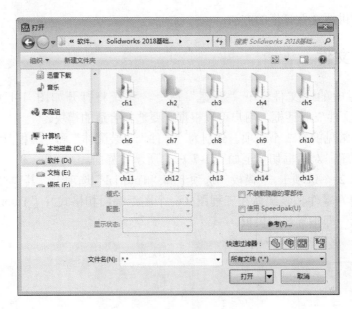

图 1-8 "打开"对话框

1.2.3 保存操作

在菜单栏的"文件"菜单中提供了多种保存操作的命令,包括"保存""另存为"和"保存所有"命令,这些命令的含义如下:

- ☑ 保存:保存激活文件。
- ☑ 另存为:以新名称保存激活文件。
- ☑ 保存所有:保存所有打开的文档。

单击快速访问工具栏中的"保存"按钮,系统打开如图 1-9 所示的"另存为"对话框,在此对话框中可以选择保存目录、新建目录,设置保存类型、保存文件的名称等操作,单击此对话框的"确定"按钮就可以保存当前设计的文件。

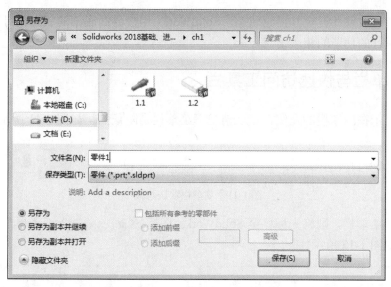

图 1-9 "另存为"对话框

1.2.4 关闭文件

选择"菜单栏"中的"文件"→"关闭"级联菜单，系统弹出如图 1-10 所示的"保存修改过的文档"对话框，其中提供了用于关闭文件的两种命令方式，用户可以根据实际情况选用一种关闭命令。

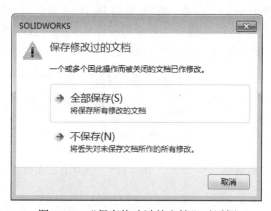

图 1-10 "保存修改过的文档"对话框

1.3 "建模"设计界面

这里主要介绍 SolidWorks 2018 建模设计操作界面中的菜单栏、工具栏、状态栏、FeatureManager 设计树和属性管理器。

新建一个零件文件后，进入 SolidWorks 2018 "建模"设计界面，该主操作界面主要由菜单栏、工具栏、状态栏、FeatureManager 设计树、属性管理器、资源板和绘图区域等部分组成，如图 1-5 所示。

装配体文件和工程图文件与零件文件的用户界面类似，在此不再叙述。

菜单栏包括了所有 SolidWorks 的命令，工具栏可根据文件类型（零件、装配体或者工程图）来调整和放置并设定其显示状态。SolidWorks 用户界面底部的状态栏可以给设计人员提供正在执行的功能的相关信息。

1.3.1　菜单栏与快速访问工具栏

菜单栏显示在标题栏的左侧，默认情况下菜单栏是隐藏的，如图 1-11 所示。

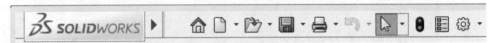

图 1-11　菜单栏默认隐藏

若要显示菜单栏，则将光标移至 SolidWorks 图标 上或者单击此图标，即显示菜单栏如图 1-12 所示。

图 1-12　菜单栏

若要始终保持菜单栏可见，则单击"图钉"图标 ，将其修改为钉住状态 ，菜单栏中最关键的功能集中在"插入"和"工具"菜单中。

单击快速访问工具栏中按钮旁边的下拉方向键，则打开带有附加功能的弹出菜单，即可访问更多的命令。如单击"保存"按钮 的下拉方向键，则包括"保存""另存为""保存所有"和"发布到 eDrawings"命令，如图 1-13 所示。

系统自动设定了保存文档提示信息，若文档在指定间隔（20 分钟内）未保存时，将出现如图 1-14 所示的"未保存的文档通知"对话框。

图 1-13　"保存"下拉菜单　　　　图 1-14　"未保存的文档通知"对话框

1.3.2　工具栏

SolidWorks 中有很多可以按需要显示或者隐藏的内置工具栏。单击菜单栏中的"视图"→"工具栏"命令，系统弹出如图 1-15 所示的选项菜单，或者在工具栏区域单击鼠标右键，选择"自定义"选项，系统弹出如图 1-16 所示的"自定义"对话框。

在实际的设计过程中会碰到所要选择的工具命令不在工具栏中的情况，此对话框可以调出面板中未显示的工具命令，下面将介绍调出工具命令的方法。

这里以"建模"设计操作界面为例，说明如何调出工具命令的方法。

第1章 操作设置

图1-15 选择"自定义"选项

图1-16 "自定义"对话框

操作步骤

01 选择"自定义"对话框中的"命令"选项卡，选择"类别"区域下的"特征"选项组中的"变形"选项，如图1-17所示。

02 选中其"变形"按钮后，按住鼠标左键拖动至SolidWorks中的工具栏中后，放开鼠标左键，即完成"变形"命令的添加，如图1-18所示。

图1-17 "命令"选项卡

图1-18 "变形"命令的添加

03 其他命令选项的添加方法与"变形"命令的添加方法一样，这里就不再叙述，请读者自行体会！

> **专家提示**：在工具栏添加或者删除命令按钮时，对工具栏的设置会应用到当前激活的 SolidWorks 文件类型中。

1.3.3 状态栏

状态栏位于 SolidWorks 用户界面底端的水平位置，提供了当前窗口中正在编辑内容的状态，以及指针位置坐标、草图状态等信息。典型信息如下。

① 重建模型图标 ：在更改了草图或者零件而需要重建模型时，重建模型图标会显示在状态栏中。

② 草图状态：在编辑草图过程中，状态栏中会出现 5 种草图状态，即完全定义、过定义、欠定义、没有找到解、发现无效的解。在零件完成之前，应该完全定义草图。

③ 快速提示帮助图标 ：根据 SolidWorks 的当前模式给出提示和选项，使使用者使用更方便快捷，对于初学者来说这是很有用的。

1.3.4 FeatureManager 设计树

FeatureManager 设计树位于 SolidWorks 用户界面的左侧，是 SolidWorks 中比较常用的部分，它提供了激活的零件、装配体或者工程图的大纲视图，从而可以很方便地查看模型、或者装配体的构造情况、或者工程图中不同的图纸和视图。

FeatureManager 设计树和绘图区是动态链接的。在使用时可以在任何窗格中选择特征、草图、工程视图和构造几何线。FeatureManager 设计树可以用来组织和记录模型中各个要素之间的参数信息和相互关系，以及模型、特征和零件之间的约束关系等，几乎包括了所有的设计信息。FeatureManager 设计树如图 1-19 所示。

FeatureManager 设计树的主要功能如下。

① 以名称来选择模型中的项目，即可通过在模型中选择其名称来选择特征、草图、基准面及基准轴。SolidWorks 在这一项中很多功能与 Windows 操作界面类似，例如在选择的同时按住<Shift>键，可以选取多个连续项目；在选择的同时按住 Ctrl 键，可以选取非连续项目。

② 确认和更改特征的生成顺序。在 FeatureManager 设计树中通过拖动项目可以重新调整特征的生成顺序，这将更改重建模型时特征重建的顺序。

③ 通过双击特征的名称可以显示特征的尺寸。

④ 如要更改项目的名称，在名称上缓慢地单击两次以选择该名称，然后输入新的名称即可，如图 1-20 所示。

⑤ 压缩和解除压缩零件特征和装配体零部件，这在装配零件时是很常用的。

⑥ 选中清单中的特征，单击鼠标右键，在设计树中还可以显示特征说明、零部件说明、零部件配置名称、零部件配置说明等项目，如图 1-21 所示。选择父子关系，可以查看父子关系。

⑦ 将文件夹添加到 FeatureManager 设计树中。

对 FeatureManager 设计树的熟练操作是应用 SolidWorks 的基础，也是 SolidWorks 的学习重点。

  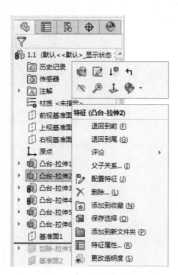

图 1-19　FeatureManager 设计树　　　图 1-20　更改名称　　　图 1-21　右键菜单选项

1.3.5　属性管理器

属性管理器一般会在初始化时使用，属性在其定义命令时自动出现。编辑草图并选择草图特征进行编辑时，所选草图特征的属性将自动出现。

1.4　工具栏的设置

SolidWorks 软件同其他软件一样，可以根据自己的需要显示或隐藏部分工具栏，以及添加或删除工具栏中的命令按钮，还可以根据需要设置零件、装配体和工程图的工作界面。

1. 利用菜单命令设置工具栏

利用菜单命令设置工具栏的操作步骤如下。

操作步骤

01 单击菜单栏中的"工具"→"自定义"命令，或者在工具栏区域右击，在弹出的快捷菜单中选择"自定义"命令，此时系统弹出如图 1-22 所示的"自定义"对话框。

02 单击对话框中的"工具栏"选项卡，此时会出现系统所有的工具栏，勾选需要打开的工具栏复选框。

03 单击对话框中的"确定"按钮，即在绘图区中显示选择的工具栏。

提示

如果要隐藏已经显示的工具栏，先取消对工具栏复选框的勾选，然后单击对话框中的"确定"按钮，此时在绘图区中将会隐藏取消勾选的工具栏。

图 1-22 "自定义"对话框

2. 利用鼠标右键设置工具栏

利用鼠标右键设置工具栏的操作步骤如下。

操作步骤

01 右键单击工具栏区域,系统会出现"工具栏"快捷菜单,如图 1-23 所示。

图 1-23 "工具栏"快捷键菜单

02 单击选择需要的工具栏，前面复选框的颜色会加深，则绘图区中会显示选择的工具栏；如果单击已经显示的工具栏，前面复选框的颜色会变浅，则绘图区中将会隐藏选择的工具栏。

> **专家提示**：隐藏工具栏还有一个简便的方法，即先选择界面中不需要的工具栏，再用鼠标将其拖到绘图区中，此时工具栏上会出现标题栏，可对其进行操作。

如图 1-24 所示是拖至绘图区中的"模具工具"工具栏，单击其右上角中的"关闭"按钮，则绘图区将隐藏该工具栏。

图 1-24 "模具工具"工具栏

1.5 快捷键的设置

设置快捷键的操作步骤如下。

操作步骤

01 单击菜单栏中的"工具"→"自定义"命令，或者在工具栏区域右击，在弹出的快捷菜单中选择"自定义"命令，此时系统弹出如图 1-22 所示的"自定义"对话框。

02 单击选择对话框中的"键盘"选项卡，如图 1-25 所示。

图 1-25 "键盘"选项卡

SolidWorks 2018 基础、进阶、高手一本通

03 选择"类别"下拉框中的具体选项,然后在下面列表的"命令"列中选择要设置快捷键的命令。

04 在"快捷键"选项中输入要设置的快捷键,然后单击对话框中的"确定"按钮,即完成设置。

1.6 背景和实体颜色的设置

在 SolidWorks 中,可以更改操作界面的背景及颜色,以设置个性化的用户界面,另外零部件和装配体模型也可根据需要修改颜色,下面将讲述背景和实体颜色的设置方法。

1.6.1 背景设置

设置背景的操作步骤如下。

操作步骤

01 单击菜单栏中的"工具"→"选项"命令,此时系统弹出系统选项对话框。

02 选择对话框中的"系统选项"选项卡的左侧列表框中的"颜色"选项,此时对话框如图 1-26 所示。

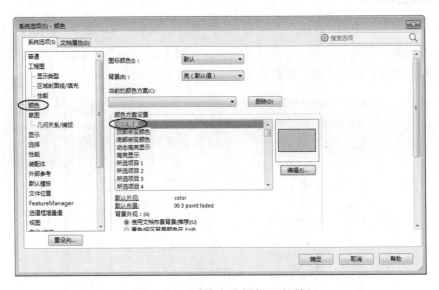

图 1-26 "系统选项-颜色"对话框

03 选择"颜色方案设置"列表框中的"视区背景"选项,然后单击"编辑"按钮,系统弹出如图 1-27 所示的"颜色"对话框,在其中选择需要设置的颜色,然后单击"确定"按钮。

04 单击"系统选项-颜色"对话框中的"确定"按钮,系统背景颜色即设置完成。

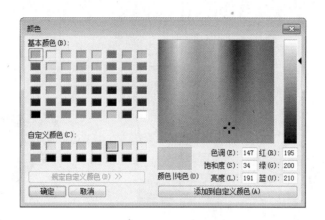

图 1-27 "颜色"对话框

1.6.2 实体颜色设置

系统默认的绘制模型实体的颜色为灰色，在零部件和装配体模型中，为了使图形有层次感和真实感，常常需要改变实体的颜色。

实体颜色设置的操作步骤如下。

操作步骤

01 打开文件。单击"打开"按钮，系统弹出"打开"对话框。

02 在"打开"对话框中选定名为"1.1"的文件，然后单击"打开"按钮，或者双击所选定的文件，即打开所选文件，如图 1-28 所示。

图 1-28 源文件

03 单击选中特征选项，然后单击鼠标右键，在弹出的快捷菜单中选择"外观"选项下的下拉按钮中的"编辑颜色"选项，如图 1-29 所示。

04 系统弹出如图 1-30 所示的"颜色"属性管理器，根据需要在"颜色"选项中单击其颜色。

05 选中颜色单击后，单击"颜色"属性管理器中的"确定"按钮，即完成实体颜色的设置，如图 1-31 所示。

图 1-29 "颜色"对话框　　图 1-30 "颜色"属性管理器　　图 1-31 完成的实体颜色设置

1.7　单位的设置

在三维实体建模前，需要设置好系统的单位，系统默认的单位是 MMGS（毫米、克、秒），可以使用自定义的方式设置其他类型的单位系统以及长度单位等。单位设置的操作步骤如下。

操作步骤

01 打开文件。单击"打开"按钮，系统弹出"打开"对话框。

02 在"打开"对话框中选定名为"1.2"的文件，然后单击"打开"按钮，或者双击所选定的文件，即打开所选文件，如图 1-34（a）所示。

03 单击菜单栏中的"工具"→"选项"命令，此时系统弹出"系统选项-普通"对话框。

04 单击对话框中的"文件属性"选项卡，然后在左侧列表框中选择"单位"选项，如图 1-32 所示。

05 将对话框中的"基本单位"选项组中的"长度"选项的"小数"设置为无，如图 1-33 所示，然后单击"确定"按钮，即完成单位的设置，效果如图 1-34（b）所示。

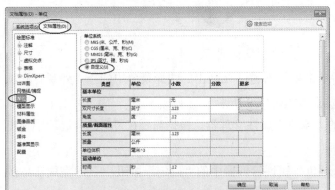
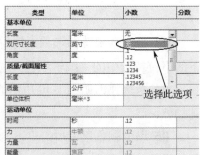

图 1-32　"文件属性"选项卡　　　　　　　　图 1-33　设置单位属性

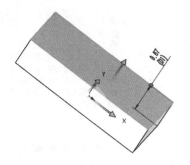
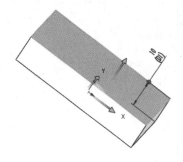

（a）设置单位前的图形　　　　　　　　　（b）设置单位后的图形

图 1-34　完成单位的设置

1.8　视图的修改方法

在进行设计过程中，经常需要进行选择对象的视图操作。视图的操作主要包括旋转模型视图、平移模型视图和缩放模型视图。

视图操作的基本命令位于菜单栏的"视图"→"修改"级联菜单中，如图 1-35 所示。一般熟练的绘图者都是采用下面的操作方法来快捷地进行一些视图操作。

- ☑ 旋转模型视图：按住鼠标中键的同时拖动鼠标。
- ☑ 平移模型视图：按住<Ctrl>键和鼠标中键的同时拖动鼠标。
- ☑ 缩放模型视图：使用鼠标滚轮，或者按住<Shift>键和鼠标中键的同时移动鼠标。

要更改背景的设置，可在绘图区域中单击鼠标右键，从弹出的快捷菜单中打开"编辑布景"选项，如图 1-36 所示，系统弹出如图 1-37 所示的"编辑布景"属性管理器，选择"颜色"选项，然后单击如图 1-38 所示的目标处，系统弹出如图 1-39 所示的"颜色"对话框，可根据需要选择背景颜色。

图 1-35　"视图"→"修改"级联菜单　　　图 1-36　选择"编辑布景"选项

SolidWorks 2018 基础、进阶、高手一本通

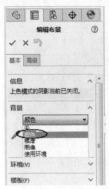
图 1-37 "编辑布景"对话框

图 1-38 选择目标

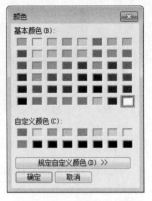
图 1-39 "颜色"对话框

要恢复正交视图或其他默认视图,则在绘图区域中单击鼠标右键,从弹出的快捷菜单中选择"视图定向"选项,如图 1-40 所示,系统弹出如图 1-41 所示的"方向"对话框,从中选择所需的视图选项。

图 1-40 选择"视图定向"选项

图 1-41 "方向"对话框

1.9 SolidWorks 术语和模型显示方法

在设计的工作过程中,应掌握软件中常用的一些术语,从而避免对一些语言理解上的歧义,另外掌握模型显示的一些基本知识。

下面将介绍 SolidWorks 术语和模型显示的一些知识。

1.9.1 常用术语

下面将介绍 SolidWorks 中常用的一些术语。

1. 文件窗口

SolidWorks 文件窗口有两个窗格,如图 1-42 所示。

文件窗口的左侧窗格包含下面几个项目。

☑ FeatureManager 设计树:显示零件、装配体或工程图的结构,如图 1-43 所示。例如,从 FeatureManager 设计树中选择一个项目,以便编辑基础草图、编辑特征、

压缩和解除压缩特征或零部件。

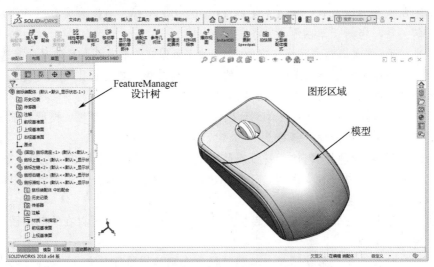

图 1-42　文件窗口

- ☑ 属性管理器：为草图、圆角特征、装配体配合等诸多功能提供设置，如图 1-44 所示。
- ☑ 配置管理器：能够在文档中生成、选择和查看零件和装配体的多种配置，如图 1-45 所示，配置是单个文档内的零件或装配体的变体。

> **提示**
>
> 可以分割左侧窗格，以便同时显示多个标签。例如，可以在顶部显示 FeatureManager 设计树，在底部显示要实现的特征的属性标签。

右侧窗格为绘图区域，此窗格用于生成和处理零件、装配体或工程图。

2. 常用模型术语

如图 1-46 所示中，可见常用的模型术语，下面将一一讲述常用的模型术语。

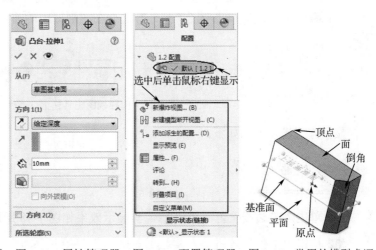

图 1-43　FeatureManager 设计树　　图 1-44　属性管理器　　图 1-45　配置管理器　　图 1-46　常用的模型术语

- ☑ 原点：显示为两个蓝色箭头，代表模型的（0，0，0）坐标。当草图为激活状态时，草图原点显示为红色，代表草图的（0，0，0）坐标。可以为模型原点添加尺寸和几何关系，但对于草图原点则不能添加。
- ☑ 顶点：两条或多条线或边线相交的点。例如，可以在绘制草图和标注尺寸时选择顶点。
- ☑ 面：帮助定义模型形状或曲面形状的边界。面是模型或曲面上可以选择的区域（平面的或非平面的）。例如，矩形实体有六个面。
- ☑ 平面：平面是平的构造几何体。可以使用平面来添加 2D 草图、模型的剖面视图和拔模特征中的中性面，等等。
- ☑ 轴：用于生成模型几何体、特征或阵列的直线。可以使用多种不同方法来生成轴，包括交叉两个基准面。另外，SolidWorks 应用程序以隐含方式为模型中的每个圆锥面或圆柱面生成临时轴。
- ☑ 边线：两个或多个面相交并且连接在一起的位置。例如，可以在绘制草图和标注尺寸时选择边线。
- ☑ 特征：特征为单个形状，如与其他特征结合则构成零件。有些特征如凸台和切除，由草图生成。有些特征如抽壳和圆角，则为修改特征而成的几何体。
- ☑ 几何关系：几何关系为草图实体之间或者草图实体与基准面、基准轴、边线或者顶点之间的几何约束，可以自动或者手动添加这些项目。
- ☑ 模型：模型为零件或者装配体文件中的三维实体几何体。
- ☑ 自由度：没有由尺寸或者几何关系定义的几何体可自由移动，在二维草图中，有 3 种自由度：沿 x 和 y 轴移动以及绕 z 轴旋转（垂直于草图平面的轴）。在三维草图中，有 6 种自由度：沿 x、y 和 z 轴移动，以及绕 x、y 和 z 轴旋转。
- ☑ 坐标系：坐标系为平面系统，用来给特征、零件和装配体指定笛卡尔坐标系。零件和装配体文件包含默认坐标系；其他坐标系可以用参考几何体定义，用于测量工具以及将文件输出到其他文件格式。

1.9.2 模型显示

SolidWorks 提供了五种模型显示方式，分别为带边线上色模型、上色模型、消除隐藏线模型、隐藏线可见模型和线架图模型，其选项在图形区中的前导视图工具栏上，如图 1-47 所示。

图 1-47 前导视图工具栏上

显示方式操作方法如下。

操作步骤

01 单击"带边线上色"按钮，其显示效果如图 1-48 所示。

02 单击"上色"按钮，其显示效果如图 1-49 所示。

03 单击"消除隐藏线"按钮,其显示效果如图 1-50 所示。

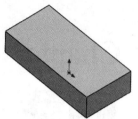

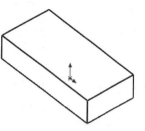

图 1-48　带边线上色模型　　　图 1-49　上色模型　　　图 1-50　消除隐藏线模型

04 单击"隐藏线可见"按钮,其显示效果如图 1-51 所示。

05 单击"线架图"按钮,其显示效果如图 1-52 所示。

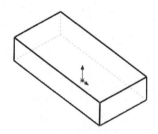
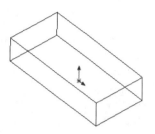

图 1-51　隐藏线可见模型　　　　　图 1-52　线架图模型

本章小结

SolidWorks 是一套机械设计自动化软件,它采用了大家所熟悉的 Microsoft Windows 图形用户界面(对此后面将 CommandManager 工具栏简称为功能区)。使用这套简单易学的工具,机械设计工程师能够快速地按照其设计思想绘制出草图。

本章主要介绍 SolidWorks 2018 操作设置技巧必备知识,具体包括熟悉 SolidWorks 2018 操作界面、掌握文件管理、建模设计界面、工具栏设置、快捷键设置、背景设置、实体颜色设置、单位设置、视图修改、SolidWorks 术语、模型显示的方法。本章所设置的必学技能是学习后续设计的基础。

第 2 章 草图绘制

SolidWorks 为用户提供了功能强大且操作简便的草绘功能。大部分特征是由二维草图绘制开始的,草图绘制在该软件使用中占有重要的地位,本章重点介绍草图的绘制方法。

草图一般是由点、线、圆弧、圆和抛物线等基本图形构成的封闭或不封闭的几何图形,是三维实体建模的基础。

Chapter 02 草图绘制

学习重点

- ☑ 草图绘制的基本知识
- ☑ 绘制直线、中心线与中点线
- ☑ 绘制圆与周边圆
- ☑ 绘制圆弧
- ☑ 绘制矩形
- ☑ 绘制多边形
- ☑ 绘制椭圆与部分椭圆
- ☑ 绘制抛物线
- ☑ 绘制圆锥曲线
- ☑ 绘制样条曲线和样式曲线
- ☑ 绘制草图文字
- ☑ 绘制直槽口
- ☑ 绘制点

2.1 草图绘制的基本知识

草图是大多数 3D 模型的基础。通常，创建模型的第一步是绘制草图，随后可以从草图生成特征。将一个或多个特征组合即生成零件。然后，可以组合和配合适当的零件以生成装配体。从零件或装配体，就可以生成工程图。

草图指的是 2D 轮廓或横断面。可以使用基准面或平面来创建 2D 草图。除了 2D 草图，还可以创建包括 X 轴、Y 轴和 Z 轴的 3D 草图。

进入草图绘制界面的操作步骤如下。

操作步骤

01 单击功能区中的"草图"选项卡，如图 2-1 所示，系统显示"草图"功能区，然后单击"草图"功能区中的"草图绘制"按钮，此时绘图区显示系统默认基准面，如图 2-3 所示。

02 或者选择菜单栏中的"插入"→"草图绘制"命令，如图 2-2 所示，此时绘图区显示系统默认基准面，如图 2-3 所示。

图 2-1 选择的命令

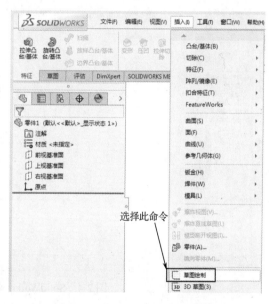

图 2-2 选择"草图绘制"命令

03 单击选择绘图区中 3 个基准面中的一个，即确定要在所选基准面上绘制草图实体。

04 这里单击绘图区中的上视基准面，此时系统进入如图 2-4 所示的 SolidWorks 草图设计操作界面。

05 绘制完草图后，单击"草图"功能区中的"退出草图"按钮，即退出草图绘制状态。

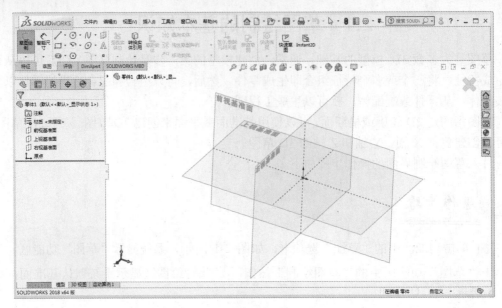

图 2-3 SolidWorks 草图界面

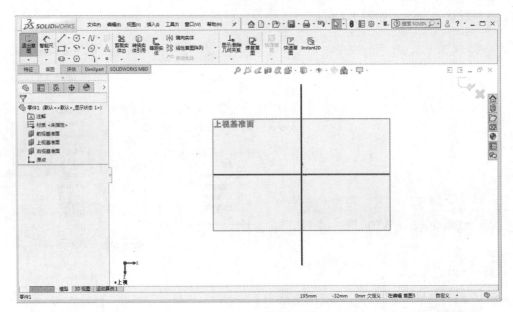

图 2-4 SolidWorks 草图设计操作界面

06 或者单击菜单栏中的"插入"→"退出草图"命令,如图 2-5 所示,即退出草图绘制状态。

07 或者单击快速访问工具栏中的"重建模型"按钮,如图 2-6 所示,即退出草图绘制状态。

08 或者单击绘图区右上角中的确认提示图标,如图 2-7 所示,即退出草图绘制状态,若单击确认提示图标右下方的图标,则弹出如图 2-8 所示的系统提示框,根据需要单击其中的按钮,退出草图绘制状态。

第 2 章 草图绘制

图 2-5 选择"退出草图"命令

图 2-6 单击"重建模型"按钮

图 2-7 确认提示图标

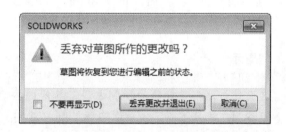

图 2-8 系统提示框

2.2 绘制直线、中心线与中点线

下面将介绍绘制直线、中心线与中点线的方法。

1．绘制直线

按照下面的操作方法绘制直线。

操作步骤

01 单击功能区中的"草图"选项卡，系统显示"草图"功能区，然后单击"草图"功能区中的"草图绘制"按钮，此时绘图区显示系统默认基准面。

02 单击绘图区中的上视基准面，此时系统进入如图 2-4 所示的 SolidWorks 草图设计操作界面。

03 单击"草图"功能区中的"直线"按钮，系统打开如图 2-9 所示的"插入线条"属性管理器。

04 选择属性管理器中的"水平"选项，然后绘制如图 2-10 所示的直线，再在如图 2-11 所示的属性管理器中修改直线长度为 100。

25

05 单击"线条属性"属性管理器中的"确定"按钮 ✓，再单击"草图"功能区中的"退出草图"按钮，即退出草图绘制状态，完成水平直线的绘制，如图 2-12 所示。

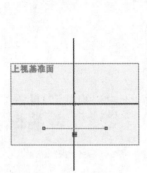

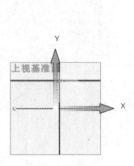

图 2-9 "插入线条"属性 　　图 2-10 草图中的 　　图 2-11 "线条属性"属性 　　图 2-12 绘制的
　　　　　管理器 　　　　　　　　　　直线 　　　　　　　　　　管理器 　　　　　　　　　　直线

> **提示**
> 这里就讲述水平直线的绘制方法，其他的按绘制原样、竖直和角度就不再叙述，和水平绘制方法差不多，请读者自行了解。

2. 绘制中心线

按照下面的操作方法绘制中心线。

操作步骤

01 单击功能区中的"草图"选项卡，系统显示"草图"功能区，然后单击"草图"功能区中的"草图绘制"按钮，此时绘图区显示系统默认基准面。

02 单击绘图区中的上视基准面，此时系统进入如图 2-4 所示的 SolidWorks 草图设计操作界面。

03 单击"草图"功能区中的"中心线"按钮，系统打开"插入线条"属性管理器，选择属性管理器中的"水平"选项，然后绘制如图 2-13 所示的中心线，再在如图 2-14 所示的"线条属性"属性管理器中修改中心线的长度为 150。

04 单击"线条属性"属性管理器中的"确定"按钮 ✓，再单击"草图"功能区中的"退出草图"按钮，并按下 Esc 键退出，即完成水平中心线的绘制，如图 2-15 所示。

3. 绘制中点线

按照下面的操作方法绘制中点线。

第 2 章 草图绘制

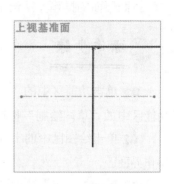

图 2-13 草图中的中心线　　图 2-14 "线条属性"属性管理器　　图 2-15 绘制的中心线

操作步骤

01 单击功能区中的"草图"选项卡，系统显示"草图"功能区，然后单击"草图"功能区中的"草图绘制"按钮，此时绘图区显示系统默认基准面。

02 单击绘图区中的上视基准面，此时系统进入如图 2-4 所示的 SolidWorks 草图设计操作界面。

03 单击"草图"功能区中的"中点线"按钮，系统打开"插入线条"属性管理器，选择属性管理器中的"水平"选项，然后绘制如图 2-16 所示的中点线，再在如图 2-17 所示的"线条属性"属性管理器中修改中点线长度位 150。

04 单击"线条属性"属性管理器中的"确定"按钮，再单击"草图"功能区中的"退出草图"按钮，并按下 Esc 键退出，即完成水平中点线的绘制，如图 2-18 所示。

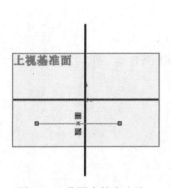

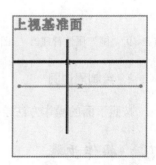

图 2-16 草图中的中点线　　图 2-17 "线条属性"属性管理器　　图 2-18 绘制的中点线

2.3 绘制圆与周边圆

下面将介绍绘制圆与周边圆的方法。

1. 绘制圆

按照下面的操作方法绘制圆。

操作步骤

01 单击功能区中的"草图"选项卡，系统显示"草图"功能区，然后单击"草图"功能区中的"草图绘制"按钮，此时绘图区显示系统默认基准面。

02 单击绘图区中的上视基准面，此时系统进入如图 2-4 所示的 SolidWorks 草图设计操作界面。

03 单击"草图"功能区中的"圆"按钮，系统打开如图 2-19 所示的"圆"属性管理器。

04 选择属性管理器中的"圆"选项，然后绘制如图 2-20 所示的圆，再在如图 2-21 所示的"圆"属性管理器中修改参数。

05 单击属性管理器中的"确定"按钮，再单击"草图"功能区中的"退出草图"按钮，并按下 Esc 键退出，即完成圆的绘制，如图 2-22 所示。

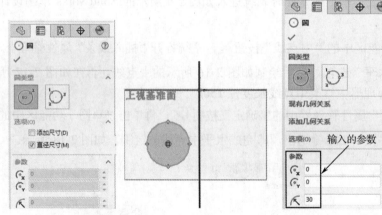

图 2-19　"圆"属性管理器　　图 2-20　草图中的圆　　图 2-21　"圆"属性管理器　　图 2-22　绘制的圆

2. 绘制周边圆

按照下面的操作方法绘制周边圆。

操作步骤

01 单击功能区中的"草图"选项卡，系统显示"草图"功能区，然后单击"草图"功能区中的"草图绘制"按钮，此时绘图区显示系统默认基准面。

02 单击绘图区中的上视基准面，此时系统进入如图 2-4 所示的 SolidWorks 草图设计操作界面。

03 单击"草图"功能区中的"周边圆"按钮，系统打开如图 2-23 所示的"圆"属性管理器。

04 在绘图区中依次单击三点确认，如图 2-24 所示，再在如图 2-25 所示的"圆"属性管理器中修改参数。

05 单击属性管理器中的"确定"按钮，再单击"草图"功能区中的"退出草图"按钮，并按下 Esc 键退出，即完成圆的绘制，如图 2-26 所示。

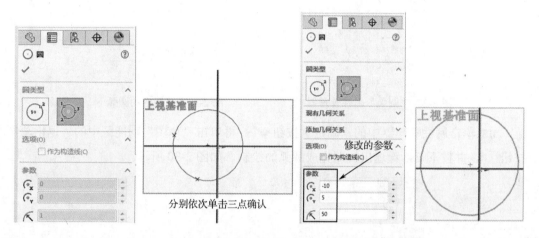

图 2-23　"圆"属性管理器　　图 2-24　草图中的圆　　图 2-25　"圆"属性管理器　　图 2-26　绘制的圆

2.4　绘制圆弧

下面将介绍绘制圆弧的方法。

1. 圆心/起/终点画弧

按照下面的操作方法绘制圆心/起/终点画弧。

操作步骤

01 单击功能区中的"草图"选项卡，系统显示"草图"功能区，然后单击"草图"功能区中的"草图绘制"按钮，此时绘图区显示系统默认基准面。

02 单击绘图区中的上视基准面，此时系统进入如图 2-4 所示的 SolidWorks 草图设计操作界面。

03 单击"草图"功能区中的"圆心/起/终点画弧"按钮，系统打开如图 2-27 所示的"圆弧"属性管理器。

04 在绘图区中依次单击三点确认，如图 2-28 所示，再在如图 2-29 所示的"圆弧"属性管理器中修改参数。

SolidWorks 2018 基础、进阶、高手一本通

图 2-27 "圆弧"属性管理器

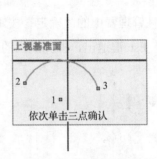

图 2-28 草图中的圆弧

05 单击属性管理器中的"确定"按钮 ✓，再单击"草图"功能区中的"退出草图"按钮 ，并按下 Esc 键退出，即完成圆弧的绘制，如图 2-30 所示。

图 2-29 "圆弧"属性管理器

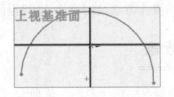

图 2-30 绘制的圆弧

2．切线弧

按照下面的操作方法绘制切线弧。

操作步骤

01 单击功能区中的"草图"选项卡，系统显示"草图"功能区，然后单击"草图"功能区中的"草图绘制"按钮 ，此时绘图区显示系统默认基准面。

30

02 单击绘图区中的上视基准面,此时系统进入如图 2-4 所示的 SolidWorks 草图设计操作界面。

03 绘制直线。绘制直线详见本章 2.2 节。绘制完成后的直线如图 2-31 所示。

04 单击"草图"功能区中的"切线弧"按钮 ,系统打开如图 2-32 所示的"圆弧"属性管理器。

图 2-31 绘制的直线　　　　图 2-32 "圆弧"属性管理器

05 在绘图区中按照如图 2-33 所示的方法绘制,完成后按下 Esc 键退出,再单击图中的圆弧,然后在如图 2-34 所示的"圆弧"属性管理器中修改参数。

06 单击属性管理器中的"确定"按钮 ,再单击"草图"功能区中的"退出草图"按钮 ,并按下 Esc 键退出,即完成圆弧的绘制,如图 2-35 所示。

  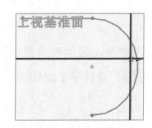

图 2-33 草图中的圆弧　　图 2-34 "圆弧"属性管理器　　图 2-35 绘制的圆弧

SolidWorks 2018 基础、进阶、高手一本通

> **专家提示**：在绘制切线弧时，光标拖动的方向会影响绘制圆弧的样式，因此在绘制切线弧时，光标最好沿着产生圆弧的方向拖动。

3. 三点弧

按照下面的操作方法绘制三点弧。

操作步骤

01 单击功能区中的"草图"选项卡，系统显示"草图"功能区，然后单击"草图"功能区中的"草图绘制"按钮，此时绘图区显示系统默认基准面。

02 单击绘图区中的上视基准面，此时系统进入如图 2-4 所示的 SolidWorks 草图设计操作界面。

03 单击"草图"功能区中的"三点弧"按钮，系统打开如图 2-36 所示的"圆弧"属性管理器。

04 在绘图区中依次单击三点确认，如图 2-37 所示，再在如图 2-38 所示的"圆弧"属性管理器中修改参数。

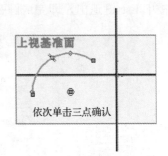

图 2-36 "圆弧"属性管理器   图 2-37 草图中的圆弧

05 单击属性管理器中的"确定"按钮，再单击"草图"功能区中的"退出草图"按钮，并按下 Esc 键退出，即完成圆弧的绘制，如图 2-39 所示。

第 2 章 草图绘制

图 2-38 "圆弧"属性管理器

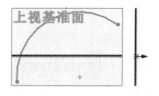

图 2-39 绘制的圆弧

2.5 绘制矩形

下面将介绍绘制矩形的方法。

1. 边角矩形

按照下面的操作方法绘制边角矩形。

操作步骤

01 单击功能区中的"草图"选项卡，系统显示"草图"功能区，然后单击"草图"功能区中的"草图绘制"按钮 ，此时绘图区显示系统默认基准面。

02 单击绘图区中的上视基准面，此时系统进入如图 2-4 所示的 SolidWorks 草图设计操作界面。

03 单击"草图"功能区中的"边角矩形"按钮 ，系统打开如图 2-40 所示的"矩形"属性管理器。

04 在绘图区中绘制如图 2-41 所示的边角矩形，再在如图 2-42 所示的区域中修改参数。

05 单击"矩形"属性管理器中的"确定"按钮 ，再单击"草图"功能区中的"退出草图"按钮 ，并按下 Esc 键退出，即完成边角矩形的绘制，如图 2-43 所示。

2. 中心矩形

按照下面的操作方法绘制中心矩形。

33

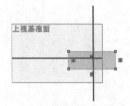

图 2-40 "矩形"属性管理器　　　图 2-41 草图中的矩形

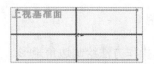

图 2-42 "参数"属性区域　　　图 2-43 绘制的矩形

操作步骤

01 单击功能区中的"草图"选项卡，系统显示"草图"功能区，然后单击"草图"功能区中的"草图绘制"按钮，此时绘图区显示系统默认基准面。

02 单击绘图区中的上视基准面，此时系统进入如图 2-4 所示的 SolidWorks 草图设计操作界面。

03 单击"草图"功能区中的"中心矩形"按钮，系统打开如图 2-44 所示的"矩形"属性管理器。

04 在绘图区中绘制如图 2-45 所示的中心矩形，再在如图 2-46 所示的"参数"属性区域中修改参数。

05 单击"矩形"属性管理器中的"确定"按钮，再单击"草图"功能区中的"退出草图"按钮，并按下 Esc 键退出，即完成中心矩形的绘制，如图 2-47 所示。

专家提示：在绘制中心矩形时，单击确认中心点后，拖动鼠标移动，可以改变矩形的形状，然后在合适的位置单击确认，即完成中心矩形的绘制。

第 2 章 草图绘制

 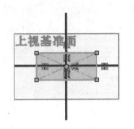 

图 2-44 "矩形"属性管理器　　图 2-45 草图中的矩形　　图 2-46 "参数"属性区域

3．3 点边角矩形

按照下面的操作方法绘制 3 点边角矩形。

操作步骤

01 单击功能区中的"草图"选项卡，系统显示"草图"功能区，然后单击"草图"功能区中的"草图绘制"按钮，此时绘图区显示系统默认基准面。

02 单击绘图区中的上视基准面，此时系统进入如图 2-4 所示的 SolidWorks 草图设计操作界面。

03 单击"草图"功能区中的"3 点边角矩形"按钮，系统打开如图 2-48 所示的"矩形"属性管理器。

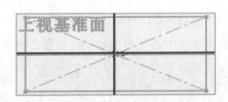 

图 2-47 绘制的中心矩形　　　　图 2-48 "矩形"属性管理器

04 在绘图区中按照如图 2-49 所示的方法绘制 3 点边角矩形，再在如图 2-50 所示的

35

区域中修改参数。

05 单击"矩形"属性管理器中的"确定"按钮✔，再单击"草图"功能区中的"退出草图"按钮，并按下 Esc 键退出，即完成 3 点边角矩形的绘制，如图 2-51 所示。

> 专家提示：在绘制 3 点边角矩形时，单击确认两个点后，拖动鼠标移动，可以改变矩形的形状，然后在合适的位置单击确认，即完成 3 点边角矩形的绘制。

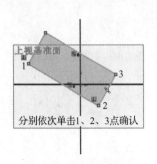

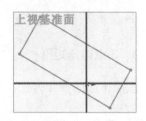

图 2-49　草图中的矩形　　图 2-50　"参数"属性区域　　图 2-51　绘制的 3 点边角矩形

4．3 点中心矩形

按照下面的操作方法绘制 3 点中心矩形。

操作步骤

01 单击功能区中的"草图"选项卡，系统显示"草图"功能区，然后单击"草图"功能区中的"草图绘制"按钮，此时绘图区显示系统默认基准面。

02 单击绘图区中的上视基准面，此时系统进入如图 2-4 所示的 SolidWorks 草图设计操作界面。

03 单击"草图"功能区中的"3 点中心矩形"按钮，系统打开如图 2-52 所示的"矩形"属性管理器。

04 在绘图区中按照如图 2-53 所示的方法绘制 3 点中心矩形，再在如图 2-54 所示的区域中修改参数。

05 单击"矩形"属性管理器中的"确定"按钮✔，再单击"草图"功能区中的"退出草图"按钮，并按下 Esc 键退出，即完成 3 点中心矩形的绘制，如图 2-55 所示。

> 专家提示：在绘制 3 点中心矩形时，单击确认中心点后，拖动鼠标移动，在合适的位置再单击确认第二点，然后拖动鼠标移动，可以改变矩形的形状，然后在合适的位置单击确认，即完成 3 点中心矩形的绘制。

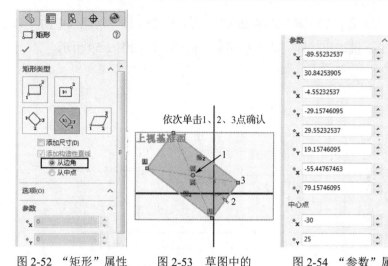
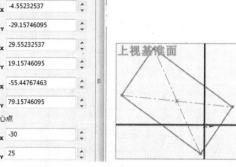

图 2-52 "矩形"属性管理器　　图 2-53 草图中的矩形　　图 2-54 "参数"属性区域　　图 2-55 绘制的 3 点中心矩形

5．平行四边形

按照下面的操作方法绘制平行四边形。

操作步骤

01 单击功能区中的"草图"选项卡，系统显示"草图"功能区，然后单击"草图"功能区中的"草图绘制"按钮，此时绘图区显示系统默认基准面。

02 单击绘图区中的上视基准面，此时系统进入如图 2-4 所示的 SolidWorks 草图设计操作界面。

03 单击"草图"功能区中的"平行四边形"按钮，系统打开如图 2-56 所示的"矩形"属性管理器。

04 在绘图区中按照如图 2-57 所示的方法绘制平行四边形，再在如图 2-58 所示的"参数"属性区域中修改参数。

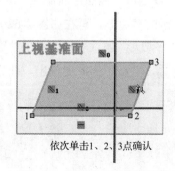

图 2-56 "矩形"属性管理器　　图 2-57 草图中的平行四边形

05 单击"矩形"属性管理器中的"确定"按钮 ✔，再单击"草图"功能区中的"退出草图"按钮 ，并按下 Esc 键退出，即完成平行四边形的绘制，如图 2-59 所示。

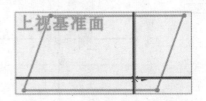

图 2-58　"参数"属性区域　　　　　图 2-59　绘制的平行四边形

> **专家提示**：在绘制平行四边形时，单击确认两个点后，拖动鼠标移动，可以改变四边形的形状，然后在合适的位置单击确认，即完成平行四边形的绘制。

2.6　绘制多边形

按照下面的操作方法绘制多边形。

操作步骤

01 单击功能区中的"草图"选项卡，系统显示"草图"功能区，然后单击"草图"功能区中的"草图绘制"按钮 ，此时绘图区显示系统默认基准面。

02 单击绘图区中的上视基准面，此时系统进入如图 2-4 所示的 SolidWorks 草图设计操作界面。

03 单击"草图"功能区中的"多边形"按钮 ，系统打开如图 2-60 所示的"多边形"属性管理器。

04 选择"多边形"属性管理器中"参数"区域中的"6"及"内切圆"选项，然后绘制如图 2-61 所示的多边形，再在如图 2-62 所示的"多边形"属性管理器中修改参数。

05 单击"多边形"属性管理器中的"确定"按钮 ✔，再单击"草图"功能区中的"退出草图"按钮 ，并按下 Esc 键退出，即完成多边形的绘制，如图 2-63 所示。

> **专家提示**：多边形有内接圆和外接圆两种方式，两者的区别主要在于标注方法的不同，内接圆半径是圆中心到各边的垂直距离，外接圆半径是圆中心到多边形端点的距离。

第 2 章 草图绘制

 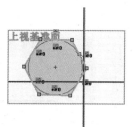  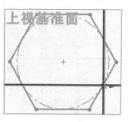

图 2-60 "多边形"　　图 2-61 草图中的　　图 2-62 "多边形"　　图 2-63 绘制的
　　属性管理器　　　　　　多边形　　　　　　属性管理器　　　　　　多边形

2.7 绘制椭圆与部分椭圆

下面将介绍绘制椭圆与部分椭圆的方法。

1. 椭圆

按照下面的操作方法绘制椭圆。

操作步骤

01 单击功能区中的"草图"选项卡，系统显示"草图"功能区，然后单击"草图"功能区中的"草图绘制"按钮，此时绘图区显示系统默认基准面。

02 单击绘图区中的上视基准面，此时系统进入如图 2-4 所示的 SolidWorks 草图设计操作界面。

03 单击"草图"功能区中的"椭圆"按钮，然后按照如图 2-64 所示的方法在绘图区依次单击绘制椭圆，再在如图 2-65 所示的"椭圆"属性管理器中修改参数。

04 单击"椭圆"属性管理器中的"确定"按钮，再单击"草图"功能区中的"退出草图"按钮，并按下 Esc 键退出，即完成椭圆的绘制，如图 2-66 所示。

专家提示：椭圆绘制完成后，按住鼠标左键拖动椭圆的中心和 4 个特征点，可以改变椭圆的形状；通过"椭圆"属性管理器可以精确地修改椭圆的参数。

2. 部分椭圆

按照下面的操作方法绘制部分椭圆。

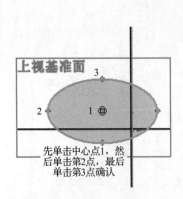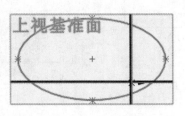

图 2-64　草图中的椭圆　　　图 2-65　"椭圆"属性管理器　　　图 2-66　绘制的椭圆

操作步骤

01 单击功能区中的"草图"选项卡，系统显示"草图"功能区，然后单击"草图"功能区中的"草图绘制"按钮，此时绘图区显示系统默认基准面。

02 单击绘图区中的上视基准面，此时系统进入如图 2-4 所示的 SolidWorks 草图设计操作界面。

03 单击"草图"功能区中的"部分椭圆"按钮，然后按照如图 2-67 所示的方法依次单击绘制椭圆，再单击如图 2-68 所示的点确认部分椭圆，最后在如图 2-69 所示的"椭圆"属性管理器中修改参数。

04 单击属性管理器中的"确定"按钮，再单击"草图"功能区中的"退出草图"按钮，并按下 Esc 键退出，即完成部分椭圆的绘制，如图 2-70 所示。

图 2-67　操作方法

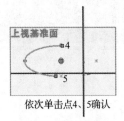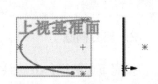

图 2-68　绘制部分椭圆　　　图 2-69　"椭圆"属性管理器　　　图 2-70　绘制的部分椭圆

2.8 绘制抛物线

按照下面的操作方法绘制抛物线。

操作步骤

01 单击功能区中的"草图"选项卡，系统显示"草图"功能区，然后单击"草图"功能区中的"草图绘制"按钮，此时绘图区显示系统默认基准面。

02 单击绘图区中的上视基准面，此时系统进入如图 2-4 所示的 SolidWorks 草图设计操作界面。

03 单击"草图"功能区中的"抛物线"按钮，然后按照如图 2-71 所示的方法单击确认焦距，再按照如图 2-72 所示的方法单击确认起点。

04 按照如图 2-73 所示的方法单击确认终点，此时草绘的图形如图 2-74 所示，最后在如图 2-75 所示的"抛物线"属性管理器中修改参数。

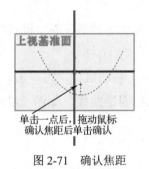
图 2-71 确认焦距

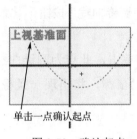
图 2-72 确认起点

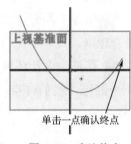
图 2-73 确认终点

05 单击属性管理器中的"确定"按钮，再单击"草图"功能区中的"退出草图"按钮，并按下 Esc 键退出，即完成抛物线的绘制，如图 2-76 所示。

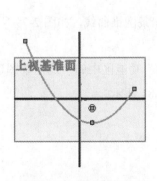
图 2-74 草绘的图形

图 2-75 "抛物线"属性管理器

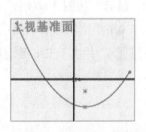
图 2-76 绘制的抛物线

> 专家提示：按住鼠标左键拖动抛物线的焦点和3个特征点，可以改变抛物线的形状；拖动抛物线的顶点，使其偏移焦点，可以使抛物线更加平缓；反之，抛物线会更加尖锐。拖动抛物线的起点或者终点，可以改变抛物线一侧的长度。通过"抛物线"属性管理器可以精确地修改抛物线的参数。

2.9 绘制圆锥曲线

按照下面的操作方法绘制圆锥曲线。

操作步骤

01 单击功能区中的"草图"选项卡，系统显示"草图"功能区，然后单击"草图"功能区中的"草图绘制"按钮，此时绘图区显示系统默认基准面。

02 单击绘图区中的上视基准面，此时系统进入如图2-4所示的SolidWorks草图设计操作界面。

03 单击"草图"功能区中的"圆锥曲线"按钮，系统打开如图2-77所示的"圆锥"属性管理器。

04 在草绘设计环境绘图区中单击，此点为圆锥曲线的起点，移动鼠标，再单击，此点为圆锥曲线的终点，此时移动鼠标，将出现一条橡皮筋似的圆锥曲线，如图2-78所示。

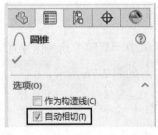

图2-77　"圆锥"属性管理器

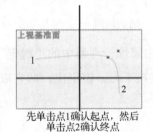

图2-78　绘制圆锥曲线

05 在适当的位置单击，确定圆锥曲线的肩点，此时草绘一条圆锥曲线，如图2-79所示，最后在如图2-80所示的"圆锥"属性管理器中修改参数。

06 单击属性管理器中的"确定"按钮，再单击"草图"功能区中的"退出草图"按钮，并按下Esc键退出，即完成圆锥曲线的绘制，如图2-81所示。

第 2 章　草图绘制

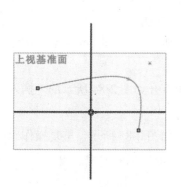
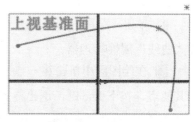

图 2-79　草绘的圆锥曲线　　图 2-80　"圆锥"属性管理器　　图 2-81　绘制的圆锥曲线

2.10　绘制样条曲线

按照下面的操作方法绘制样条曲线。

操作步骤

01 单击功能区中的"草图"选项卡，系统显示"草图"功能区，然后单击"草图"功能区中的"草图绘制"按钮，此时绘图区显示系统默认基准面。

02 单击绘图区中的上视基准面，此时系统进入如图 2-4 所示的 SolidWorks 草图设计操作界面。

03 单击"草图"功能区中的"样条曲线"按钮，然后在草绘设计环境绘图区中单击，确定样条曲线的起点，并移动鼠标，在适当的位置单击确定第二点，如图 2-82 所示。

04 重复操作确定其他点，按下 Esc 键，退出样条曲线命令，此时生成如图 2-83 所示的样条曲线。

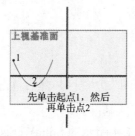
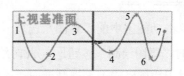

图 2-82　确认起点及第二点　　　　图 2-83　绘制的样条曲线

2.11　绘制样式曲线

按照下面的操作方法绘制样式曲线。

43

操作步骤

01 单击功能区中的"草图"选项卡，系统显示"草图"功能区，然后单击"草图"功能区中的"草图绘制"按钮，此时绘图区显示系统默认基准面。

02 单击绘图区中的上视基准面，此时系统进入如图 2-4 所示的 SolidWorks 草图设计操作界面。

03 单击"草图"功能区中的"样式曲线"按钮，系统打开如图 2-84 所示的"插入样式曲线"属性管理器。

04 在绘图区中单击第一点确认起点，然后单击第二点，如图 2-85 所示，重复操作确定其他点，按下 Esc 键，退出样式曲线命令，此时生成如图 2-86 所示的样式曲线。

图 2-84　"插入样式曲线"属性管理器

图 2-85　确认起点及第二点

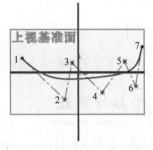

图 2-86　绘制的样式曲线

> **专家提示**：在绘制完样条或者样式曲线后，按住鼠标左键拖动其上的特征点，可以改变曲线的形状，通过属性管理器可以精确地修改曲线的参数。

2.12　绘制草图文字

按照下面的操作方法绘制草图文字。

操作步骤

01 单击功能区中的"草图"选项卡，系统显示"草图"功能区，然后单击"草图"功能区中的"草图绘制"按钮，此时绘图区显示系统默认基准面。

02 单击绘图区中的上视基准面，此时系统进入如图 2-4 所示的 SolidWorks 草图设计操作界面。

03 单击"草图"功能区中的"草图文字"按钮，系统打开如图 2-87 所示的"草图文字"属性管理器。

04 在属性管理器中输入文字"SolidWorks 2018",此时在图形中单击如图 2-88 所示处,取消勾选的"使用文档字体"选项(见图 2-87),并单击"字体"按钮,系统打开如图 2-89 所示的"选择字体"对话框。

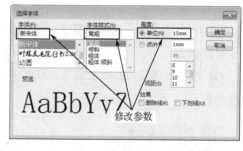

图 2-87 "草图文字"属性管理器　　图 2-88 选择文字位置　　图 2-89 "选择字体"对话框

05 按照如图 2-89 所示的"选择字体"对话框修改参数,并单击选择草图文字至合适位置,如图 2-90 所示,然后单击属性管理器中的"确定"按钮 ✓,再单击"草图"功能区中的"退出草图"按钮 ,并按下 Esc 键退出,即完成草图文字的绘制,如图 2-91 所示。

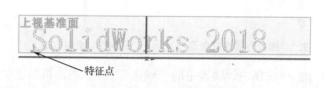

图 2-90 选择文字位置　　　　图 2-91 完成的草图文字

专家提示:在绘制草图文字后,按住鼠标左键拖动其上的特征点,可以改变草图文字的位置,通过属性管理器可以修改其文字的参数及内容。

2.13 绘制直槽口

下面将介绍绘制直槽口的方法。

1. 直槽口

操作步骤

01 单击功能区中的"草图"选项卡，系统显示"草图"功能区，然后单击"草图"功能区中的"草图绘制"按钮，此时绘图区显示系统默认基准面。

02 单击绘图区中的上视基准面，此时系统进入如图 2-4 所示的 SolidWorks 草图设计操作界面。

03 单击"草图"功能区中的"直槽口"按钮，系统打开如图 2-92 所示的"槽口"属性管理器。

04 按照如图 2-93 所示的方法依次单击，再在如图 2-94 所示的"参数"属性区域中修改参数。

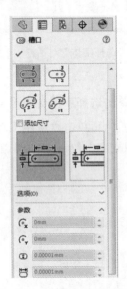
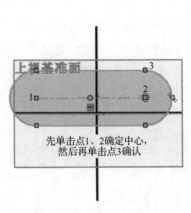
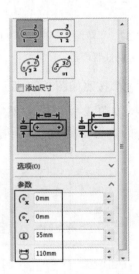

图 2-92 "槽口"属性管理器　　图 2-93 绘制方法　　图 2-94 "参数"属性区域

05 单击属性管理器中的"确定"按钮，再单击"草图"功能区中的"退出草图"按钮，并按下 Esc 键退出，即完成直槽口的绘制，如图 2-95 所示。

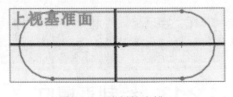

图 2-95 绘制的直槽口

2. 中心点直槽口

按照下面的操作方法绘制中心点直槽口。

操作步骤

01 单击功能区中的"草图"选项卡，系统显示"草图"功能区，然后单击"草图"功能区中的"草图绘制"按钮，此时绘图区显示系统默认基准面。

02 单击绘图区中的上视基准面，此时系统进入如图 2-4 所示的 SolidWorks 草图设计操作界面。

03 单击"草图"功能区中的"中心点直槽口"按钮，系统打开如图 2-96 所示的"槽口"属性管理器。

04 按照如图 2-97 所示的方法依次单击，再在如图 2-98 所示的"参数"属性区域中修改参数。

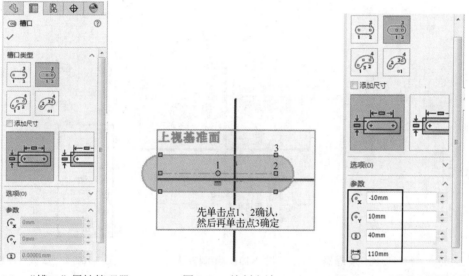

图 2-96　"槽口"属性管理器　　图 2-97　绘制方法　　图 2-98　"参数"属性区域

05 单击属性管理器中的"确定"按钮，再单击"草图"功能区中的"退出草图"按钮，并按下 Esc 键退出，即完成中心点直槽口的绘制，如图 2-99 所示。

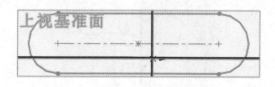

图 2-99　绘制的中心点直槽口

3．三点圆弧槽口

按照下面的操作方法绘制三点圆弧槽口。

操作步骤

01 单击功能区中的"草图"选项卡,系统显示"草图"功能区,然后单击"草图"功能区中的"草图绘制"按钮,此时绘图区显示系统默认基准面。

02 单击绘图区中的上视基准面,此时系统进入如图 2-4 所示的 SolidWorks 草图设计操作界面。

03 单击"草图"功能区中的"三点圆弧槽口"按钮,系统打开如图 2-100 所示的"槽口"属性管理器。

04 按照如图 2-101 所示的方法依次单击,再在如图 2-102 所示的"参数"属性区域中修改参数。

 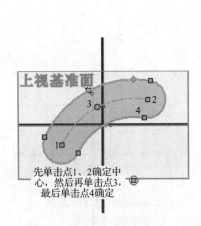 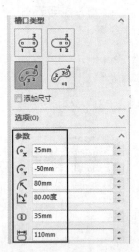

图 2-100 "槽口"属性管理器　　图 2-101 绘制方法　　图 2-102 "参数"属性区域

05 单击属性管理器中的"确定"按钮,再单击"草图"功能区中的"退出草图"按钮,并按下 Esc 键退出,即完成三点圆弧槽口的绘制,如图 2-103 所示。

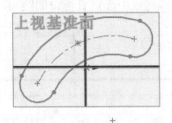

图 2-103 绘制的三点圆弧槽口

4. 中心点圆弧槽口

按照下面的操作方法绘制中心点圆弧槽口。

操作步骤

01 单击功能区中的"草图"选项卡，系统显示"草图"功能区，然后单击"草图"功能区中的"草图绘制"按钮，此时绘图区显示系统默认基准面。

02 单击绘图区中的上视基准面，此时系统进入如图 2-4 所示的 SolidWorks 草图设计操作界面。

03 单击"草图"功能区中的"中心点圆弧槽口"按钮，系统打开如图 2-104 所示的"槽口"属性管理器。

04 按照如图 2-105 所示的方法依次单击，再在如图 2-106 所示的"参数"属性区域中修改参数。

图 2-104 "槽口"属性管理器

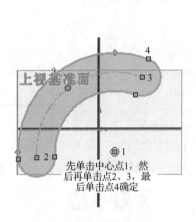
图 2-105 绘制方法

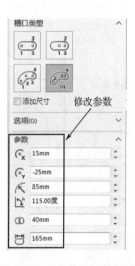
图 2-106 "参数"属性区域

05 单击"槽口"属性管理器中的"确定"按钮，再单击"草图"功能区中的"退出草图"按钮，并按下 Esc 键退出，即完成中心点圆弧槽口的绘制，如图 2-107 所示。

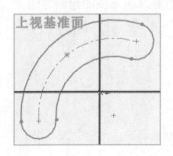
图 2-107 绘制的中心点圆弧槽口

2.14 绘制点

下面将介绍绘制点的方法。

操作步骤

01 单击功能区中的"草图"选项卡，系统显示"草图"功能区，然后单击"草图"功能区中的"草图绘制"按钮，此时绘图区显示系统默认基准面。

02 单击绘图区中的上视基准面，此时系统进入如图2-4所示的SolidWorks草图设计操作界面。

03 单击"草图"功能区中的"点"按钮，系统打开如图2-109所示的"点"属性管理器，然后在草绘设计环境绘图区中依次单击几个点，如图2-108所示。

04 若要修改其点的参数，可以在"点"属性管理器修改参数，单击"点"属性管理器中的"确定"按钮，再单击"草图"功能区中的"退出草图"按钮，并按下Esc键退出，即完成点的绘制，如图2-110所示。

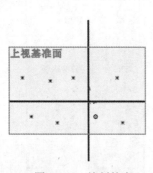  

图 2-108　绘制的点　　　图 2-109　"点"属性管理器　　　图 2-110　生成的点

本章小结

在SolidWorks中，系统提供了强大的草图绘制功能。本章首先介绍了草图绘制的基本知识，接着讲述直线、中心线、中点线、圆、周边圆、圆弧、矩形、多边形、椭圆、部分椭圆、抛物线、圆锥曲线、样条曲线、样式曲线、草图文字和直槽口的绘制方法，最后讲述了绘制点的方法，希望读者能够掌握草图的绘制方法。

第 3 章　草图的编辑与尺寸

本章主要介绍草图编辑工具的使用方法，如圆角、倒角、等距实体、剪裁、延伸、镜像、移动、复制、旋转与修改等。

草图的尺寸用于确定草图曲线的形状大小和放置位置，包括水平尺寸、竖直尺寸、平行尺寸、垂直尺寸、角度尺寸、直径尺寸、半径尺寸和周长尺寸。

Chapter 03

草图的编辑与尺寸

学习重点

- ☑ 绘制圆角和倒角
- ☑ 等距实体
- ☑ 转换实体引用
- ☑ 交叉曲线
- ☑ 剪裁和延伸实体
- ☑ 镜像实体
- ☑ 线性草图阵列和圆周草图阵列
- ☑ 移动和复制实体
- ☑ 旋转和伸展实体
- ☑ 缩放实体比例
- ☑ 尺寸标注
- ☑ 添加几何关系

3.1 绘制圆角和倒角

绘制圆角和倒角在实际的绘制草图的过程中经常使用，下面以具体的实例来说明如何绘制圆角和倒角。

1．绘制圆角

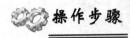

01 打开文件。单击"打开"按钮，系统弹出"打开"对话框。

02 在"打开"对话框中选定名为"3.1"的文件，然后单击"打开"按钮，或者双击所选定的文件，即打开所选文件，如图3-1所示。

03 单击功能区中的"草图"选项卡，系统显示"草图"功能区，然后单击"草图"功能区中的"草图绘制"按钮，系统打开如图3-2所示的"编辑草图"属性管理器。

04 单击绘图区中如图3-1所示的直线，系统进入草图设计操作界面，单击"草图"功能区中的"绘制圆角"按钮，系统打开如图3-3所示的"绘制圆角"属性管理器。

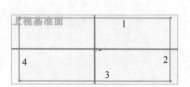  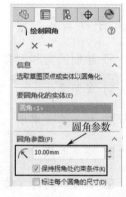

图3-1 源文件　　　图3-2 "编辑草图"属性管理器　　　图3-3 "绘制圆角"属性管理器

05 按照属性管理器中的参数设置好后，单击如图3-1所示的直线1和直线4，单击属性管理器中的"确定"按钮，再单击"草图"功能区中的"退出草图"按钮，即完成圆角的绘制，结果如图3-4所示。

 专家提示：在系统打开"编辑草图"属性管理器后，应该单击图中的直线，不能单击基准面，否则不能编辑图形，读者可以尝试一下。

2．绘制倒角

01 打开文件。单击"打开"按钮，系统弹出"打开"对话框。

02 在"打开"对话框中选定名为"3.2"的文件，然后单击"打开"按钮，或者双击所选定的文件，即打开所选文件，如图3-5所示。

03 单击功能区中的"草图"选项卡,系统显示"草图"功能区,然后单击"草图"功能区中的"草图绘制"按钮,系统打开"编辑草图"属性管理器。

04 单击绘图区中如图 3-5 所示的直线,系统进入草图设计操作界面,单击"草图"功能区中的"绘制倒角"按钮,系统打开如图 3-6 所示的"绘制倒角"属性管理器。

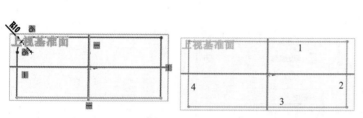
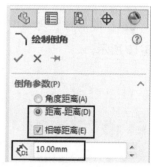

图 3-4 完成的圆角绘制　　　　图 3-5 源文件　　　　图 3-6 "绘制倒角"属性管理器

05 按照属性管理器中的参数设置好后,单击如图 3-5 所示的直线 1 和直线 4,此时预览效果如图 3-7 所示。

06 单击属性管理器中的"确定"按钮,再单击"草图"功能区中的"退出草图"按钮,即完成倒角的绘制,如图 3-8 所示。

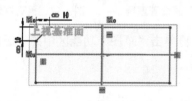
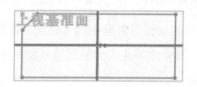

图 3-7 预览效果　　　　　　　图 3-8 完成的倒角绘制

> **提示**
>
> 用"距离-距离"设置方式绘制倒角时,若设置的两个距离不相等,选择不同草图实体的次序不同,则绘制的结果也就不相同,读者可体会一下。

3.2　等距实体

下面以具体的实例来说明如何创建等距实体。

操作步骤

01 打开文件。单击"打开"按钮,系统弹出"打开"对话框。

02 在"打开"对话框中选定名为"3.3"的文件,然后单击"打开"按钮,或者双击所选定的文件,即打开所选文件,如图 3-9 所示。

SolidWorks 2018 基础、进阶、高手一本通

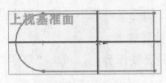

图 3-9　源文件

03 选中"FeatureManager 设计树"中的草图 1 选项后单击鼠标右键，如图 3-10 所示，选择"编辑草图"选项，系统进入草图设计操作界面。

04 单击"草图"功能区中的"等距实体"按钮，系统打开如图 3-11 所示的"等距实体"属性管理器。

05 按照属性管理器中的参数设置好后，单击图中任意直线或圆弧，此时预览效果如图 3-12 所示。

  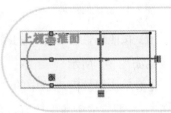

图 3-10　选择"编辑草图"选项　　图 3-11　"等距实体"属性管理器　　图 3-12　预览效果

06 单击属性管理器中的"确定"按钮，再单击"草图"功能区中的"退出草图"按钮，即完成等距实体的创建，如图 3-13 所示。

> **提示**
>
> 图 3-14、图 3-15 所示为在模型表面上添加草图实体的过程，先选择如图 3-15 所示模型的上表面，然后进入草图绘制状态，再执行等距实体命令，设置参数为单向等距距离，其为 20mm。

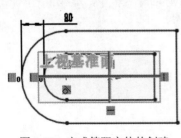 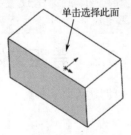 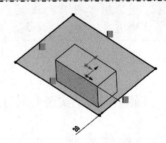

图 3-13　完成等距实体的创建　　图 3-14　源文件　　图 3-15　完成的等距实体

3.3　转换实体引用

转换实体引用是通过已有的模型或者草图，将其边线、环、面、曲线、外部草图轮廓、一组边线或者一组草图曲线投影到草图基准面上。通过这种方式，可以在草图基准面上生

成一个或者多个草图实体。下面以具体的实例来说明如何创建转换实体引用。

操作步骤

01 打开文件。单击"打开"按钮，系统弹出"打开"对话框。

02 在"打开"对话框中选定名为"3.4"的文件，然后单击"打开"按钮，或者双击所选定的文件，即打开所选文件，如图 3-16 所示。

03 选中图中的"基准面 1"，然后单击"草图"功能区中的"草图绘制"按钮，此时系统进入草图绘制状态。

04 单击"草图"功能区中的"转换实体引用"按钮，系统打开如图 3-17 所示的"转换实体引用"属性管理器。

05 按住 Ctrl 键，选择如图 3-16 所示的边线 1、2、3、4 及圆弧 5，然后单击属性管理器中的"确定"按钮，再单击"草图"功能区中的"退出草图"按钮，即完成转换实体引用的创建，结果如图 3-18 所示。

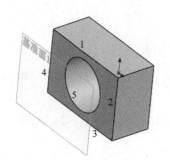

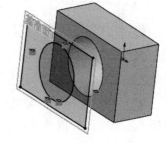

图 3-16　源文件　　　图 3-17　"转换实体引用"属性管理器　　　图 3-18　完成的转换实体引用

3.4　交叉曲线

交叉曲线是沿基准面、实体及曲面实体的交叉点生成的草图曲线。

下面以具体的实例来说明如何创建交叉曲线。

操作步骤

01 打开文件。单击"打开"按钮，系统弹出"打开"对话框。

02 在"打开"对话框中选定名为"3.5"的文件，然后单击"打开"按钮，或者双击所选定的文件，即打开所选文件，如图 3-19 所示。

03 选中图中的上视基准面，然后单击功能区中的"草图"选项卡，系统显示"草图"功能区，然后单击功能区中的"草图绘制"按钮，此时系统进入草图绘制状态。

04 单击"草图"功能区中的"交叉曲线"按钮，系统打开如图 3-20 所示的"交叉曲线"属性管理器。

05 单击选择如图 3-21 所示的面作为选取的实体，然后单击属性管理器中的"确定"按钮，再单击"草图"功能区中的"退出草图"按钮，即完成交叉曲线的创建，如图 3-22 所示。

   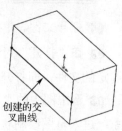

图 3-19　源文件　　图 3-20　"交叉曲线"属性管理器　　图 3-21　选取的实体　　图 3-22　完成的交叉曲线

3.5　剪裁实体

下面以具体的实例来说明如何创建剪裁实体。

操作步骤

01 打开文件。单击"打开"按钮，系统弹出"打开"对话框。

02 在"打开"对话框中选定名为"3.6"的文件，然后单击"打开"按钮，或者双击所选定的文件，即打开所选文件，如图 3-23 所示。

03 选中"FeatureManager 设计树"中的草图 1 选项后单击鼠标右键，如图 3-24 所示，选择"编辑草图"选项，系统进入草图设计操作界面。

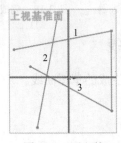 

图 3-23　源文件　　　　　图 3-24　选择"编辑草图"选项

04 单击"草图"功能区中的"剪裁实体"按钮，系统打开如图 3-25 所示的"剪裁"属性管理器。

下面将介绍不同类型的草图剪裁方式。

☑ 强劲剪裁：通过将光标拖过每个草图实体来剪裁草图实体。

☑ 边角：剪裁两个草图实体，直到它们在虚拟边角处相交。

☑ 在内剪除：选择两个边界实体，然后选择要剪裁的实体，剪裁位于两个边界实体内的草图实体。

☑ 在外剪除：剪除位于两个边界实体外的草图实体。

☑ 剪裁到最近端：将一草图实体剪裁到最近端交叉实体。

05 选择属性管理器中的"边角"选项,然后单击图中的直线 1 和直线 2,完成后再单击直线 2 和直线 3。

06 单击属性管理器中的"确定"按钮 ✓ ,再单击"草图"功能区中的"退出草图"按钮,即完成剪裁实体的创建,如图 3-26 所示。

图 3-25 "剪裁"属性管理器　　　　图 3-26 完成的剪裁实体

3.6　延伸实体

"延伸实体"是常用的草图编辑工具命令,使用它可以很方便地将草图实体延伸至另外一个草图实体处,下面以具体的实例来说明如何使用延伸实体命令。

操作步骤

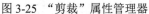

01 打开文件。单击"打开"按钮,系统弹出"打开"对话框。

02 在"打开"对话框中选定名为"3.7"的文件,然后单击"打开"按钮,或者双击所选定的文件,即打开所选文件,如图 3-27 所示。

03 选中"FeatureManager 设计树"中的草图 1 选项后单击鼠标右键,如图 3-28 所示,选择"编辑草图"选项,系统进入草图设计操作界面。

04 单击"草图"功能区中的"延伸实体"按钮,然后在草图设计环境中单击直线 1,即延伸直线 1,按下 Esc 键,退出延伸实体命令,此时效果如图 3-29 所示。

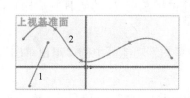

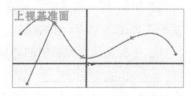

图 3-27　源文件　　　图 3-28　选择"编辑草图"选项　　　图 3-29　完成的延伸实体

> **提示**
> 在延伸草图实体时，如果两个方向都可以延伸，而只需要单一方向延伸时，单击延伸方向一侧的实体部分即可实现，将鼠标放置其上，其预览为红色。

3.7 镜像实体

SolidWorks 提供了两种镜像方式，一种是镜像现有的草图实体，另外一种是在绘制草图时动态镜像草图实体。

下面以具体的实例来说明如何使用镜像实体命令[1]。

1. 镜像现有草图实体

操作步骤

01 打开文件。单击"打开"按钮，系统弹出"打开"对话框。

02 在"打开"对话框中选定名为"3.8"的文件，然后单击"打开"按钮，或者双击所选定的文件，即打开所选文件，如图 3-30 所示。

03 选中"FeatureManager 设计树"中的草图 1 选项后单击鼠标右键，如图 3-31 所示，选择"编辑草图"选项，系统进入草图设计操作界面。

04 单击"草图"功能区中的"镜像实体"按钮，系统打开如图 3-32 所示的"镜像"属性管理器。

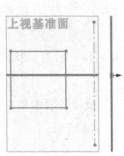  

图 3-30 源文件　　　图 3-31 选择"编辑草图"选项　　　图 3-32 "镜像"属性管理器

05 如图 3-33 所示框选要镜像的实体，单击 A 处并按住鼠标左键，拖动至 B 处后松开，然后单击如图 3-34 所示的直线。

06 单击属性管理器中的"确定"按钮，再单击"草图"功能区中的"退出草图"

---

[1] 特别说明，SolidWorks 中文版软件中翻译为"镜向"的词汇，实际应用"镜像"，但为了读者练习操作过程中的直观与方便，不修改实际界面截图中的字样，而只在文中使用"镜像"。

按钮 ,即完成镜像实体的创建,如图 3-35 所示。

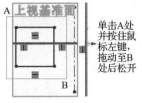
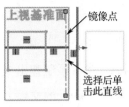
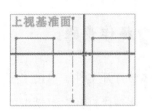

图 3-33 选择对象　　　　图 3-34 选择的镜像点　　　　图 3-35 完成的镜像实体

2．动态镜像草图实体

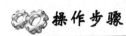

01 单击功能区中的"草图"选项卡,系统显示"草图"功能区,然后单击"草图"功能区中的"草图绘制"按钮 ,此时绘图区显示系统默认基准面。

02 单击绘图区中的上视基准面,系统进入 SolidWorks 草图设计操作界面,单击"草图"功能区中的"圆"按钮 ,系统打开"圆"属性管理器,绘制如图 3-36 所示的圆。

03 单击"草图"功能区中的"中心线"按钮 ,系统打开"直线"属性管理器,绘制如图 3-37 所示的中心线。

04 单击"草图"功能区中的"镜像实体"按钮 ,系统打开"镜像实体"属性管理器,单击选择绘制的圆作为镜像对象,然后单击属性管理器中的镜像点下的选择框。

05 单击绘制的中心线,此时完成镜像实体的创建,如图 3-38 所示。

图 3-36 绘制的圆　　　　图 3-37 绘制的中心线　　　　图 3-38 完成的镜像实体

/提示

镜像实体在三维草图中不可以使用。

3.8 线性草图阵列和圆周草图阵列

线性草图阵列和圆周草图阵列在绘制草图时经常使用,需要注意其区别。

1．线性草图阵列

线性草图阵列是将草图实体沿一个或者两个轴复制成多个排列图形。

下面以具体的实例来说明线性草图阵列的方法。

操作步骤

01 打开文件。单击"打开"按钮，系统弹出"打开"对话框。

02 在"打开"对话框中选定名为"3.9"的文件，然后单击"打开"按钮，或者双击所选定的文件，即打开所选文件，如图 3-39 所示。

03 选中"FeatureManager 设计树"中的草图 1 选项后单击鼠标右键，如图 3-40 所示，选择"编辑草图"选项，系统进入草图设计操作界面。

04 单击"草图"功能区中的"线性草图阵列"按钮，系统打开如图 3-41 所示的"线性阵列"属性管理器。

图 3-39　源文件　　　图 3-40　选择"编辑草图"选项　　　图 3-41　"线性阵列"属性管理器

05 单击图 3-39 中的圆作为要阵列的实体，然后在"线性阵列"属性管理器中输入相关参数，如图 3-42 所示，在方向 1 中，即 X 轴上，输入间距值 25mm，并输入实例记数 5；在方向 2 中即 Y 轴，先输入实例记数 3，然后再输入间距值 30，单击"线性阵列"属性管理器中的"方向"按钮调整方向。此时预览效果如图 3-43 所示。

06 单击"线性阵列"属性管理器中的"确定"按钮，再单击"草图"功能区中的"退出草图"按钮，即完成线性草图阵列的创建，如图 3-44 所示。

2. 圆周草图阵列

圆周草图阵列是将草图实体沿一个指定大小的圆弧进行环状阵列。

第 3 章 草图的编辑与尺寸

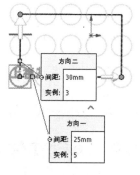

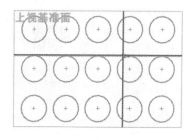

图 3-42 "线性阵列"属性管理器　　　图 3-43 预览效果　　　图 3-44 完成的线性草图阵列

下面以具体的实例来说明圆周草图阵列的方法。

操作步骤

01 打开文件。单击"打开"按钮，系统弹出"打开"对话框。

02 在"打开"对话框中选定名为"3.10"的文件，然后单击"打开"按钮，或者双击所选定的文件，即打开所选文件，如图 3-45 所示。

03 选中"FeatureManager 设计树"中的草图 1 选项后单击鼠标右键，如图 3-46 所示，选择"编辑草图"选项，系统进入草图设计操作界面。

04 单击"草图"功能区中的"圆周草图阵列"按钮，系统打开如图 3-47 所示的"圆周阵列"属性管理器。

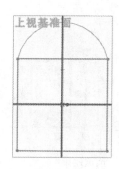

图 3-45 源文件　　　图 3-46 选择"编辑草图"选项　　　图 3-47 "圆周阵列"属性管理器

05 单击图中的圆弧作为要阵列的实体,此时预览效果如图 3-48 所示,单击属性管理器中的"确定"按钮✔,再单击"草图"功能区中的"退出草图"按钮,即完成圆周草图阵列的创建,如图 3-49 所示。

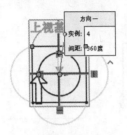

图 3-48　预览效果　　　　　图 3-49　完成的圆周草图阵列

3.9　移动实体

移动实体是将一个或者多个草图实体进行移动。

操作步骤

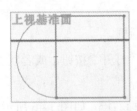

图 3-50　源文件

01 打开文件。单击"打开"按钮,系统弹出"打开"对话框。

02 在"打开"对话框中选定名为"3.11"的文件,然后单击"打开"按钮,或者双击所选定的文件,即打开所选文件,如图 3-50 所示。

03 选中"FeatureManager 设计树"中的草图 1 选项后单击鼠标右键,如图 3-51 所示,选择"编辑草图"选项,系统进入草图设计操作界面。

04 单击"草图"功能区中的"移动实体"按钮,系统打开如图 3-52 所示的"移动"属性管理器。

05 框选所有图形作为要移动的实体,然后在属性管理器中输入数值 60,并按下 Enter 键,此时预览效果如图 3-53 所示。

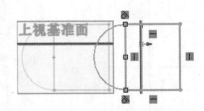

图 3-51　选择"编辑草图"选项　　图 3-52　"移动"属性管理器　　图 3-53　预览效果

06 单击属性管理器中的"确定"按钮 ✓，再单击"草图"功能区中的"退出草图"按钮，即完成实体的移动，效果如图 3-54 所示。

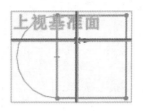

图 3-54　完成的效果

3.10　复制实体

复制实体是将一个或者多个草图实体进行复制。

操作步骤

01 打开文件。单击"打开"按钮，系统弹出"打开"对话框。

02 在"打开"对话框中选定名为"3.12"的文件，然后单击"打开"按钮，或者双击所选定的文件，即打开所选文件，如图 3-55 所示。

03 选中"FeatureManager 设计树"中的草图 1 选项后单击鼠标右键，如图 3-56 所示，选择"编辑草图"选项，系统进入草图设计操作界面。

04 单击"草图"功能区中的"复制实体"按钮，系统打开如图 3-57 所示的"复制"属性管理器。

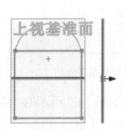

图 3-55　源文件　　　　图 3-56　选择"编辑草图"选项　　　图 3-57　"复制"属性管理器

05 单击图中的圆弧作为要复制的实体，然后在属性管理器中输入数值 70，并按下 Enter 键，其预览效果如图 3-58 所示。

06 单击属性管理器中的"确定"按钮 ✓，再单击"草图"功能区中的"退出草图"按钮，即完成实体的复制，效果如图 3-59 所示。

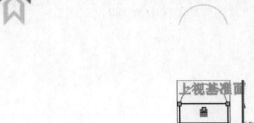

图 3-58　预览效果　　　　　图 3-59　完成的效果

3.11　旋转实体

旋转实体是通过选择旋转中心及要旋转的度数来旋转草图实体的。

操作步骤

01 打开文件。单击"打开"按钮，系统弹出"打开"对话框。

02 在"打开"对话框中选定名为"3.13"的文件，然后单击"打开"按钮，或者双击所选定的文件，即打开所选文件，如图 3-60 所示。

03 选中"FeatureManager 设计树"中的草图 1 选项后单击鼠标右键，如图 3-61 所示，选择"编辑草图"选项，系统进入草图设计操作界面。

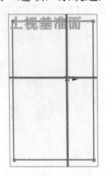　　　　

图 3-60　源文件　　　　　　图 3-61　选择"编辑草图"选项

04 单击"草图"功能区中的"旋转实体"按钮，系统打开如图 3-62 所示的"旋转"属性管理器。

05 框选图中图形，然后单击旋转中心下的列表框（见图 3-62），再单击如图 3-63 所示的点，并在"旋转"属性管理器中输入角度-30，然后按下 Enter 键，预览效果如图 3-64 所示。

06 单击属性管理器中的"确定"按钮，再单击"草图"功能区中的"退出草图"按钮，即完成旋转实体的创建，如图 3-65 所示。

图 3-62　"旋转"属性管理器　　图 3-63　选择对象　　图 3-64　预览效果　　图 3-65　完成的效果

3.12　伸展实体

伸展实体是通过基准点和坐标点对草图实体进行伸展的。

操作步骤

01 打开文件。单击"打开"按钮，系统弹出"打开"对话框。

02 在"打开"对话框中选定名为"3.14"的文件，然后单击"打开"按钮，或者双击所选定的文件，即打开所选文件，如图 3-66 所示。

03 选中"FeatureManager 设计树"中的草图 1 选项后单击鼠标右键，如图 3-67 所示，选择"编辑草图"选项，系统进入草图设计操作界面。

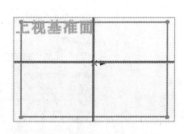 

图 3-66　源文件　　　　　　图 3-67　选择"编辑草图"选项

04 单击"草图"功能区中的"伸展实体"按钮，系统打开如图 3-68 所示的"伸展"属性管理器。

05 如图 3-69 所示，单击 A 处并按住鼠标左键，拖动至 B 处后松开，即框选选择矩形，并在属性管理器中输入数值 70，然后按下 Enter 键，预览效果如图 3-70 所示。

06 单击属性管理器中的"确定"按钮，再单击"草图"功能区中的"退出草图"按钮，即完成伸展实体的创建，如图 3-71 所示。

  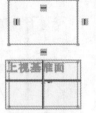 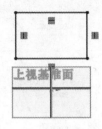

图 3-68 "伸展"属性管理器　　图 3-69 选择对象　　图 3-70 预览效果　　图 3-71 完成的伸展实体

3.13　缩放实体比例

缩放实体比例是通过基准点和比例因子对草图实体进行缩放的，也可以根据需要在保留原缩放对象的基础上缩放草图。

操作步骤

01 打开文件。单击"打开"按钮，系统弹出"打开"对话框。

02 在"打开"对话框中选定名为"3.15"的文件，然后单击"打开"按钮，或者双击所选定的文件，即打开所选文件，如图 3-72 所示。

03 选中"FeatureManager 设计树"中的草图 1 选项后单击鼠标右键，如图 3-73 所示，选择"编辑草图"选项，系统进入草图设计操作界面。

04 单击"草图"功能区中的"缩放实体比例"按钮，系统打开如图 3-74 所示的"比例"属性管理器。

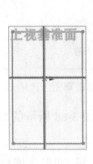  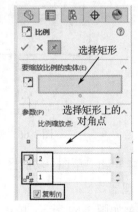

图 3-72 源文件　　图 3-73 选择"编辑草图"选项　　图 3-74 "比例"属性管理器

05 如图 3-75 所示，单击 A 处并按住鼠标左键，拖动至 B 处后松开，即框选矩形，然后单击如图 3-75 所示的点，并在"比例"属性管理器中输入比例因子 2，然后按下 Enter 键，预览效果如图 3-76 所示。

06 单击"比例"属性管理器中的"确定"按钮 ✓，再单击"草图"功能区中的"退出草图"按钮，即完成缩放实体比例的创建，如图 3-77 所示。

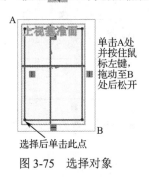
图 3-75 选择对象

图 3-76 预览效果

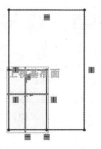
图 3-77 完成的效果

3.14 尺寸的创建

下面将分别讲解水平、竖直、角度、直径和半径尺寸的创建方法。

1. 水平尺寸

操作步骤

01 打开文件。单击"打开"按钮，系统弹出"打开"对话框。

02 在"打开"对话框中选定名为"3.16"的文件，然后单击"打开"按钮，或者双击所选定的文件，即打开所选文件，如图 3-78 所示。

03 选中"FeatureManager 设计树"中的草图 1 选项后单击鼠标右键，如图 3-79 所示，选择"编辑草图"选项，系统进入草图设计操作界面。

04 单击"草图"功能区中的"智能尺寸"选项下的"水平尺寸"按钮，然后单击如图 3-80 所示的直线，再移动鼠标至合适的位置单击，此时系统打开如图 3-81 所示的"修改"对话框。

图 3-78 源文件

图 3-79 选择"编辑草图"选项

图 3-80 选择直线

05 修改数值为 48 后，其预览效果如图 3-82 所示，单击"修改"对话框中的"确定"

按钮 ✓，或者按 Enter 键确认，并单击"尺寸"属性管理器中的"确定"按钮 ✓，即完成水平尺寸的创建，如图 3-83 所示。

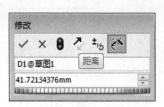
图 3-81 "修改"对话框

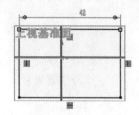
图 3-82 预览效果

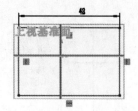
图 3-83 完成的水平尺寸

2. 竖直尺寸

操作步骤

01 打开文件。单击"打开"按钮，系统弹出"打开"对话框。

02 在"打开"对话框中选定名为"3.16"的文件，然后单击"打开"按钮，或者双击所选定的文件，即打开所选文件，如图 3-78 所示。

03 选中"FeatureManager 设计树"中的草图 1 选项后单击鼠标右键，如图 3-79 所示，选择"编辑草图"选项，系统进入草图设计操作界面。

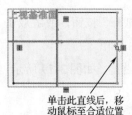
单击此直线后，移动鼠标至合适位置
图 3-84 选择的直线

04 单击"草图"功能区中的"智能尺寸"选项下的"竖直尺寸"按钮，然后单击如图 3-84 所示的直线，然后移动鼠标至合适的位置单击，此时系统打开如图 3-85 所示的"修改"对话框。

05 修改数值为 30 后，其预览效果如图 3-86 所示，单击"修改"对话框中的"确定"按钮 ✓，或者按 Enter 键确认，并单击"尺寸"属性管理器中的"确定"按钮 ✓，即完成竖直尺寸的创建，如图 3-87 所示。

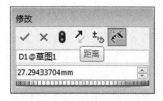
图 3-85 "修改"对话框

图 3-86 预览效果

图 3-87 完成的竖直尺寸

3. 角度尺寸

操作步骤

01 打开文件。单击"打开"按钮，系统弹出"打开"对话框。

02 在"打开"对话框中选定名为"3.17"的文件,然后单击"打开"按钮,或者双击所选定的文件,即打开所选文件,如图3-88所示。

03 选中"FeatureManager 设计树"中的草图1选项后单击鼠标右键,如图3-89所示,选择"编辑草图"选项,系统进入草图设计操作界面。

04 单击"草图"功能区中的"智能尺寸"按钮,然后单击如图3-90所示的第一条直线,标注尺寸出现,无需管它,继续单击拾取第二条直线,此时标注尺寸显示为两条直线间的角度值,如图3-91所示。

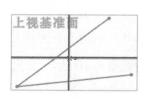
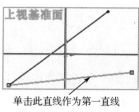

图3-88 源文件   图3-89 选择"编辑草图"选项   图3-90 选择对象

05 移动鼠标至合适的位置单击,此时系统打开如图3-92所示的"修改"对话框。

06 修改数值为30后,其预览效果如图3-93所示,单击"修改"对话框中的"确定"按钮,或者按 Enter 键确认,并单击"尺寸"属性管理器中的"确定"按钮,即完成角度尺寸的创建,如图3-94所示。

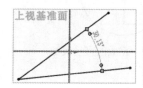

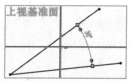
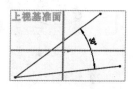

图3-91 预览效果   图3-92 "修改"对话框   图3-93 修改后的尺寸   图3-94 完成的角度尺寸

4.直径和半径尺寸

直径和半径尺寸用来标注圆或者圆弧的尺寸大小,一般情况下,圆标注为直径尺寸约束,圆弧标注为半径尺寸约束。

(1)直径尺寸

操作步骤

01 打开文件。单击"打开"按钮,系统弹出"打开"对话框。

02 在"打开"对话框中选定名为"3.18"的文件,然后单击"打开"按钮,或者双击所选定的文件,即打开所选文件,如图3-95所示。

03 选中"FeatureManager 设计树"中的草图1选项后单击鼠标右键,如图3-96所示,选择"编辑草图"选项，系统进入草图设计操作界面。

04 单击"草图"功能区中的"智能尺寸"按钮，然后单击如图 3-97 所示的圆，标注尺寸出现，然后移动至合适位置单击。

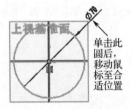

图 3-95　源文件　　图 3-96　选择"编辑草图"选项　　图 3-97　选择对象

05 此时系统打开如图 3-98 所示的"修改"对话框，修改数值为 100 后，其预览效果如图 3-99 所示。

06 单击"修改"对话框中的"确定"按钮，或者按 Enter 键确认，并单击"尺寸"属性管理器中的"确定"按钮，即完成直径尺寸的创建，如图 3-100 所示。

图 3-98　"修改"对话框　　图 3-99　预览效果　　图 3-100　完成的直径尺寸

（2）半径尺寸

操作步骤

01 打开文件。单击"打开"按钮，系统弹出"打开"对话框。

02 在"打开"对话框中选定名为"3.19"的文件，然后单击"打开"按钮，或者双击所选定的文件，即打开所选文件，如图 3-101 所示。

03 选中"FeatureManager 设计树"中的草图 1 选项后单击鼠标右键，如图 3-102 所示，选择"编辑草图"选项，系统进入草图设计操作界面。

04 单击"草图"功能区中的"智能尺寸"按钮，然后单击如图 3-103 所示的圆弧，标注尺寸出现，然后移动至合适位置单击。

05 此时系统打开如图 3-104 所示的"修改"对话框，修改数值为 90 后，其预览效果如图 3-105 所示。

06 单击"修改"对话框中的"确定"按钮，或者按 Enter 键确认，并单击"尺寸"

属性管理器中的"确定"按钮 ✓，即完成半径尺寸的创建，如图 3-106 所示。

图 3-101　源文件　　　　图 3-102　选择"编辑草图"选项　　　图 3-103　选择对象

图 3-104　"修改"对话框　　　图 3-105　预览效果　　　图 3-106　完成的半径尺寸

3.15　添加几何关系

几何关系为草图实体之间或草图实体与基准面、基准轴、边线或顶点之间的几何约束。

1．显示/删除几何关系

利用"显示/删除几何关系"工具可以显示手动和自动应用到草图实体的几何关系，查看有疑问的特定草图实体的几何关系，并可以删除不再需要的几何关系。此外，还可以通过替换列出的参考引用来修正错误的实体。

操作步骤

01 单击功能区中的"草图"选项卡，系统显示"草图"功能区，然后单击"草图"功能区中的"草图绘制"按钮 ，此时绘图区显示系统默认基准面。

02 单击绘图区中的上视基准面，此时系统进入 SolidWorks 草图设计操作界面，单击"草图"功能区中的"边角矩形"按钮 ，系统打开"矩形"属性管理器。

03 绘制矩形。绘制矩形的方法详见第 2 章中的 2.5 节。最后的效果如图 3-107 所示。

04 单击"草图"功能区中的"显示/删除几何关系"按钮 ，系统弹出如图 3-108 所示的"显示/删除几何关系"属性管理器。

05 勾选"压缩"复选框，压缩或解除压缩当前的几何关系；单击"删除"按钮，删除当前的几何关系；单击"删除所有"按钮，删除当前执行的所有几何关系。

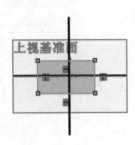

图 3-107　绘制的矩形　　　图 3-108　"显示/删除几何关系"属性管理器

2. 添加几何关系

利用添加几何关系工具  可以在草图实体之间或草图实体与基准面、基准轴、边线或顶点之间生成几何关系。

操作步骤

01 打开文件。单击"打开"按钮 ，系统弹出"打开"对话框。

02 在"打开"对话框中选定名为"3.20"的文件,然后单击"打开"按钮,或者双击所选定的文件,即打开所选文件,如图 3-109 所示。

03 选中"FeatureManager 设计树"中的草图 1 选项后单击鼠标右键,如图 3-110 所示,选择"编辑草图"选项,系统进入草图设计操作界面。

图 3-109　源文件　　　图 3-110　选择"编辑草图"选项

04 单击"草图"功能区中的"添加几何关系"按钮 ,系统打开如图 3-111 所示的"添加几何关系"属性管理器。

05 单击图中的圆和直线,如图 3-112 所示,此时"添加几何关系"属性管理器如图 3-113 所示。

图 3-111 "添加几何关系"属性管理器

图 3-112 选择对象

06 单击属性管理器中的"相切"按钮,此时预览效果如图 3-114 所示。单击"添加几何关系"属性管理器中的"确定"按钮,再单击"草图"功能区中的"退出草图"按钮,即完成几何关系的添加,如图 3-115 所示。

图 3-113 "添加几何关系"属性管理器

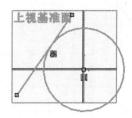
图 3-114 预览效果

图 3-115 完成的效果

本章小结

草图的编辑与尺寸标注在绘制二维图形时经常使用到。草图的编辑主要包括:圆角和倒角、等距实体、转换实体引用、交叉曲线、剪裁和延伸实体、镜像实体、线性草图阵列和圆周草图阵列、移动和复制实体、旋转和伸展实体以及缩放实体比例等。

另外还介绍了尺寸的标注,主要包括:水平和竖直尺寸、角度尺寸、直径和半径尺寸等。希望读者能够掌握草图的编辑与尺寸标注的方法。

第 4 章 曲线的创建

Chapter

04

曲线的创建

复杂和不规则的实体模型,通常是由曲线和曲面组成的,所以曲线和曲面是三维曲面实体模型建模的基础。

三维曲线的引入,使 SolidWorks 的三维草图绘制功能显著提高。用户可以通过三维操作命令,绘制各种三维曲线,也可以通过三维样条曲线,控制三维空间中的任何一点,从而直接控制空间草图的形状。三维草图的绘制可用于创建管路设计和线缆设计,以作为其他复杂三维模型的扫描路径。

学习重点

- ☑ 绘制三维空间直线
- ☑ 创建投影和组合曲线
- ☑ 创建螺旋线和涡状线
- ☑ 创建分割线
- ☑ 创建通过参考点和 XYZ 点的曲线

4.1 绘制三维草图

在学习曲线生成方法前，首先要了解三维草图的绘制方法，它是生成空间曲线的基础。

SolidWorks 可以直接在基准面上或者在三维空间的任意点绘制三维草图实体，绘制的三维草图可以作为扫描路径、扫描的引导线，也可以作为放样路径、放样中心线等。

1．绘制三维空间直线

按照下面的操作方法绘制三维空间直线。

操作步骤

01 新建一个文件。单击前导视图工具栏中的"等轴测"按钮，设置视图方向为等轴测方向，如图 4-1 所示。

02 单击功能区中的"特征"选项卡，然后单击"特征"功能区中的"Instant 3D"按钮，或者选择菜单栏中的"插入"→"3D 草图"命令，系统进入三维草图绘制状态。

03 单击"草图"功能区中绘制所需要的草图工具，这里单击"草图"功能区中的"直线"按钮，系统打开如图 4-2 所示的"插入线条"属性管理器，注意此时在绘图区中出现了空间控标，如图 4-3 所示。

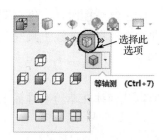

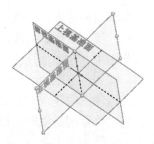

图 4-1　设置视图方向　　　图 4-2　"插入线条"属性管理器　　　图 4-3　空间控标

04 选择属性管理器中的"按绘制原样"选项，单击原点作为起点绘制草图，基准面为控标提示的基准面，方向由光标拖动决定，如图 4-4 所示为在上视基准面上绘制草图。

05 拖动鼠标，控标会显示出来，按 Tab 键，可以改变绘制的基准面，依次为上视、前视、右视基准面，如图 4-5 所示为在前视基准面上绘制草图。

06 按 Tab 键继续在右视基准面上绘制草图，如图 4-6 所示。单击鼠标右键，系统弹出菜单选项，选择"退出草图"按钮，如图 4-7 所示，即可退出草图绘制状态，绘制完成的三维草图如图 4-8 所示。

专家提示：在绘制三维空间直线时，绘制的基准面要以控标显示为准，不要主观判断，通过按 Tab 键，变换视图的基准面。

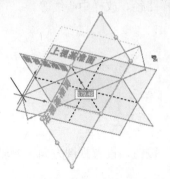 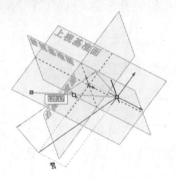 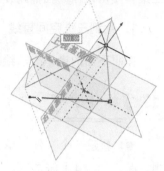

图 4-4　在上视基准面上绘制草图　　图 4-5　在前视基准面上绘制草图　　图 4-6　在右视基准面上绘制草图

图 4-7　选择"退出草图"选项　　　　　　图 4-8　完成的三维草图

二维草图和三维草图既有相似之处，又有不同之处。在绘制三维草图时，二维草图中的所有圆、弧、矩形、直线、样条曲线和点等工具都可用，曲面上的样条曲线工具只能用在三维草图中。在添加几何关系时，二维草图中大多数几何关系都可用于三维草图中，但是对称、阵列、等距和等长线例外。

另外需注意的是，对于二维草图，其绘制的草图实体是所有几何体在草绘基准面上的投影，而三维草图是空间实体。

2．建立坐标系

在绘制三维草图时，除了使用系统默认的坐标系外，用户还可以定义自己的坐标系，此坐标系将同测量、质量特性等工具一起使用。

按照下面的操作方法创建坐标系。

操作步骤

01 打开文件。单击"打开"按钮，系统弹出"打开"对话框。

02 在"打开"对话框中选定名为"4.1"的文件，然后单击"打开"按钮，或者双击所选定的文件，即打开所选文件，如图 4-9 所示。

03 单击"特征"功能区"参考几何体"选项中的"坐标系"按钮，或者选择菜单栏中的"插入"→"参考几何体"→"坐标系"命令，系统弹出"坐标系"属性管理器。

04 单击"原点"图标右侧的列表框，然后单击如图 4-10 所示的点 A，设置点 A 为新坐标系的原点；单击"X 轴"下的"X 轴参考方向"列表框，然后单击如图 4-10 所示的边线 1，设置边线 1 为 x 轴；依次设置如图 4-10 所示的边线 2 为 y 轴，边线 3 为 z 轴，其"坐标系"属性管理器设置如图 4-11 所示。

05 单击属性管理器中的"确定"按钮，即完成坐标系的设置，添加坐标系后的效果如图 4-12 所示。

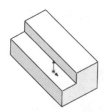 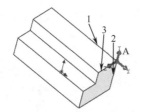  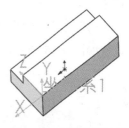

图 4-9 源文件　　图 4-10 选择的对象　　图 4-11 "坐标系"属性管理器　　图 4-12 完成的坐标系

 专家提示：在设置坐标系的过程中，如果坐标系轴的方向不是想要的方向时，可以单击"坐标系"属性管理器中设置轴左侧的"反向"按钮来设置。

在设置坐标系时，x 轴、y 轴和 z 轴的参考方向可由以下特征确定。

- ☑ 顶点、点或者中点：将轴向的参考方向与所选点对齐。
- ☑ 线性边线或者草图直线：将轴向的参考方向与所选边线或者直线平行。
- ☑ 非线性边线或者草图实体：将轴向的参考方向与所选对象上的所选位置对齐。
- ☑ 平面：将轴向的参考方向与所选平面的垂直方向对齐。

4.2　创建投影曲线

在 SolidWorks 中，投影曲线主要有两种创建方式。一种是将绘制的曲线投影到模型面上，生成一条投影曲线；另外一种方式是在两个相交的基准面上分别绘制草图，此时系统会将每一个草图沿所在平面的垂直方向投影得到一个曲面，这两个曲面在空间中相交，生成一条三维曲线。

下面将分别介绍采用两种方式创建曲线的操作方法。

1．利用绘制曲线投影到模型面上生成投影曲线

按照下面的操作方法创建投影曲线。

操作步骤

01 新建一个文件。单击功能区中的"草图"选项卡，系统显示"草图"功能区，然后单击"草图"功能区中的"草图绘制"按钮，此时绘图区显示系统默认基准面。

02 单击绘图区中的上视基准面，此时系统进入 SolidWorks 草图设计操作界面，单击"草图"功能区中的"样条曲线"按钮，或者选择菜单栏中的"工具"→"草图绘制实体"→"样条曲线"命令，然后绘制如图4-13所示的样条曲线，并退出草图。

03 选择菜单栏中的"插入"→"曲面"→"拉伸曲面"命令，然后单击绘图区中的前视基准面，然后绘制如图4-14所示的曲线。

04 单击属性管理器中的"确定"按钮，再单击"草图"功能区中的"退出草图"按钮，系统进入"曲面-拉伸"属性管理器。

05 选择"方向1"下拉列表项为"两侧对称"，拉伸深度输入120，其属性管理器设置如图4-15所示，预览效果如图4-16所示。

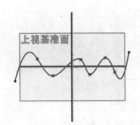 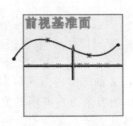 

图4-13　绘制的样条曲线　　图4-14　绘制的曲线　　图4-15　"曲面-拉伸"属性管理器

06 单击"曲面-拉伸"属性管理器中的"确定"按钮，即完成拉伸曲面特征的创建，如图4-17所示。

07 单击"特征"功能区中的"曲线"选项下的"投影曲线"按钮，或者选择菜单栏中的"插入"→"曲线"→"投影曲线"命令，系统弹出如图4-18所示的"投影曲线"属性管理器。

08 单击属性管理器中的"要投影的草图"选项框，然后选择如图4-19所示的样条曲线作为要投影的草图；单击属性管理器中的"投影面"选项框，然后选择如图4-19所示的拉伸曲面作为投影面。

09 单击属性管理器中的"确定"按钮，即完成投影曲线特征的创建，如图4-20所示。

 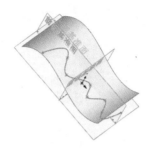 

图 4-16　预览效果　　　图 4-17　绘制的拉伸曲面　　图 4-18　"投影曲线"属性管理器

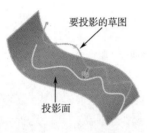 

图 4-19　选择对象　　　　　　图 4-20　创建的投影曲线

2. 利用两个相交的基准面上的曲线生成投影曲线

按照下面的操作方法创建投影曲线。

操作步骤

01 新建一个文件。单击功能区中的"草图"选项卡，系统显示"草图"功能区，然后单击"草图"功能区中的"草图绘制"按钮，此时绘图区显示系统默认基准面。

02 单击绘图区中的上视基准面，此时系统进入 SolidWorks 草图设计操作界面，单击"草图"功能区中的"样条曲线"按钮，或者选择菜单栏中的"工具"→"草图绘制实体"→"样条曲线"命令，然后绘制如图 4-21 所示的样条曲线。

03 单击绘图区中的前视基准面，然后绘制如图 4-22 所示的曲线。

04 单击"特征"功能区中的"曲线"选项下的"投影曲线"按钮，或者选择菜单栏中的"插入"→"曲线"→"投影曲线"命令，系统弹出如图 4-23 所示的"投影曲线"属性管理器。

05 选择属性管理器中的"投影类型"选项下的"草图上草图"选项，单击属性管理器中的"要投影的草图"选项框，然后选择图中的样条曲线作为要投影的草图。

06 单击属性管理器中的"确定"按钮，即完成投影曲线特征的创建，如图 4-25 所示。

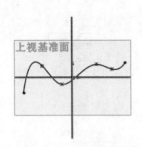

图 4-21 绘制的样条曲线

图 4-23 "投影曲线"属性管理器

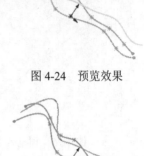

图 4-24 预览效果

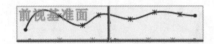

图 4-22 绘制的样条曲线

图 4-25 创建的投影曲线

> **专家提示**：如果在执行投影曲线命令前，先选择了生成投影曲线的草图，则在执行投影曲线命令后，"投影曲线"属性管理器会自动选择合适的投影类型。

4.3 创建组合曲线

组合曲线是指将曲线、草图几何和模型边界组合为一条单一曲线，生成的该组合曲线可以作为生成放样或者扫描的引导曲线、轮廓线。

按照下面的操作方法创建组合曲线。

操作步骤

01 打开文件。单击"打开"按钮 ，系统弹出"打开"对话框。

02 在"打开"对话框中选定名为"4.2"的文件，然后单击"打开"按钮，或者双击所选定的文件，即打开所选文件，如图 4-26 所示。

03 单击"特征"功能区中的"曲线"选项下的"组合曲线"按钮 ，或者选择菜单栏中的"插入"→"曲线"→"组合曲线"命令，系统弹出如图 4-27 所示的"组合曲线"属性管理器。

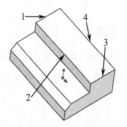

图 4-26 源文件

图 4-27 "组合曲线"属性管理器

04 在"要连接的实体"选项组中,选择如图 4-26 所示的边线 1、边线 2、边线 3 和边线 4,预览效果如图 4-28 所示。

05 单击属性管理器中的"确定"按钮 ✓,即完成组合曲线特征的创建,创建组合曲线后的图形及 FeatureManager 设计树如图 4-29 所示。

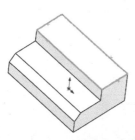
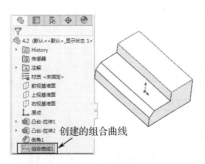

图 4-28 预览效果　　　　图 4-29 创建的组合曲线

专家提示:在创建组合曲线时,所选择的曲线必须是连续的,因为所选择的曲线要生成一条曲线。生成的组合曲线可以是开环的,也可以是闭环的。

4.4 创建螺旋线

螺旋线和涡状线通常在零件中生成,这种曲线可以被当成路径或者引导曲线使用在扫描的特征上,或者作为放样特征的引导曲线,通常用来生成螺纹、弹簧和发条等零件。

按照下面的操作方法创建螺旋线。

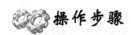

01 新建一个文件。单击功能区中的"草图"选项卡,系统显示"草图"功能区,然后单击"草图"功能区中的"草图绘制"按钮 ,此时绘图区显示系统默认基准面。

02 单击绘图区中的上视基准面,此时系统进入 SolidWorks 草图设计操作界面,单击"草图"功能区中的"圆"按钮 ,或者选择菜单栏中的"工具"→"草图绘制实体"→"圆"命令,然后绘制如图 4-30 所示的圆。

03 选中所绘制的圆,然后单击"特征"功能区中的"曲线"选项下的"螺旋线"按钮 ,或者选择菜单栏中的"插入"→"曲线"→"螺旋线"命令,系统弹出如图 4-31 所示的"螺旋线/涡状线"属性管理器。

图 4-30 绘制的圆

04 在"定义方式"选项组中,选择"螺距和圈数"选项;在"参数"选项组中选择"恒定螺距"选项,在"螺距"文本框中输入 25,在"圈数"文本框中输入 12,在"起始角度"文本框中输入 30。

05 其预览效果如图 4-32 所示,单击属性管理器中的"确定"按钮 ✓,即完成螺旋线特征的创建，如图 4-33 所示。

在创建螺旋线时，有螺距和圈数、高度和圈数、高度和螺距等几种定义方式，这些定义方式可以在"螺旋线/涡状线"属性管理器的"定义方式"选项中进行选择，选择不同的选项时，参数会相应发生改变。

图 4-31　"螺旋线/涡状线"属性管理器

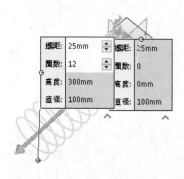
图 4-32　预览效果

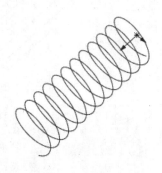
图 4-33　创建的螺旋线

4.5　创建涡状线

按照下面的操作方法创建涡状线。

操作步骤

01 新建一个文件。单击功能区中的"草图"选项卡，系统显示"草图"功能区，然后单击"草图"功能区中的"草图绘制"按钮，此时绘图区显示系统默认基准面。

02 单击绘图区中的上视基准面，此时系统进入 SolidWorks 草图设计操作界面，单击"草图"功能区中的"圆"按钮，或者选择菜单栏中的"工具"→"草图绘制实体"→"圆"命令，然后绘制如图 4-34 所示的圆。

03 单击"特征"功能区中的"曲线"选项下的"涡状线"按钮，或者选择菜单栏中的"插入"→"曲线"→"涡状线"命令，系统弹出如图 4-35 所示的"螺旋线/涡状线"属性管理器。

04 在"定义方式"选项组中，选择"涡状线"选项，在"螺距"文本框中输入 25，在"圈数"文本框中输入 12，在"起始角度"文本框中输入 30，选择"顺时针"选项。

05 其预览效果如图 4-36 所示，单击属性管理器中的"确定"按钮，即完成涡状线特征的创建，创建涡状线后的图形及 FeatureManager 设计树如图 4-37 所示。

第 4 章 曲线的创建

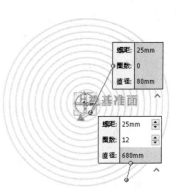

图 4-34　绘制的圆　　　　图 4-35　"螺旋线/涡状线"属性管理器　　　图 4-36　预览效果

SolidWorks 既可以生成顺时针涡状线，也可以生成逆时针涡状线。在执行命令时，系统默认的生成方式为顺时针方式，顺时针涡状线如图 4-37 所示。在如图 4-35 所示的"螺旋线/涡状线"属性管理器中选择"逆时针"选项，即可以生成逆时针方向的涡状线，如图 4-38 所示。

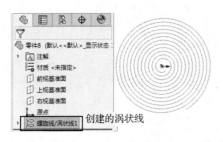
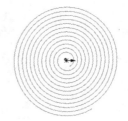

图 4-37　创建的涡状线　　　　　　　　　　　图 4-38　逆时针螺旋线

4.6　创建分割线

分割线工具将草图投影到曲面或者平面上，它可以将所选的面分割为多个分离的面，从而可以选择操作其中一个分离面，也可将草图投影到曲面实体生成分割线。利用分割线可用来创建拔模特征、混合面圆角，并可延展曲面来切除模具。

创建分割线有下面几种方式。

- ☑ 投影：将一条草图线投影到一表面上创建分割线。
- ☑ 侧影轮廓线：在一个圆柱形零件上生成一条分割线。
- ☑ 交叉：以交叉实体、曲面、面、基准面或样条曲线分割面创建分割线。

按照下面的操作方法创建分割线。

操作步骤

01 打开文件。单击"打开"按钮，系统弹出"打开"对话框。

02 在"打开"对话框中选定名为"4.3"的文件，然后单击"打开"按钮，或者双击所选定的文件，即打开所选文件，如图 4-39 所示。

03 单击"特征"功能区中的"参考几何体"选项下的"基准面"按钮，或者选择菜单栏中的"插入"→"参考几何体"→"基准面"命令，系统弹出"基准面"属性管理器。

04 单击"第一参考"下的列表框，然后单击如图 4-39 所示的面 1，设置距离为 15，并调整基准面的方向，其"基准面"属性管理器如图 4-40 所示。

05 其预览效果如图 4-41 所示，单击"基准面"属性管理器中的"确定"按钮，即完成基准面的创建，结果如图 4-42 所示。

06 单击功能区中的"草图"选项卡，系统显示"草图"功能区，然后单击"草图"功能区中的"草图绘制"按钮，此时绘图区显示系统默认基准面。

07 单击选择刚刚创建的基准面，此时系统进入 SolidWorks 草图设计操作界面，单击"草图"功能区中的"样条曲线"按钮，或者选择菜单栏中的"工具"→"草图绘制实体"→"样条曲线"命令，然后绘制如图 4-43 所示的样条曲线，并退出草图。

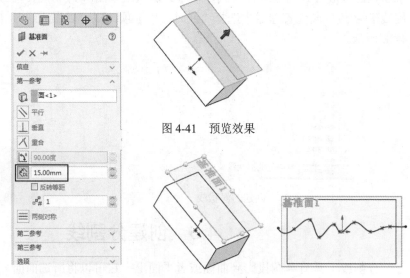
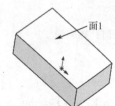

图 4-39　源文件　　图 4-40　"基准面"属性管理器　　图 4-42　创建的基准面　　图 4-43　草绘的图元

图 4-41　预览效果

08 单击"特征"功能区中的"曲线"选项下的"分割线"按钮，或者选择菜单栏中的"插入"→"曲线"→"分割线"命令，系统弹出如图 4-44 所示的"分割线"属性管理器。

09 选择属性管理器中的"投影"选项，单击属性管理器中的"要投影的草图"选项框，选择绘制的样条曲线，单击属性管理器中的"要分割的面"选项框，选择要分割的面，并勾选"单向"选项，预览效果如图 4-45 所示。

专家提示：在使用投影方式创建分割线时，绘制的草图在投影面上的投影必须穿过要投影的面，否则系统会提示错误，不能生成分割线。

10 单击属性管理器中的"确定"按钮，即完成分割线特征的创建，创建分割线后的图形及 FeatureManager 设计树如图 4-46 所示。

图 4-44　"分割线"属性管理器　　　图 4-45　预览效果　　　图 4-46　创建的分割线特征

4.7　创建通过参考点的曲线

通过参考点的曲线是指生成通过一个或者多个平面上点的曲线。按照下面的操作方法创建通过参考点曲线。

操作步骤

01 打开文件。单击"打开"按钮，系统弹出"打开"对话框。

02 在"打开"对话框中选定名为"4.4"的文件，然后单击"打开"按钮，或者双击所选定的文件，即打开所选文件，如图 4-47 所示。

03 单击"特征"功能区中的"曲线"选项下的"通过参考点的曲线"按钮，或者选择菜单栏中的"插入"→"曲线"→"通过参考点的曲线"命令，系统弹出"通过参考点的曲线"属性管理器。

04 依次单击如图 4-48 所示的点，不勾选"闭环曲线"选项，此时"通过参考点的曲线"属性管理器如图 4-49 所示。

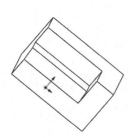
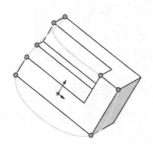

图 4-47　源文件　　　图 4-48　选择的点　　　图 4-49　"通过参考点的曲线"属性管理器

05 单击属性管理器中的"确定"按钮 ✓，即完成通过参考点的曲线特征创建，如图 4-50 所示。

在生成通过参考点的曲线时，系统默认生成的为开环曲线，如图 4-50 所示。如果在"通过参考点的曲线"属性管理器中勾选"闭环曲线"复选框，则执行命令后，会自动生成闭环曲线，如图 4-51 所示。

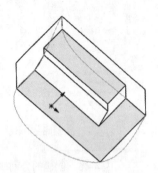 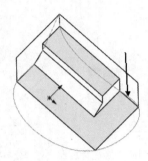

图 4-50　创建的通过参考点的开环曲线　　图 4-51　创建的通过参考点的闭环曲线

4.8　创建通过 XYZ 点的曲线

通过 XYZ 点的曲线是指生成通过用户定义的点的样条曲线。在 SolidWorks 中，用户可以自定义样条曲线通过的点，也可以利用点坐标文件生成样条曲线。

1. 通过 XYZ 点

按照下面的操作方法创建通过 XYZ 点的曲线。

操作步骤

01 新建一个文件。单击"特征"功能区中的"曲线"选项下的"通过 XYZ 点的曲线"按钮 ꙮ，或者单击菜单栏中的"插入"→"曲线"→"通过 XYZ 点的曲线"命令，系统弹出如图 4-52 所示的"曲线文件"对话框。

图 4-52　"曲线文件"对话框

02 单击 X、Y 和 Z 坐标列各单元格并在每个单元格中输入一个点坐标，在最后一行的单元格中双击时，系统会自动增加一个新行。

03 如果要在行的上面插入一个新行，只要单击该行，然后单击"曲线文件"对话框中的"插入"按钮即可；如果要删除某一行的坐标，单击该行，然后按 Delete 键即可。

04 设置好的曲线文件可以保存下来。单击"曲线文件"对话框中的"保存"按钮或者"另存为"按钮，系统弹出"另存为"对话框，选择合适的路径，输入文件名称，然后单击"保存"按钮即可。

05 如图 4-53 所示为一个设置好的"曲线文件"对话框，单击该对话框中的"确定"按钮，即可生成所需要的曲线，如图 4-54 所示。

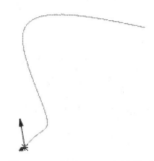

图 4-53　设置好的"曲线文件"对话框　　　图 4-54　通过 XYZ 点的曲线

保存曲线文件时，SolidWorks 默认文件的扩展名称为"*.sldcrv"，如果没有指定扩展名，SolidWorks 应用程序会自动添加扩展名".sldcrv"。

在 SolidWorks 中，除了在"曲线文件"对话框中输入坐标来定义曲线外，还可以通过文本编辑器、Excel 等应用程序生成坐标文件，将其保存为"*.sldcrv"文件，然后导入系统即可。

 专家提示： 在使用文本编辑器、Excel 等应用程序生成坐标文件时，文件中必须只包括坐标数据，而不能有 X、Y、Z 的标号及其他无关数据。

2．通过导入坐标文件创建曲线

下面介绍通过导入坐标文件创建曲线的方法。

操作步骤

01 单击"特征"功能区中的"曲线"选项下的"通过 XYZ 点的曲线"按钮，或者选择菜单栏中的"插入"→"曲线"→"通过 XYZ 点的曲线"命令，系统弹出"曲线文件"对话框。

02 单击对话框中的"浏览"按钮，系统弹出如图 4-55 所示的"打开"对话框，查找需要输入的文件名称，然后单击"打开"按钮。

03 插入文件后，文件名称显示在"曲线文件"对话框中，如图 4-56 所示，并且在绘图区中可以预览显示效果，如图 4-57 所示。双击其中的单元格可以修改坐标值，直到合适为止。

图 4-55　"打开"对话框

图 4-56　"曲线文件"对话框

04 单击"曲线文件"对话框中的"确定"按钮，生成需要的曲线，如图 4-58 所示。

图 4-57　预览效果

图 4-58　通过导入文件创建的曲线

本章小结

第 2 章介绍了如何在草图平面中绘制平面曲线，而这一章则介绍如何在空间中创建曲线的方法。

本章所介绍创建的空间曲线包括直线、投影曲线、组合曲线、螺旋线、涡状线、分割线、通过参考点和 XYZ 点创建曲线等。通过对本章的学习，可以为后面学习实体建模和曲面设计打下了扎实的基础。

第 5 章 实体特征建模

Chapter

05

实体特征建模

在 SolidWorks 中，系统提供了强大的实体建模功能。所谓的实体建模就是基于特征和约束建模技术的一种复合建模技术，它具有参数化设计和编辑复杂实体模型的能力。

本章先介绍参考几何体，接着介绍了拉伸特征、旋转特征、扫描特征和放样特征，读者应仔细体会每个特征的操作方法。

学习重点

- ☑ 创建基准面
- ☑ 创建基准轴
- ☑ 创建坐标系
- ☑ 创建点特征
- ☑ 创建拉伸特征
- ☑ 创建旋转特征
- ☑ 创建扫描特征
- ☑ 创建放样特征
- ☑ 创建边界凸台/基体特征

5.1 熟悉特征建模基础

SolidWorks 提供了如图 5-1 所示的"特征"功能区。

图 5-1 "特征"功能区

用户可以在功能区旁边的空白处单击鼠标右键，在弹出的菜单中选择"特征"选项，如图 5-2 所示，系统弹出如图 5-4 所示的"特征"工具栏。

用户也可以在工具栏旁边的空白处单击鼠标右键，在弹出的菜单中选择"自定义"选项，系统弹出如图 5-3 所示的"自定义"对话框，用户可以根据需要在当前工具栏中添加更多的常用工具按钮。

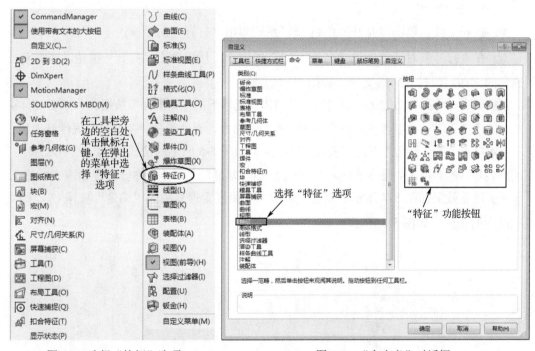

图 5-2 选择"特征"选项　　　　　图 5-3 "自定义"对话框

SolidWorks 提供了专用的如图 5-4 所示的"特征"工具栏，单击工具栏中相应的图标就可以对草图实体进行相应的操作，生成需要的特征模型。

图 5-4 "特征"工具栏

5.2 创建基准面

基准面主要应用于零件图和装配图中，可以利用基准面来绘制草图、生成模型的剖面视图，以及生成用于拔模特征中的中性面等。

SolidWorks 提供了默认的三个相互垂直的基准面：前视基准面、上视基准面和右视基准面。通常情况下，用户在这三个基准面上绘制草图，然后使用特征命令创建实体模型即可绘制需要的图形。但是，对于一些特殊的特征，需要在不同的基准面上绘制草图，才能完成模型的构建，即需要创建新的基准面。

创建基准面的 6 种方式分别为：通过直线/点方式、点和平行面方式、夹角方式、等距离方式、垂直于曲线方式与曲面切平面方式。下面将详细介绍这几种创建基准面的方式。

1. 通过直线/点方式

该方式又具体分为三种：通过边线、轴；通过草图线及点；通过三点。

操作步骤

01 打开文件。单击"打开"按钮，系统弹出"打开"对话框。

02 在"打开"对话框中选定名为"5.1"的文件，然后单击"打开"按钮，或者双击所选定的文件，即打开所选文件，如图 5-5 所示。

03 单击"特征"功能区中的"参考几何体"选项下的"基准面"按钮，或者选择菜单栏中的"插入"→"参考几何体"→"基准面"命令，系统弹出"基准面"属性管理器。

04 单击"第一参考"下的列表框，然后单击如图 5-5 所示的边线 1；单击"第二参考"下的列表框，然后单击如图 5-5 所示的边线 2；其"基准面"属性管理器设置如图 5-6 所示。

05 预览效果如图 5-7 所示，单击"基准面"属性管理器中的"确定"按钮，即完成基准面的创建，如图 5-8 所示。

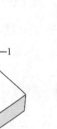

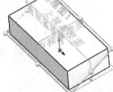

图 5-5　源文件　　图 5-6　"基准面"属性管理器　　图 5-7　预览效果　　图 5-8　创建的基准面

2. 点和平行面方式

该方式用于创建通过点且平行于基准面或平面的基准面。

操作步骤

01 打开文件。单击"打开"按钮，系统弹出"打开"对话框。

02 在"打开"对话框中选定名为"5.2"的文件，然后单击"打开"按钮，或者双击所选定的文件，即打开所选文件，如图 5-9 所示。

03 单击"特征"功能区中的"参考几何体"选项下的"基准面"按钮，或者选择菜单栏中的"插入"→"参考几何体"→"基准面"命令，系统弹出"基准面"属性管理器。

04 单击"第一参考"下的列表框，然后单击如图 5-9 所示的中点 1；单击"第二参考"下的列表框，然后单击如图 5-9 所示的面 2；其"基准面"属性管理器设置如图 5-10 所示。

05 预览效果如图 5-11 所示，单击"基准面"属性管理器中的"确定"按钮，即完成基准面的创建，如图 5-12 所示。

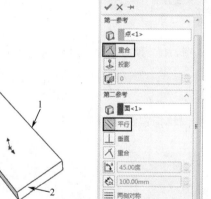
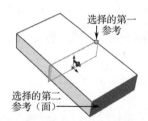
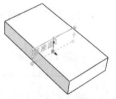

图 5-9　源文件　　图 5-10　"基准面"属性管理器　　图 5-11　预览效果　　图 5-12　创建的基准面

3. 夹角方式

该方式用于创建通过一条边线、轴线或者草图线，并与一个面或者基准面成一定角度的基准面。

操作步骤

01 打开文件。单击"打开"按钮，系统弹出"打开"对话框。

02 在"打开"对话框中选定名为"5.3"的文件,然后单击"打开"按钮,或者双击所选定的文件,即打开所选文件,如图5-13所示。

03 单击"特征"功能区中的"参考几何体"选项下的"基准面"按钮，或者选择菜单栏中的"插入"→"参考几何体"→"基准面"命令,系统弹出"基准面"属性管理器。

04 单击"第一参考"下的列表框,然后单击如图5-13所示的边线1;单击"第二参考"下的列表框,然后单击如图5-13所示的面2,设置夹角为45°;其"基准面"属性管理器设置如图5-14所示。

05 预览效果如图5-15所示,单击"基准面"属性管理器中的"确定"按钮，即完成基准面的创建,如图5-16所示。

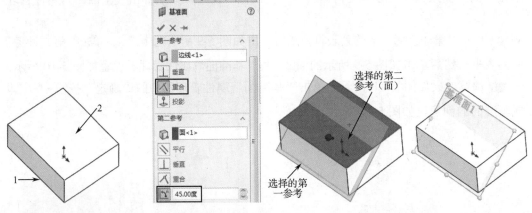

图5-13 源文件　　图5-14 "基准面"属性管理器　　图5-15 预览效果　　图5-16 创建的基准面

4. 等距距离方式

该方式用于创建平行于一个基准面或者面,并偏移指定距离的基准面。

操作步骤

01 打开文件。单击"打开"按钮，系统弹出"打开"对话框。

02 在"打开"对话框中选定名为"5.4"的文件,然后单击"打开"按钮,或者双击所选定的文件,即打开所选文件,如图5-17所示。

03 单击"特征"功能区中的"参考几何体"选项下的"基准面"按钮，或者选择菜单栏中的"插入"→"参考几何体"→"基准面"命令,系统弹出"基准面"属性管理器。

04 单击"第一参考"下的列表框,然后单击如图5-17所示的面1,设置其"基准面"属性管理器如图5-18所示,偏移距离为20,若勾选其属性管理器中的"反向"复选框,可改变生成基准面相对于参考面的方向。

05 预览效果如图5-19所示,单击"基准面"属性管理器中的"确定"按钮，即完成基准面的创建,如图5-20所示。

第 5 章 实体特征建模

  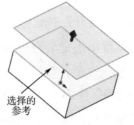 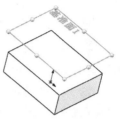

图 5-17 源文件　　图 5-18 "基准面"属性管理器　　图 5-19 预览效果　　图 5-20 创建的基准面

5．垂直于曲线方式

该方式用于创建通过一个点且垂直于一条边线或者曲线的基准面。

操作步骤

01 打开文件。单击"打开"按钮，系统弹出"打开"对话框。

02 在"打开"对话框中选定名为"5.5"的文件，然后单击"打开"按钮，或者双击所选定的文件，即打开所选文件，如图 5-21 所示。

03 单击"特征"功能区中的"参考几何体"选项下的"基准面"按钮，或者选择菜单栏中的"插入"→"参考几何体"→"基准面"命令，系统弹出"基准面"属性管理器。

04 单击"第一参考"下的列表框，然后单击如图 5-21 所示的点 1；单击"第二参考"下的列表框，然后单击如图 5-21 所示的线 2；其"基准面"属性管理器设置如图 5-22 所示。

05 预览效果如图 5-23 所示，单击"基准面"属性管理器中的"确定"按钮，即完成基准面的创建，如图 5-24 所示。

   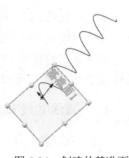

图 5-21 源文件　　图 5-22 "基准面"属性管理器　　图 5-23 预览效果　　图 5-24 创建的基准面

95

6. 曲面切平面方式

该方式用于创建一个与空间面或者圆形曲面相切于一点的基准面。

操作步骤

01 打开文件。单击"打开"按钮，系统弹出"打开"对话框。

02 在"打开"对话框中选定名为"5.6"的文件，然后单击"打开"按钮，或者双击所选定的文件，即打开所选文件，如图 5-25 所示。

03 单击"特征"功能区中的"参考几何体"选项下的"基准面"按钮，或者选择菜单栏中的"插入"→"参考几何体"→"基准面"命令，系统弹出"基准面"属性管理器。

04 单击"第一参考"下的列表框，然后单击如图 5-25 所示的面 1；单击"第二参考"下的列表框，然后选择前视基准面；其"基准面"属性管理器设置如图 5-26 所示。

05 预览效果如图 5-27 所示，单击"基准面"属性管理器中的"确定"按钮，即完成基准面的创建，如图 5-28 所示。

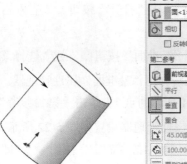

图 5-25 源文件　　图 5-26 "基准面"属性管理器　　图 5-27 预览效果　　图 5-28 创建的基准面

5.3 创建基准轴

基准轴通常在草图几何体或者圆周阵列中使用。每一个圆柱和圆锥面都有一条轴线。临时轴是由模型中的圆锥和圆柱隐含生成的。

创建基准轴有 5 种方式，即为：一直线/边线/轴方式、两平面方式、两点/顶点方式、圆柱/圆锥面方式与点和面/基准面方式。下面将详细介绍这几种创建基准轴的方式。

1. 一直线/边线/轴方式

选择一草图的直线、实体的边线或者轴，以所选直线创建轴线。

第5章 实体特征建模

操作步骤

01 打开文件。单击"打开"按钮，系统弹出"打开"对话框。

02 在"打开"对话框中选定名为"5.7"的文件，然后单击"打开"按钮，或者双击所选定的文件，即打开所选文件，如图5-29所示。

03 单击"特征"功能区中的"参考几何体"选项下的"基准轴"按钮，或者选择菜单栏中的"插入"→"参考几何体"→"基准轴"命令，系统弹出"基准轴"属性管理器。

04 单击"选择"下的列表框，然后单击如图5-29所示的边线1，其"基准轴"属性管理器设置如图5-30所示。

05 预览效果如图5-31所示，单击"基准轴"属性管理器中的"确定"按钮，即完成基准轴的创建，结果如图5-32所示。

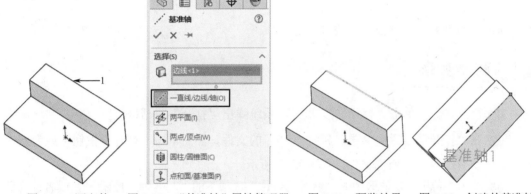

图5-29　源文件　　图5-30　"基准轴"属性管理器　　图5-31　预览效果　　图5-32　创建的基准轴

2．两平面方式

将所选两个平面的交线作为基准轴。

操作步骤

01 打开文件。单击"打开"按钮，系统弹出"打开"对话框。

02 在"打开"对话框中选定名为"5.8"的文件，然后单击"打开"按钮，或者双击所选定的文件，即打开所选文件，如图5-33所示。

03 单击"特征"功能区中的"参考几何体"选项下的"基准轴"按钮，或者选择菜单栏中的"插入"→"参考几何体"→"基准轴"命令，系统弹出"基准轴"属性管理器。

04 单击"选择"下的列表框，然后单击如图5-33所示的面1及面2，设置其"基准轴"属性管理器如图5-34所示。

05 预览效果如图5-35所示，单击"基准轴"属性管理器中的"确定"按钮，即完成基准轴的创建，如图 5-36 所示。

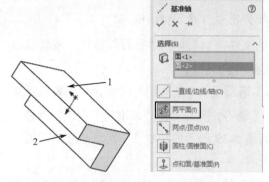
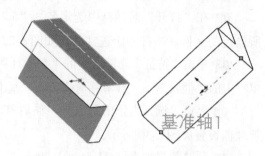

图 5-33　源文件　　图 5-34　"基准轴"属性管理器　　图 5-35　预览效果　　图 5-36　创建的基准轴

3．两点/顶点方式

将两个点或者两个顶点的连线作为基准轴。

操作步骤

01 打开文件。单击"打开"按钮，系统弹出"打开"对话框。

02 在"打开"对话框中选定名为"5.9"的文件，然后单击"打开"按钮，或者双击所选定的文件，即打开所选文件，如图 5-37 所示。

03 单击"特征"功能区中的"参考几何体"选项下的"基准轴"按钮，或者选择菜单栏中的"插入"→"参考几何体"→"基准轴"命令，系统弹出"基准轴"属性管理器。

04 单击"选择"下的列表框，然后单击如图 5-37 所示的顶点 1 及 2，其"基准轴"属性管理器设置如图 5-38 所示。

05 预览效果如图 5-39 所示，单击"基准轴"属性管理器中的"确定"按钮，即完成基准轴的创建，如图 5-40 所示。

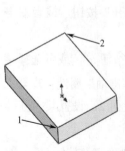

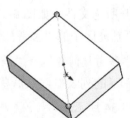

图 5-37　源文件　　图 5-38　"基准轴"属性管理器　　图 5-39　预览效果　　图 5-40　创建的基准轴

4．圆柱/圆锥面方式

选择圆柱或者圆锥面，将其临时轴确定为基准轴。

操作步骤

01 打开文件。单击"打开"按钮，系统弹出"打开"对话框。

02 在"打开"对话框中选定名为"5.10"的文件，然后单击"打开"按钮，或者双击所选定的文件，即打开所选文件，如图 5-41 所示。

03 单击"特征"功能区中的"参考几何体"选项下的"基准轴"按钮，或者选择菜单栏中的"插入"→"参考几何体"→"基准轴"命令，系统弹出"基准轴"属性管理器。

04 单击"选择"下的列表框，然后单击选择如图 5-41 所示的面 1，其"基准轴"属性管理器设置如图 5-42 所示。

05 预览效果如图 5-43 所示，单击"基准轴"属性管理器中的"确定"按钮，即完成基准轴的创建，如图 5-44 所示。

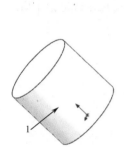

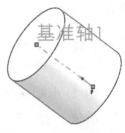

图 5-41　源文件　　图 5-42　"基准轴"属性管理器　　图 5-43　预览效果　　图 5-44　创建的基准轴

5．点和面/基准面方式

选择一曲面或者基准面以及顶点、点或者中点，创建一个通过所选点并且垂直于所选面的基准轴。

操作步骤

01 打开文件。单击"打开"按钮，系统弹出"打开"对话框。

02 在"打开"对话框中选定名为"5.11"的文件，然后单击"打开"按钮，或者双击所选定的文件，即打开所选文件，如图 5-45 所示。

03 单击"特征"功能区中的"参考几何体"选项下的"基准轴"按钮，或者选择菜单栏中的"插入"→"参考几何体"→"基准轴"命令，系统弹出"基准轴"属性管理器。

04 单击"选择"下的列表框,然后单击如图 5-45 所示的面 1 及中点 2,其"基准轴"属性管理器设置如图 5-46 所示。

05 其预览效果如图 5-47 所示,单击"基准轴"属性管理器中的"确定"按钮✓,即完成基准轴的创建,如图 5-48 所示。

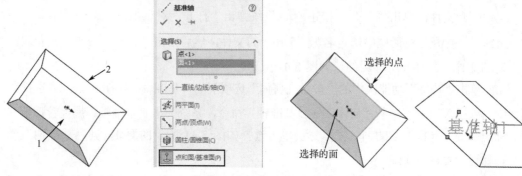

图 5-45 源文件　　图 5-46 "基准轴"属性管理器　　图 5-47 预览效果　　图 5-48 创建的基准轴

5.4 创建坐标系

"坐标系"命令主要用来定义零件或者装配体的坐标系。此坐标系与测量和质量属性工具一同使用,可用于将 SolidWorks 文件输出为 IGES、STL、ACIS、STEP、Parasolid、VRML 和 VDA 文件。

操作步骤

01 打开文件。单击"打开"按钮，系统弹出"打开"对话框。

02 在"打开"对话框中选定名为"5.12"的文件,然后单击"打开"按钮,或者双击所选定的文件,即打开所选文件,如图 5-49 所示。

03 单击"特征"功能区中的"参考几何体"选项下的"坐标系"按钮，或者选择菜单栏中的"插入"→"参考几何体"→"坐标系"命令,系统弹出"坐标系"属性管理器。

04 单击"原点"选项下的的列表框,然后单击如图 5-49 所示的点 A,单击"X 轴"下的列表框,然后单击如图 5-49 所示的边线 1;单击"Y 轴"下的列表框,然后单击如图 5-49 所示的边线 2;单击"Z 轴"下的列表框,然后单击如图 5-49 所示的边线 3;其"坐标系"属性管理器如图 5-50 所示。

05 单击"方向"按钮，改变轴线方向,其预览效果如图 5-51 所示,单击"坐标系"属性管理器中的"确定"按钮✓,即完成坐标系的创建,如图 5-52 所示。

> **专家提示**:在"坐标系"属性管理器中,每一步设置都可以形成一个新的坐标系,并可以通过单击"方向"按钮来调整坐标轴的方向。

第 5 章　实体特征建模

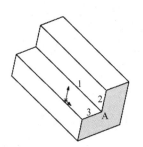  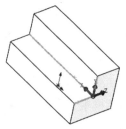 

图 5-49　源文件　　图 5-50　"坐标系"属性管理器　　图 5-51　预览效果　　图 5-52　创建的坐标系

5.5　创建点

创建点有 6 种方式，即：圆弧中心、沿曲线距离或多个参考点、面中心、投影、交叉点、在点上的方式。

1．圆弧中心

操作步骤

01 打开文件。单击"打开"按钮，系统弹出"打开"对话框。

02 在"打开"对话框中选定名为"5.13"的文件，然后单击"打开"按钮，或者双击所选定的文件，即打开所选文件，如图 5-53 所示。

03 单击"特征"功能区中的"参考几何体"选项下的"点"按钮，或者选择菜单栏中的"插入"→"参考几何体"→"点"命令，系统弹出"点"属性管理器。

04 单击"圆弧中心"选项，然后单击如图 5-53 所示的圆弧；其"点"属性管理器如图 5-54 所示。

05 预览效果如图 5-55 所示，单击"点"属性管理器中的"确定"按钮，即完成点的创建，如图 5-56 所示。

图 5-53　源文件　　图 5-54　"点"属性管理器　　图 5-55　预览效果　　图 5-56　创建的点

101

2. 沿曲线距离或多个参考点

操作步骤

01 打开文件。单击"打开"按钮 ，系统弹出"打开"对话框。

02 在"打开"对话框中选定名为"5.14"的文件，然后单击"打开"按钮，或者双击所选定的文件，即打开所选文件，如图 5-57 所示。

03 单击"特征"功能区中的"参考几何体"选项下的"点"按钮 ，或者选择菜单栏中的"插入"→"参考几何体"→"点"命令，系统弹出"点"属性管理器。

04 单击"沿曲线距离或多个参考点"按钮 ，然后单击如图 5-57 所示的直线，选择"距离"选项，并输入距离值 35，其"点"属性管理器如图 5-58 所示。

05 预览效果如图 5-59 所示，单击"点"属性管理器中的"确定"按钮 ，即完成点的创建，如图 5-60 所示。

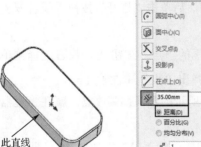

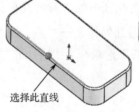
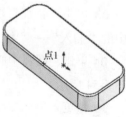

图 5-57　源文件　　图 5-58　"点"属性管理器　　图 5-59　预览效果　　图 5-60　创建的点

3. 面中心

操作步骤

01 打开文件。单击"打开"按钮 ，系统弹出"打开"对话框。

02 在"打开"对话框中选定名为"5.15"的文件，然后单击"打开"按钮，或者双击所选定的文件，即打开所选文件，如图 5-61 所示。

03 单击"特征"功能区中的"参考几何体"选项下的"点"按钮 ，或者选择菜单栏中的"插入"→"参考几何体"→"点"命令，系统弹出"点"属性管理器。

04 单击"面中心"按钮 ⬚，然后单击如图 5-61 所示的面 1；其"点"属性管理器如图 5-62 所示。

05 预览效果如图 5-63 所示，单击"点"属性管理器中的"确定"按钮 ✓，即完成点的创建，如图 5-64 所示。

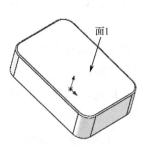   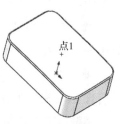

图 5-61　源文件　　图 5-62　"点"属性管理器　　图 5-63　预览效果　　图 5-64　创建的点

4．投影

操作步骤

01 打开文件。单击"打开"按钮，系统弹出"打开"对话框。

02 在"打开"对话框中选定名为"5.16"的文件，然后单击"打开"按钮，或者双击所选定的文件，即打开所选文件，如图 5-65 所示。

03 单击"特征"功能区中的"参考几何体"选项下的"点"按钮 ●，或者选择菜单栏中的"插入"→"参考几何体"→"点"命令，系统弹出"点"属性管理器。

04 单击"投影"按钮，然后单击如图 5-65 所示的点和面 1；其"点"属性管理器如图 5-66 所示。

05 预览效果如图 5-67 所示，单击"点"属性管理器中的"确定"按钮 ✓，即完成点的创建，如图 5-68 所示。

图 5-65　源文件　　图 5-66　"点"属性管理器　　图 5-67　预览效果　　图 5-68　创建的点

5. 交叉点

操作步骤

01 打开文件。单击"打开"按钮，系统弹出"打开"对话框。

02 在"打开"对话框中选定名为"5.17"的文件，然后单击"打开"按钮，或者双击所选定的文件，即打开所选文件，如图 5-69 所示。

03 单击"特征"功能区中的"参考几何体"选项下的"点"按钮，或者选择菜单栏中的"插入"→"参考几何体"→"点"命令，系统弹出"点"属性管理器。

04 单击"交叉点"按钮，然后单击选择如图 5-69 所示的线 1 和线 2；其"点"属性管理器如图 5-70 所示。

05 预览效果如图 5-71 所示，单击"点"属性管理器中的"确定"按钮，即完成点的创建，如图 5-72 所示。

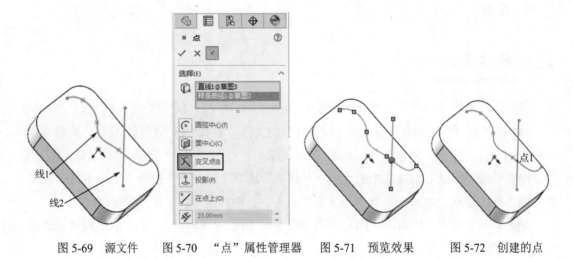

图 5-69 源文件　　图 5-70 "点"属性管理器　　图 5-71 预览效果　　图 5-72 创建的点

6. 在点上

操作步骤

01 打开文件。单击"打开"按钮，系统弹出"打开"对话框。

02 在"打开"对话框中选定名为"5.18"的文件，然后单击"打开"按钮，或者双击所选定的文件，即打开所选文件，如图 5-73 所示。

03 单击"特征"功能区中的"参考几何体"选项下的"点"按钮，或者选择菜单栏中的"插入"→"参考几何体"→"点"命令，系统弹出"点"属性管理器。

04 单击"在点上"按钮，然后单击如图 5-73 所示的点；其"点"属性管理器如

图 5-74 所示。

05 预览效果如图 5-75 所示,单击"点"属性管理器中的"确定"按钮 ✓,即完成点的创建,如图 5-76 所示。

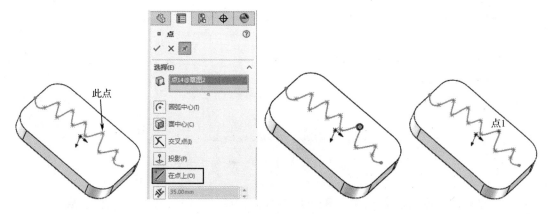

图 5-73 源文件　　图 5-74 "点"属性管理器　　图 5-75 预览效果　　图 5-76 创建的点

5.6　创建拉伸特征

拉伸特征是将一个用草图描述的截面,沿指定的方向(一般情况下是沿垂直于截面方向)延伸一段距离后所形成的特征。拉伸是 SolidWorks 模型中最常见的特征。具有相同截面、有一定长度的实体,如长方体、圆柱体等都可以由拉伸特征来创建。

1. 拉伸实体特征

SolidWorks 可以对闭环和开环草图进行实体拉伸。所不同的是,如果草图本身是一个开环图形,则拉伸凸台/基体工具只能将其拉伸为薄壁,如果草图是一个闭环图形,则既可以选择将其拉伸为薄壁特征,也可以将其拉伸为实体特征。

下面将通过实例介绍具体的创建方法。

(1)拉伸实体特征方法一

先单击"特征"功能区中的"拉伸凸台/基体"按钮,然后再在视图中创建二维草图,完成后拉伸创建实体特征。其操作步骤如下。

操作步骤

01 新建文件。选择菜单栏中的"文件"→"新建"按钮,系统将打开"新建 SolidWorks 文件"对话框,在对话框中选择"零件"类型。

02 单击对话框中的"确定"按钮,系统进入零件建模环境。

03 单击"特征"功能区中的"拉伸凸台/基体"按钮,系统弹出"凸台-拉伸"属性管理器,单击选择前视基准面作为草绘平面,此时系统进入 SolidWorks 草图设计操作界面。

04 单击"草图"功能区中的"边角矩形"按钮,系统打开如图 5-77 所示的"矩形"

属性管理器。

05 在绘图区中绘制如图 5-78 所示的边角矩形,再在如图 5-79 所示的选项中修改参数。

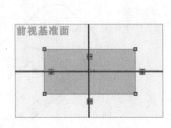

图 5-77 "矩形"属性管理器　　图 5-78 草图中的矩形　　图 5-79 修改"参数"选项

06 单击属性管理器中的"确定"按钮 ✓ ,再单击"草图"功能区中的"退出草图"按钮 ,并按下 Esc 键退出,退出草图绘制环境,进入零件设计环境。

07 修改拉伸深度为 20,其预览效果如图 5-80 所示,相关参数如图 5-81 所示,单击属性管理器中的"确定"按钮 ✓ ,即完成拉伸特征的创建,如图 5-82 所示。

图 5-80 预览效果　　图 5-81 "凸台-拉伸"属性管理器　　图 5-82 创建的拉伸特征

（2）拉伸实体特征方法二

先创建草绘图元,然后单击"特征"功能区中的"拉伸凸台/基体"按钮,修改其相关参数创建拉伸特征。其操作步骤如下。

操作步骤

01 新建文件。选择菜单栏中的"文件"→"新建"按钮 ,系统将打开"新建 SolidWorks 文件"对话框,在对话框中选择"零件"类型。

02 单击对话框中的"确定"按钮,系统进入零件建模环境。

03 单击功能区中的"草图"选项卡,系统显示"草图"功能区,然后单击"草图"功能区中的"草图绘制"按钮,此时绘图区显示系统默认基准面。

04 单击绘图区中的上视基准面,此时系统进入 SolidWorks 草图设计操作界面,单击"草图"功能区中的"边角矩形"按钮,系统打开"矩形"属性管理器。

05 在绘图区中绘制边角矩形,然后在如图 5-83 所示的选项中修改参数,单击属性管理器中的"确定"按钮,并单击"草图"功能区中的"退出草图"按钮,并按下 Esc 键退出,退出草图绘制环境,其绘制的矩形如图 5-84 所示。

06 选中"FeatureManager 设计树"中的"草图 1"选项后,单击"特征"功能区中的"拉伸凸台/基体"按钮,系统弹出如图 5-85 所示的"凸台-拉伸"属性管理器。

07 修改拉伸深度为 30,其预览效果如图 5-86 所示,单击属性管理器中的"确定"按钮,即完成拉伸特征的创建,如图 5-87 所示。

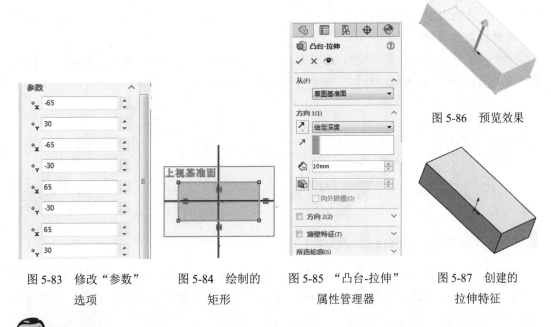

图 5-83 修改"参数"选项　　图 5-84 绘制的矩形　　图 5-85 "凸台-拉伸"属性管理器　　图 5-86 预览效果　　图 5-87 创建的拉伸特征

提示

"凸台-拉伸"属性管理器有很多功能,下面将按照上面步骤的实例进行一些讲解。

01 选中"FeatureManager 设计树"中的"凸台-拉伸 1"选项后,单击鼠标右键,如图 5-88 所示,选择"删除"选项,系统弹出如图 5-89 所示的"确认删除"对话框,单击选择"是"按钮,即将生成的拉伸特征删除。

02 选中"FeatureManager 设计树"中的"草图 1"选项后,单击"特征"功能区中的"拉伸凸台/基体"按钮,系统弹出"凸台-拉伸"属性管理器。

03 在属性管理器中的"深度"图标后的选项框中,将深度值修改为 40mm,然后按 Enter 键,其预览效果如图 5-90 所示。

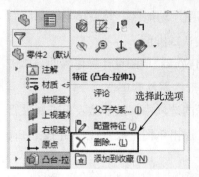
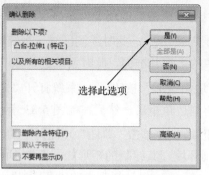

图 5-88　选择"删除"选项　　　图 5-89　"确认删除"对话框　　　图 5-90　预览效果 1

04 单击"凸台-拉伸"属性管理器中的"方向 1"选项组下的"拔模开/关"按钮，并输入拔模角度 15，然后按下 Enter 键，其预览效果如图 5-91 所示，勾选"向外拔模"选项，此时预览效果如图 5-92 所示。

05 再次单击属性管理器中的"方向 1"选项组下的"拔模开/关"按钮，此时拔模特征关闭，并单击属性管理器中的"方向 1"选项组，勾选"方向 2"选项，输入拉伸深度 20，此时预览效果如图 5-93 所示。

06 再次单击"方向 2"选项，此时方向 2 特征关闭，勾选"薄壁特征"选项，此时系统自动生成厚度为 10 的薄壁特征，预览效果如图 5-94 所示。

图 5-91　预览效果 2　　图 5-92　预览效果 3　　图 5-93　预览效果 4　　图 5-94　预览效果 5

07 勾选"顶端加盖"选项，系统自动添加厚度为 10 的顶盖，其预览效果如图 5-95 所示，薄壁特征参数选项组如图 5-96 所示，单击该选项组中的"反向"按钮，其预览效果如图 5-97 所示。

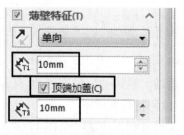

图 5-95　预览效果 6　　　　图 5-96　薄壁特征选项组　　　　图 5-97　预览效果 7

> **提示**
>
> "薄壁特征"参数选项组中有单向、两侧对称和双向三种方向类型,读者可自行体会。

2. 拉伸切除特征

下面将通过实例介绍具体的创建方法。

操作步骤

01 打开文件。单击"打开"按钮,系统弹出"打开"对话框。

02 在"打开"对话框中选定名为"5.19"的文件,然后单击"打开"按钮,或者双击所选定的文件,即打开所选文件,如图5-98所示。

03 单击"特征"功能区中的"拉伸切除"按钮,或者选择菜单栏中的"插入"→"切除"→"拉伸"命令,系统弹出"切除-拉伸"属性管理器。

04 单击选择如图5-99所示的面,单击"视图定向"按钮下的"正视于"按钮,单击"草图"功能区中的"圆"按钮,绘制如图5-100所示的圆,设置属性管理器参数如图5-101所示。

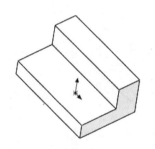
图5-98 源文件

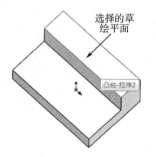
图5-99 选择对象

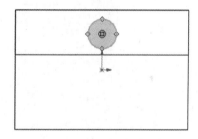
图5-100 绘制的圆

05 单击属性管理器中的"确定"按钮,再单击"草图"功能区中的"退出草图"按钮,系统回到模型绘制状态。

06 在"切除-拉伸"属性管理器中的"方向1"选项组下的"深度"图标后的选项框中,将值修改为30,然后按Enter键,其预览效果如图5-102所示。

07 其"切除-拉伸"属性管理器如图5-103所示,单击属性管理器中的"确定"按钮,即完成拉伸切除特征的创建,如图5-104所示。

图 5-101 "圆"属性管理器

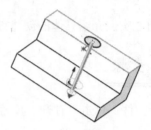

图 5-102 预览效果

图 5-103 "切除-拉伸"属性管理器

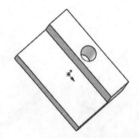

图 5-104 创建的拉伸切除特征

5.7 创建旋转特征

旋转特征是由特征截面绕中心线旋转而成的一类特征,它适用于构造回转体零件。

1. 旋转凸台/基体

操作步骤

01 新建文件。选择菜单栏中的"文件"→"新建"按钮，系统将打开"新建 SolidWorks 文件"对话框，在对话框中选择"零件"类型。

02 单击对话框中的"确定"按钮，系统进入零件建模环境。

03 单击功能区中的"草图"选项卡，系统显示"草图"功能区，然后单击"草图"

功能区中的"草图绘制"按钮，此时绘图区显示系统默认基准面。

04 单击绘图区中的上视基准面，此时系统进入 SolidWorks 草图设计操作界面，单击"草图"功能区中的"边角矩形"按钮，绘制一矩形，其参数如图 5-105 所示。

05 单击"草图"功能区中的"中心线"按钮，绘制中心线，绘制后的效果如图 5-106 所示。

06 单击"草图"功能区中的"退出草图"按钮，单击"特征"功能区中的"旋转凸台/基体"按钮，系统弹出如图 5-107 所示的"旋转"属性管理器。

07 系统自动选择绘制的矩形作为旋转对象，绘制的中心线为旋转中心，此时预览效果如图 5-108 所示。

08 单击"旋转"属性管理器中的"确定"按钮，即完成旋转特征的创建，如图 5-109 所示。

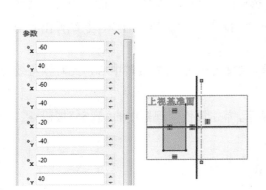

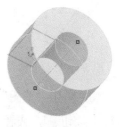

图 5-105　设置参数　图 5-106　绘制的效果　图 5-107　"旋转"属性管理器　图 5-109　创建的旋转特征

图 5-108　预览效果

2．旋转切除

与旋转凸台/基体特征不同的是，旋转切除特征用来产生切除特征，即用来去除材料。

操作步骤

01 打开文件。单击"打开"按钮，系统弹出"打开"对话框。

02 在"打开"对话框中选定名为"5.20"的文件，然后单击"打开"按钮，或者双击所选定的文件，即打开所选文件，如图 5-110 所示。

03 单击功能区中的"草图"选项卡，系统显示"草图"功能区，然后单击"草图"功能区中的"草图绘制"按钮，此时绘图区显示系统默认基准面。

04 单击选择长方体的顶面作为草绘平面,单击"视图定向"按钮下的"正视于"按钮。

05 系统进入 SolidWorks 草图设计操作界面,单击"草图"功能区中的"边角矩形"按钮,绘制一矩形,其参数如图 5-111 所示。

06 单击"草图"功能区中的"中心线"按钮,绘制中心线,绘制后的效果如图 5-112 所示。

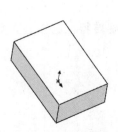
图 5-110 源文件

图 5-111 设置参数

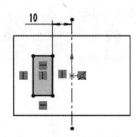
图 5-112 绘制的效果

07 单击"草图"功能区中的"退出草图"按钮,单击"特征"功能区中的"旋转切除"按钮,或者选择菜单栏中的"插入"→"切除"→"旋转"命令,系统弹出"切除-旋转"属性管理器。

08 系统自动选择绘制的矩形作为旋转对象,绘制的中心线为旋转中心,此时预览效果如图 5-113 所示。

09 其"切除-旋转"属性管理器如图 5-114 所示,单击属性管理器中的"确定"按钮,即完成旋转切除特征的创建,如图 5-115 所示。

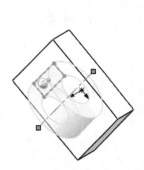
图 5-113 预览效果

图 5-114 "切除-旋转"属性管理器

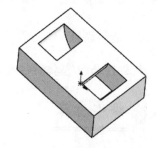
图 5-115 创建的旋转切除特征

5.8 创建扫描特征

扫描特征是指二维草绘平面沿着一平面或者空间轨迹扫描而成的一类特征。沿着一条路径移动轮廓(截面)可以生成基体、凸台、切除特征或曲面。

1. 凸台/基体扫描

凸台/基体扫描特征属于叠加特征。

（1）圆形轮廓

操作步骤

01 新建文件。选择菜单栏中的"文件"→"新建"按钮，系统将打开"新建 SolidWorks 文件"对话框，在对话框选择"零件"类型。

02 单击对话框中的"确定"按钮，系统进入零件建模环境。

03 单击功能区中的"草图"选项卡，系统显示"草图"功能区，然后单击"草图"功能区中的"草图绘制"按钮，此时绘图区显示系统默认基准面。

04 单击绘图区中的上视基准面，此时系统进入 SolidWorks 草图设计操作界面，单击"草图"功能区中的"样条曲线"按钮，然后绘制如图 5-116 所示的样条曲线。

05 单击"特征"功能区中的"扫描"按钮，或者选择菜单栏中的"插入"→"凸台/基体"→"扫描"命令，系统弹出如图 5-117 所示的"扫描"属性管理器。

06 选择属性管理器中的"轮廓和路径"选项组中的"圆形轮廓"选项，在"直径"选项框中输入直径 8，单击属性管理器中的"确定"按钮，即完成扫描特征的创建，如图 5-118 所示。

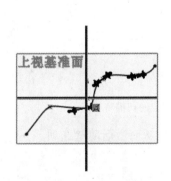
图 5-116 绘制的样条曲线

图 5-117 "扫描"属性管理器

图 5-118 创建的扫描特征

（2）草图轮廓

操作步骤

01 打开文件。单击"打开"按钮，系统弹出"打开"对话框。

02 在"打开"对话框中选定名为"5.21"的文件，然后单击"打开"按钮，或者双击所选定的文件，即打开所选文件，如图 5-119 所示。

03 选中"FeatureManager 设计树"中的草图 1 选项后，单击"特征"功能区中的"扫描"按钮,或者选择菜单栏中的"插入"→"凸台/基体"→"扫描"命令,系统弹出"扫描"属性管理器。

04 选择属性管理器中的"轮廓和路径"选项组下的"草图轮廓"选项,并单击"轮廓"选项框,然后选择如图 5-120 所示的圆;单击"路径"选项框,然后选择如图 5-122 所示的路径线,其属性管理器设置如图 5-121 所示。

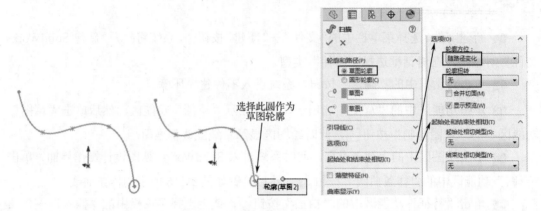

图 5-119　源文件　　　图 5-120　选择轮廓对象　　　图 5-121　"扫描"属性管理器

05 选择"选项"选项组下的"随路径变化"选项,其预览效果如图 5-122 所示,单击属性管理器中的"确定"按钮,即完成扫描特征的创建,如图 5-123 所示。

图 5-122　预览效果　　　　图 5-123　创建的扫描特征

如果要生成薄壁扫描特征,则需勾选"薄壁特征"复选框,从而激活薄壁选项。
☑ 选择薄壁类型(单向、两侧对称或双向)。
☑ 设置薄壁厚度。

2. 切除扫描

切除扫描特征属于切除特征。
(1)圆形轮廓

操作步骤

01 打开文件。单击"打开"按钮,系统弹出"打开"对话框。
02 在"打开"对话框中选定名为"5.22"的文件,然后单击"打开"按钮,或者双击所选定的文件，即打开所选文件，如图 5-124 所示。

03 单击"特征"功能区中的"扫描切除"按钮，或者选择菜单栏中的"插入"→"切除"→"扫描"命令，系统弹出"切除-扫描"属性管理器。

04 选择属性管理器中的"轮廓和路径"选项组中的"圆形轮廓"选项，在"直径"选项框中输入直径 15，单击选择如图 5-125 所示的边线作为轮廓线。

图 5-124　源文件

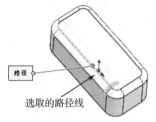

图 5-125　选择的对象

05 其"切除-扫描"属性管理器如图 5-126 所示，单击属性管理器中的"确定"按钮，即完成切除扫描特征的创建，如图 5-127 所示。

图 5-126　"切除-扫描"属性管理器

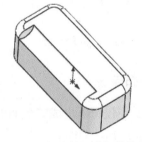

图 5-127　创建的切除扫描特征

（2）草图轮廓

操作步骤

01 打开文件。单击"打开"按钮，系统弹出"打开"对话框。

02 在"打开"对话框中选定名为"5.23"的文件，然后单击"打开"按钮，或者双击所选定的文件，即打开所选文件，如图 5-128 所示。

03 选中"FeatureManager 设计树"中的草图 52 选项后，单击"特征"功能区中的"扫描切除"按钮，或者单击菜单栏中的"插入"→"切除"→"扫描"命令，系统弹出"切除-扫描"属性管理器。

04 选择属性管理器中的"轮廓和路径"选项组中的"草图轮廓"选项，并单击"轮廓"选项框，然后选择如图5-129所示的圆。

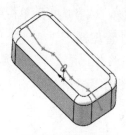
图5-128 源文件

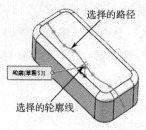
图5-129 选择的对象

05 单击选择属性管理器中的"轮廓和路径"选项组中的"双向"按钮，其"切除-扫描"属性管理器设置如图5-130所示，预览效果如图5-131所示，单击属性管理器中的"确定"按钮，即完成切除扫描特征的创建，如图5-132所示。

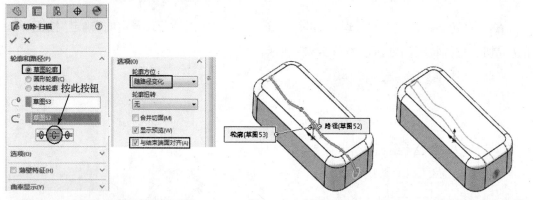

图5-130 "切除-扫描"属性管理器　　图5-131 预览效果　　图5-132 创建的切除扫描特征

3. 引导线扫描

SolidWorks 不仅可以生成等截面的扫描，还可以生成随着路径变化截面也发生变化的扫描——引导线扫描，如图5-133所示。

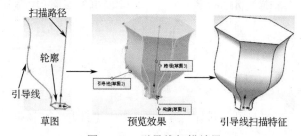

图5-133 引导线扫描效果

在利用引导线生成扫描特征前，应该注意以下几点。
☑ 应该先生成扫描路径和引导线，然后再生成截面轮廓。
☑ 引导线必须要和轮廓相交于一点，作为扫描曲面的顶点。
☑ 最好在截面草图上添加引导线上的点和截面相交处之间的穿透关系。

下面将通过实例介绍该特征的创建方法。

第5章 实体特征建模

> 操作步骤

01 打开文件。单击"打开"按钮，系统弹出"打开"对话框。

02 在"打开"对话框中选定名为"5.24"的文件，然后单击"打开"按钮，或者双击所选定的文件，即打开所选文件，如图 5-134 所示。

03 单击"特征"功能区中的"扫描"按钮，或者单击菜单栏中的"插入"→"凸台/基体"→"扫描"命令，系统弹出"扫描"属性管理器。

04 选择属性管理器中的"引导线"选项组，并单击"引导线"图标后的选项框，然后依次选择如图 5-135 所示的引导线；选择属性管理器中的"轮廓和路径"选项组中的"草图轮廓"选项，并单击"路径"选项框，然后选择如图 5-136 所示的路径线；单击"轮廓"选项框，然后选择如图 5-137 所示的草图。

图 5-134 源文件

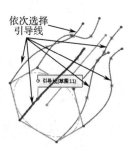
图 5-135 选择的引导线

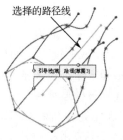
图 5-136 选择的路径线

05 其"扫描"属性管理器如图 5-138 所示，其预览效果如图 5-139 所示，单击属性管理器中的"确定"按钮，即完成引导线扫描特征的创建，如图 5-140 所示。

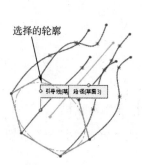
图 5-137 选择的轮廓

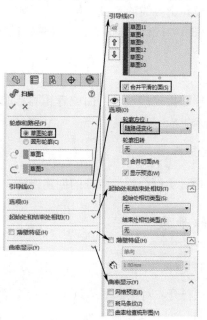
图 5-138 "扫描"属性管理器

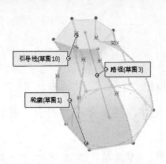

图 5-139　预览效果　　　　图 5-140　完成的引导线扫描特征

在"选项"选项组的"轮廓方位/扭转类型"下拉列表框中可以选择以下选项。
- ☑ 随路径变化：草图轮廓随路径的变化而变换方向，其法线与路径相切。
- ☑ 保持法向不变：草图轮廓保持法线方向不变。
- ☑ 随路径和第一引导线变化：如果引导线不只一条，选择该项将使扫描随第一条引导线变化。
- ☑ 随第一和第二引导线变化：如果引导线不只一条，选择该项将使扫描随第一条和第二条引导线同时变化。

如果要生成薄壁特征扫描，则勾选"薄壁特征"复选框，从而激活薄壁选项。
- ☑ 选择薄壁类型（单向、两侧对称或双向）。
- ☑ 设置薄壁厚度。

在"起始处和结束处相切"选项组中可以设置起始或者结束处的相切选项。
- ☑ 无：不应用相切。
- ☑ 路径相切：扫描在起始处和终止处与路径相切。
- ☑ 方向向量：扫描与所选的直线边线或轴线相切，或与所选基准面的法线相切。
- ☑ 所选面：扫描在起始处和终止处与现有几何的相邻面相切。

扫描路径和引导线的长度可能不同，如果引导线比扫描路径长，扫描将使用扫描路径的长度；如果引导线比扫描路径短，扫描将使用最短的引导线长度。

5.9　创建放样特征

所谓放样是指连接多个剖面或者轮廓形成的基体、凸台或者切除特征，通过在轮廓之间进行过渡来生成。

1. 凸台放样

下面将通过实例介绍该特征的创建方法。

操作步骤

01 打开文件。单击"打开"按钮，系统弹出"打开"对话框。

02 在"打开"对话框中选定名为"5.25"的文件，然后单击"打开"按钮，或者双击所选定的文件，即打开所选文件，如图 5-141 所示。

03 单击"特征"功能区中的"放样凸台/基体"按钮 ，或者选择菜单栏中的"插入"→"凸台/基体"→"放样"命令，系统弹出"放样"属性管理器。

04 单击选择轮廓上相应的点，按顺序选择空间轮廓和其他轮廓的面，其预览效果如图 5-142 所示，其"放样"属性管理器如图 5-143 所示。

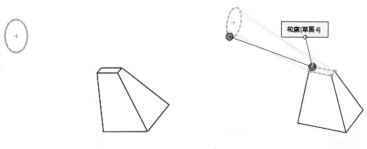

图 5-141　源文件　　　　　　　图 5-142　预览效果

05 单击属性管理器中的"确定"按钮 ✓，即完成放样特征的创建，如图 5-144 所示。

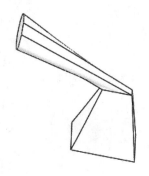

图 5-143　"放样"属性管理器　　　图 5-144　完成的放样特征

"起始/结束约束"选项组的"开始约束"选项，用于在放样的开始处控制相切。

- ☑ 无：不应用相切。
- ☑ 垂直于轮廓：放样在起始和终止处与轮廓的草图基准面垂直。
- ☑ 方向向量：放样与所选的边线或轴相切，或与所选基准面的法线相切。
- ☑ 与面相切：放样在起始或者终止处与现有几何体的相邻面相切（仅在附加放样到现有几何体时可用）。
- ☑ 与面的曲率：在所选开始或者结束轮廓处应用平滑、具有美感的曲率连续放样（仅在附加放样到现有几何体时可用）。

"结束约束"选项，用于在放样的结束处控制相切。

- ☑ 无：不应用相切。
- ☑ 垂直于轮廓：放样在起始和终止处与轮廓的草图基准面垂直。

☑ 方向向量：放样与所选的边线或轴相切，或与所选基准面的法线相切。如图 5-145 所示的为各个选项的预览效果，说明了相切选项的差异。

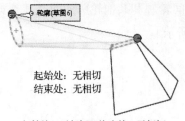
起始处：无相切；终止处：无相切

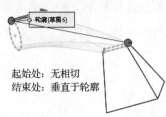
起始处：无相切；终止处：垂直于轮廓

"起始/结束约束"选项组

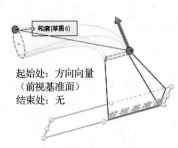
起始处：方向向量；终止处：无

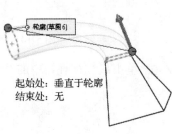
起始处：垂直于轮廓；终止处：无

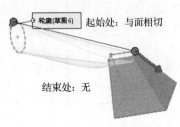
起始处：与面相切；终止处：无

"起始/结束约束"选项组

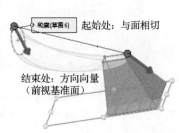
起始处：与面相切；终止处：方向向量

"起始/结束约束"选项组

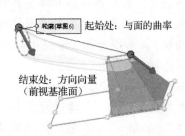
起始处：与面的曲率；终止处：方向向量

图 5-145　各个选项的差异效果预览

2. 引导线放样

引导线放样是通过使用两个或者多个轮廓并使用一条或多条引导线来连接轮廓，生成引导线放样特征。

操作步骤

01 打开文件。单击"打开"按钮，系统弹出"打开"对话框。

02 在"打开"对话框中选定名为"5.26"的文件，然后单击"打开"按钮，或者双击所选定的文件，即打开所选文件，如图 5-146 所示。

03 单击"特征"功能区中的"放样凸台/基体"按钮，或者选择菜单栏中的"插入"→"凸台/基体"→"放样"命令，系统弹出"放样"属性管理器。

04 单击选择如图 5-146 所示的草图 1 作为轮廓曲线 1，其预览效果如图 5-147 所示，然后单击选择如图 5-146 所示的草图 2 作为轮廓曲线 2，此时预览效果如图 5-148 所示。

05 选择属性管理器中的"引导线"选项组，并单击"轮廓"选项框，然后选择如图 5-146 所示的引导线，其预览效果如图 5-149 所示。

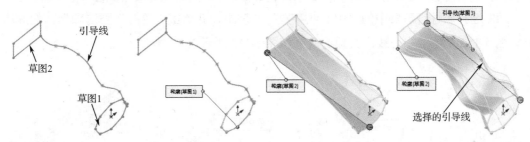

图 5-146　源文件　　图 5-147　选择草图 1　　图 5-148　选择草图 2　　图 5-149　选择的引导线

06 设置"放样"属性管理器如图 5-150 所示，单击属性管理器中的"确定"按钮，完成放样特征的创建，如图 5-151 所示。

图 5-150　"放样"属性管理器　　　图 5-151　完成的放样特征

SolidWorks 2018 基础、进阶、高手一本通

 专家提示：绘制引导线放样时，草图轮廓必须与引导线相交。

3. 中心线放样

中心线放样是指将一条变化的引导线作为中心线进行放样。在中心线放样特征中，所有中间截面的草图基准面都与此中心线垂直。

操作步骤

01 打开文件。单击"打开"按钮，系统弹出"打开"对话框。

02 在"打开"对话框中选定名为"5.27"的文件，然后单击"打开"按钮，或者双击所选定的文件，即打开所选文件，如图 5-152 所示。

03 单击"特征"功能区中的"放样凸台/基体"按钮，或者选择菜单栏中的"插入"→"凸台/基体"→"放样"命令，系统弹出"放样"属性管理器。

04 单击选择如图 5-152 所示的草图 1 作为轮廓曲线 1，其预览效果如图 5-153 所示，然后单击选择如图 5-152 所示的草图 2 作为轮廓曲线 2，此时预览效果如图 5-154 所示。

05 选择属性管理器中的"中心线参数"选项组，并单击"轮廓"选项框，然后选择如图 5-152 所示的中心线，其预览效果如图 5-155 所示。

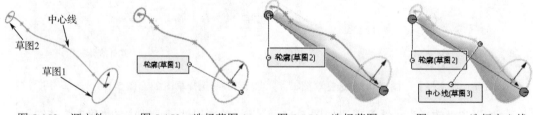

图 5-152　源文件　　　图 5-153　选择草图 1　　　图 5-154　选择草图 2　　　图 5-155　选择中心线

06 设置"放样"属性管理器如图 5-156 所示，单击属性管理器中的"确定"按钮，即完成放样特征的创建，如图 5-157 所示。

图 5-156　"放样"属性管理器

图 5-157　完成的放样特征

专家提示：绘制中心线放样时，中心线必须与每个闭环轮廓的内部区域相交。

4．分割线放样

要生成一个与空间曲面无缝连接的放样特征，就必须要用到分割线放样。

操作步骤

01 打开文件。单击"打开"按钮 ，系统弹出"打开"对话框。

02 在"打开"对话框中选定名为"5.28"的文件，然后单击"打开"按钮，或者双击所选定的文件，即打开所选文件，如图 5-158 所示。

03 单击"特征"功能区中的"放样凸台/基体"按钮，或者选择菜单栏中的"插入"→"凸台/基体"→"放样"命令，系统弹出"放样"属性管理器。

04 单击选择如图 5-158 所示的面 1 作为轮廓 1，其预览效果如图 5-159 所示，然后单击选择如图 5-158 所示的草图 3 作为轮廓 2，此时预览效果如图 5-160 所示。

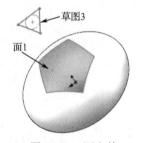
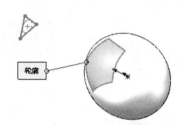

图 5-158　源文件　　　　　图 5-159　选择轮廓 1

05 其"放样"属性管理器如图 5-161 所示，单击属性管理器中的"确定"按钮，即完成放样特征的创建，如图 5-162 所示。

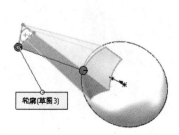

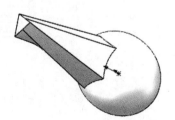

图 5-160　选择轮廓 2　　　图 5-161　"放样"属性管理器　　　图 5-162　创建的放样特征

利用分割线放样不仅可以生成普通的放样特征，还可以生成引导线或者中心线放样特征。它们的操作方法基本一致，这里就不再叙述了。

5.10　创建边界凸台/基体特征

下面将通过实例介绍该特征的创建方法。

操作步骤

01 打开文件。单击"打开"按钮，系统弹出"打开"对话框。

02 在"打开"对话框中选定名为"5.29"的文件，然后单击"打开"按钮，或者双击所选定的文件，即打开所选文件，如图5-163所示。

03 单击"特征"功能区中的"边界凸台/基体"按钮，或者选择菜单栏中的"插入"→"凸台/基体"→"边界"命令，系统弹出"边界"属性管理器。

04 单击选择如图5-163所示的轮廓线1作为方向1，其预览效果如图5-164所示，然后继续单击选择如图5-163所示的原点作为方向1，此时预览效果如图5-165所示。

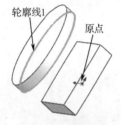
图5-163　源文件

图5-164　选择的轮廓线1

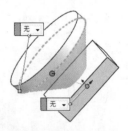
图5-165　选择的原点

05 "边界"属性管理器设置如图5-166所示，单击属性管理器中的"确定"按钮，即完成边界特征的创建，如图5-167所示。

图5-166　"边界"属性管理器

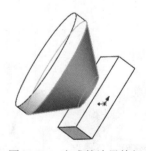
图5-167　完成的边界特征

本章小结

　　本章主要介绍了实体特征的创建，主要包括创建基准面、创建基准轴、创建坐标系和点、创建拉伸特征、创建旋转特征、创建扫描特征、创建放样和边界凸台/基体特征等。在介绍的同时举出了简单的实例来说明这些特征的创建过程。通过对这些基本特征的学习，以掌握特征创建的方法，这在以后设计时经常需要用到。

第 6 章 特征的操作

特征的操作是指对已经构建好的模型实体进行局部修饰,以增加美观并避免重复性的工作。

在 SolidWorks 中特征的编辑主要包括:圆角特征、倒角特征、圆顶特征、拔模特征、抽壳特征、孔特征、筋特征、自由形特征和比例缩放特征等。

Chapter 06 特征的操作

学习重点

- ☑ 创建圆角特征
- ☑ 创建倒角特征
- ☑ 创建圆顶特征
- ☑ 创建拔模特征
- ☑ 创建抽壳特征
- ☑ 创建孔特征
- ☑ 创建筋特征
- ☑ 创建自由形特征
- ☑ 创建比例缩放特征
- ☑ 创建边界切除特征
- ☑ 创建放样切割特征
- ☑ 创建阵列特征
- ☑ 创建镜像特征
- ☑ 创建包覆特征
- ☑ 创建相交特征

6.1 创建圆角特征

下面将具体讲解创建圆角特征的方法。

1．等半径圆角特征

等半径圆角特征是指对所选边线以相同的圆角半径进行倒圆角操作。

操作步骤

01 打开文件。单击"打开"按钮，系统弹出"打开"对话框。

02 在"打开"对话框中选定名为"6.1"的文件，然后单击"打开"按钮，或者双击所选定的文件，即打开所选文件，如图 6-1 所示。

03 单击"特征"功能区中的"圆角"按钮，或者选择菜单栏中的"插入"→"特征"→"圆角"命令，系统弹出"圆角"属性管理器。

04 单击属性管理器中的"圆角类型"选项下的"恒定大小圆角"按钮，并单击长方体顶部的边，其选中的边以黄色线条预显示，默认圆角半径为 10，如图 6-2 所示。

05 双击长方体上的圆角特征半径参数，如图 6-3 所示，将其值修改为 5，然后按 Enter 键，重新生成圆角特征，如图 6-4 所示，"圆角"属性管理器如图 6-5 所示。

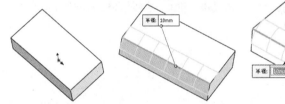
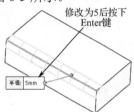

图 6-1　源文件　　图 6-2　选择的倒圆角边　　图 6-3　双击改变尺寸值　　图 6-4　修改圆角尺寸

06 单击"圆角"属性管理器中的"确定"按钮，即完成圆角特征的创建，如图 6-6 所示。

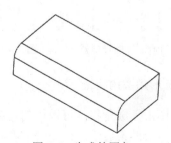

图 6-5　"圆角"属性管理器　　　　图 6-6　生成的圆角

2. 多半径圆角特征

使用多半径圆角特征可以为每条所选边线设置不同的半径值，还可以为不具有公共边线的面指定多个半径。

操作步骤

01 打开文件。单击"打开"按钮，系统弹出"打开"对话框。

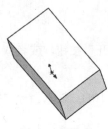

02 在"打开"对话框中选定名为"6.2"的文件，然后单击"打开"按钮，或者双击所选定的文件，即打开所选文件，如图6-7所示。

03 单击"特征"功能区中的"圆角"按钮，或者选择菜单栏中的"插入"→"特征"→"圆角"命令，系统弹出"圆角"属性管理器。

图6-7 源文件

04 单击属性管理器中的"圆角类型"选项下的"恒定大小圆角"按钮，并勾选圆角参数选项组下的"多半径圆角"复选框。

05 选择如图6-9所示的边线1，在"半径"一栏中输入值3；选择边线2，在"半径"一栏中输入值9；选择边线3，在"半径"一栏中输入值15，此时预览效果如图6-9所示。

06 单击"圆角"属性管理器中的"确定"按钮，即完成多半径圆角特征的创建，如图6-10所示。

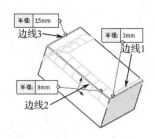
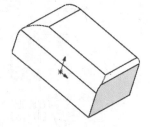

图6-8 "圆角"属性管理器　　图6-9 选择的边及预览效果　　图6-10 生成的圆角

3. 圆形角圆角特征

使用圆形角圆角特征可以控制角部边线之间的过渡，圆形角圆角将混合连接边线，从而消除或平滑两条边线汇合处的尖锐接合点。

操作步骤

01 打开文件。单击"打开"按钮，系统弹出"打开"对话框。

02 在"打开"对话框中选定名为"6.3"的文件，然后单击"打开"按钮，或者双击所选定的文件，即打开所选文件，如图 6-11 所示。

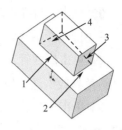

图 6-11　源文件

03 单击"特征"功能区中的"圆角"按钮，或者选择菜单栏中的"插入"→"特征"→"圆角"命令，系统弹出"圆角"属性管理器。

04 单击属性管理器中的"圆角类型"选项下的"恒定大小圆角"按钮，并取消勾选"要圆角化的项目"选项组下的"切线延伸"复选框，勾选"圆角选项"选项组下的"圆形角"复选框。

05 选择如图 6-11 所示的边线 1，在"半径"一栏中输入值 5；接着选择边线 2、3、4，此时预览效果如图 6-13 所示。

06 单击"圆角"属性管理器中的"确定"按钮，即完成圆形角圆角特征的创建，如图 6-14 所示。

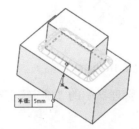

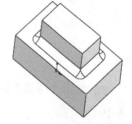

图 6-12　"圆角"属性管理器　　　图 6-13　预览效果　　　图 6-14　生成的圆角

4．逆转圆角特征

使用逆转圆角特征可以在混合曲面之间沿着零件边线生成圆角，从而进行平滑过渡。

操作步骤

01 打开文件。单击"打开"按钮，系统弹出"打开"对话框。

02 在"打开"对话框中选定名为"6.4"的文件，然后单击"打开"按钮，或者双击所选定的文件，即打开所选文件，如图 6-15 所示。

03 单击"特征"功能区中的"圆角"按钮，或者选择菜单栏中的"插入"→"特征"→"圆角"命令，系统弹出"圆角"属性管理器。

04 单击属性管理器中的"圆角类型"选项下的"恒定大小圆角"按钮，并取消勾选"圆角参数"选项组下的"多半径圆角"复选框。

05 单击属性管理器中的"要圆角化的项目"选项组下的图标右侧的列表框，然后依次单击选择如图 6-16 所示的 3 个具有共同顶点的边线，并输入半径值 5。

06 单击"逆转参数"选项组中的距离文本框设置距离，单击图标右侧的列表框，然后选择如图 6-16 所示的顶点作为逆转顶点。

07 单击"设定所有"按钮，逆转距离将显示在"逆转距离"右侧的列表框和绘图区的标注中，按照如图 6-17 所示的"圆角"属性管理器设置参数，其预览效果如图 6-18 所示。

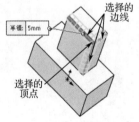
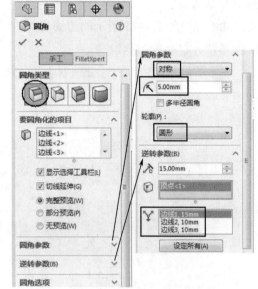

图 6-15 源文件　　　　图 6-16 选择对象　　　　图 6-17 "圆角"属性管理器

08 单击"圆角"属性管理器中的"确定"按钮，即完成逆转圆角特征的创建，如图 6-19 所示。

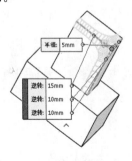
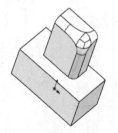

图 6-18 预览效果　　　　　　　　图 6-19 创建的圆角特征

5. 变半径圆角特征

变半径圆角特征通过对边线上的多个点（变半径控制点）指定不同的圆角半径来生成圆角，可以制造出另类效果。

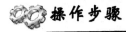

01 打开文件。单击"打开"按钮，系统弹出"打开"对话框。

02 在"打开"对话框中选定名为"6.5"的文件，然后单击"打开"按钮，或者双击所选定的文件，即打开所选文件，如图 6-20 所示。

03 单击"特征"功能区中的"圆角"按钮，或者选择菜单栏中的"插入"→"特征"→"圆角"命令，系统弹出"圆角"属性管理器。

04 单击属性管理器中的"圆角类型"选项下的"变量大小圆角"按钮，并单击长方体顶部的边，则选中的边预览效果如图 6-21 所示。

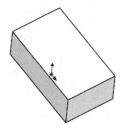

图 6-20 源文件

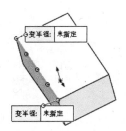

图 6-21 预览效果

05 单击长方体上的变半径参数后的未指定选项，如图 6-22 所示，输入值为 5，然后按 Enter 键，重新生成圆角特征，如图 6-23 所示，单击另一变半径参数后的未指定选项，如图 6-24 所示，输入值为 20，然后按 Enter 键，重新生成圆角特征，如图 6-25 所示。

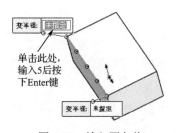

图 6-22 输入圆角值

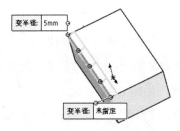

图 6-23 预览效果

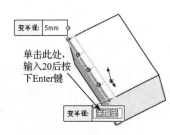

图 6-24 输入圆角值

06 单击如图 6-26 所示圆角边上的点，此时即增加变半径点，单击此变半径参数后的未指定选项，如图 6-27 所示，输入值为 10，然后按 Enter 键，重新生成圆角特征，如图 6-28 所示。

07 此时"圆角"属性管理器如图 6-29 所示，单击"圆角"属性管理器中的"确定"按钮，即完成变半径圆角特征的创建，如图 6-30 所示。

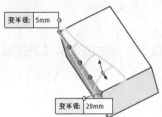

图 6-25 预览效果

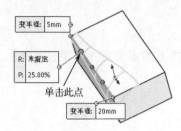

图 6-26 选择变半径参数点

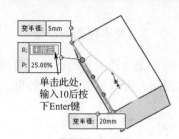

图 6-27 输入圆角值

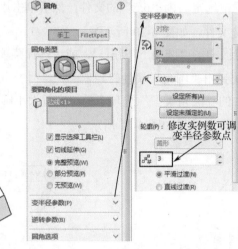

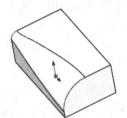

图 6-28 预览效果　　图 6-29 "圆角"属性管理器　　图 6-30 创建的圆角特征

6. 面圆角特征

面圆角特征通过指定两个相邻的面来生成圆角。

操作步骤

01 打开文件。单击"打开"按钮，系统弹出"打开"对话框。

02 在"打开"对话框中选定名为"6.6"的文件，然后单击"打开"按钮，或者双击所选定的文件，即打开所选文件，如图 6-31 所示。

03 单击"特征"功能区中的"圆角"按钮，或者选择菜单栏中的"插入"→"特征"→"圆角"命令，系统弹出"圆角"属性管理器。

04 单击属性管理器中的"圆角类型"选项下的"面圆角"按钮，并在圆角参数选项组下输入半径值 10。

05 单击如图 6-32 所示的属性管理器中的"要圆角化的项目"中的"面组 1"选项右侧的列表框，然后选择如图 6-31 所示的面组 1，此时预览效果如图 6-33 所示；单击属性管理器中的"要圆角化的项目"中的"面组 2"选项右侧的列表框，然后选择如图 6-31 所示的面组 2，此时预览效果如图 6-34 所示。

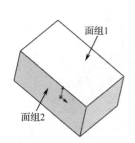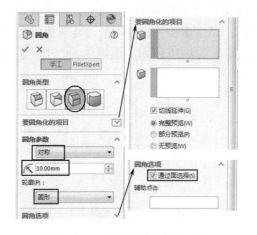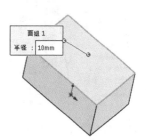

图 6-31　源文件　　　　　图 6-32　"圆角"属性管理器　　　图 6-33　预览效果

06 单击"圆角"属性管理器中的"确定"按钮 ，即完成面圆角特征的创建，如图 6-35 所示。

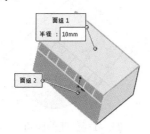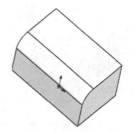

图 6-34　预览效果　　　　　　　　　图 6-35　创建的圆角特征

7．完整圆角特征

完整圆角特征通过指定相邻三个面组来生成圆角，可以制造出另类效果。

操作步骤

01 打开文件。单击"打开"按钮 ，系统弹出"打开"对话框。

02 在"打开"对话框中选定名为"6.7"的文件，然后单击"打开"按钮，或者双击所选定的文件，即打开所选文件，如图 6-36 所示。

03 单击"特征"功能区中的"圆角"按钮 ，或者选择菜单栏中的"插入"→"特征"→"圆角"命令，系统弹出如图 6-37 所示的"圆角"属性管理器，单击属性管理器中的"圆角类型"选项下的"完整圆角"按钮 。

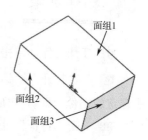

图 6-36　源文件

04 单击属性管理器中的"要圆角化的项目"中的"面组 1"选项 右侧的列表框，然后选择如图 6-36 所示的面组 1，此时预览效果如图 6-38 所示；单击属性管理器中的"要

133

圆角化的项目"中的"中央面组"选项 右侧的列表框，然后选择如图 6-36 所示的面组 2，此时预览效果如图 6-39 所示；单击属性管理器中的"要圆角化的项目"中的"面组 2"选项 右侧的列表框，然后选择如图 6-36 所示的面组 3，此时预览效果如图 6-40 所示。

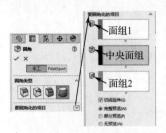
图 6-37　"圆角"属性管理器

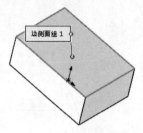
图 6-38　预览效果 1

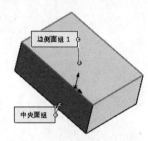
图 6-39　预览效果 2

05 单击"圆角"属性管理器中的"确定"按钮 ✓，即完成完整圆角特征的创建，如图 6-41 所示。

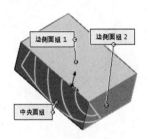
图 6-40　预览效果 3

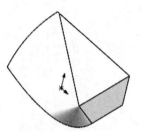
图 6-41　创建的圆角特征

6.2　创建倒角特征

下面将具体讲解创建倒角特征的方法。

1. 角度距离

在所选边线上指定距离和倒角角度来生成倒角特征。

操作步骤

01 打开文件。单击"打开"按钮 ，系统弹出"打开"对话框。

02 在"打开"对话框中选定名为"6.8"的文件，然后单击"打开"按钮，或者双击所选定的文件，即打开所选文件，如图 6-42 所示。

03 单击"特征"功能区中的"倒角"按钮 ，或者选择菜单栏中的"插入"→"特征"→"倒角"命令，系统弹出"倒角"属性管理器。

04 选择属性管理器中的"倒角参数"选项下的"角度距离"按钮 ，并单击长方体顶部的边，则选中的边以黄色线条预显示出要倒的角，且默认距离为 10，角度为 45，如图 6-43 所示。

05 双击长方体上倒角特征的角度参数，如图 6-44 所示，将其值修改为 30，然后按 Enter 键，重新生成倒角特征，如图 6-45 所示，其"倒角"属性管理器如图 6-46 所示。

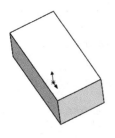

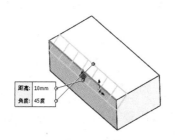

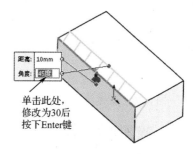

图 6-42　源文件　　　　　图 6-43　预览效果　　　　　图 6-44　修改参数

06 单击"倒角"属性管理器中的"确定"按钮 ✓，即完成倒角特征的创建，如图 6-47 所示。

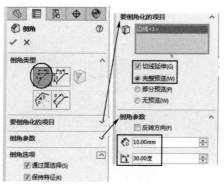

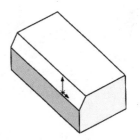

图 6-45　预览效果　　　　图 6-46　"倒角"属性管理器　　　图 6-47　创建的倒角

2．距离—距离倒角

在所选边线的两侧分别指定两个距离值来生成倒角特征。

操作步骤

01 打开文件。单击"打开"按钮，系统弹出"打开"对话框。

02 在"打开"对话框中选定名为"6.9"的文件，然后单击"打开"按钮，或者双击所选定的文件，即打开所选文件，如图 6-48 所示。

03 单击"特征"功能区中的"倒角"按钮，或者选择菜单栏中的"插入"→"特征"→"倒角"命令，系统弹出"倒角"属性管理器。

04 选择属性管理器中的"倒角参数"选项下的"距离—距离"按钮，并单击台阶顶部的边，则选中的边以黄色线条预显示出要倒的角，且默认距离 1 为 10，距离 2 为 10，如图 6-49 所示。

05 双击台阶上倒角特征的距离 2 后的参数，如图 6-50 所示，将其值修改为 20，然后按 Enter 键，重新生成倒角特征，如图 6-51 所示，其"倒角"属性管理器如图 6-52 所示。

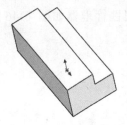
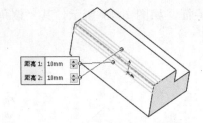
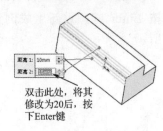

图 6-48　源文件　　　　　图 6-49　预览效果　　　　　图 6-50　修改参数

06 单击属性管理器中的"确定"按钮 ，即完成倒角特征的创建，如图 6-53 所示。

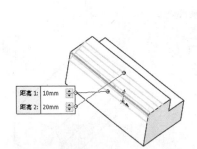

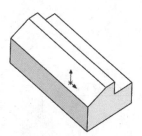

图 6-51　预览效果　　　　图 6-52　"倒角"属性管理器　　　　图 6-53　创建的倒角

3．顶点倒角

在与顶点相交的 3 个边线上分别指定距顶点的距离来生成倒角特征。

操作步骤

01 打开文件。单击"打开"按钮 ，系统弹出"打开"对话框。

02 在"打开"对话框中选定名为"6.10"的文件，然后单击"打开"按钮，或者双击所选定的文件，即打开所选文件，如图 6-54 所示。

03 单击"特征"功能区中的"倒角"按钮 ，或者选择菜单栏中的"插入"→"特征"→"倒角"命令，系统弹出"倒角"属性管理器。

04 选择属性管理器中的"倒角参数"选项下的"顶点"按钮 ，单击如图 6-55 所示的顶点，则选中的顶点以黄色线条预显示出要倒的角，且默认距离 1 为 10，距离 2 为 10，距离 3 为 10。

05 分别双击倒角特征的距离 2、3 后的参数，如图 6-56 所示，将其值修改为 20、

第 6 章 特征的操作

30，然后按 Enter 键，重新生成倒角特征，如图 6-57 所示，其"倒角"属性管理器如图 6-58 所示。

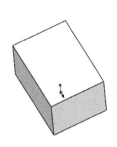
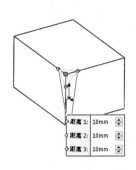
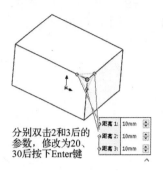

图 6-54　源文件　　　　　图 6-55　预览效果　　　　　图 6-56　修改参数

06 单击属性管理器中的"确定"按钮 ✓，即完成倒角特征的创建，如图 6-59 所示。

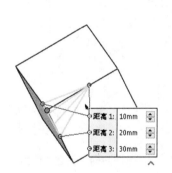

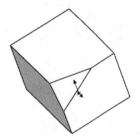

图 6-57　预览效果　　　　图 6-58　"倒角"属性管理器　　　图 6-59　创建的倒角

4．等面距

指定面的边线上生成相同距离的倒角特征。

 操作步骤

01 打开文件。单击"打开"按钮 ，系统弹出"打开"对话框。

02 在"打开"对话框中选定名为"6.11"的文件，然后单击"打开"按钮，或者双击所选定的文件，即打开所选文件，如图 6-60 所示。

03 单击"特征"功能区中的"倒角"按钮 ，或者选择菜单栏中的"插入"→"特征"→"倒角"命令，系统弹出"倒角"属性管理器。

04 选择属性管理器中的"倒角参数"选项下的"等面距"按钮 ，单击如图 6-60

137

所示的面,则选中面的边线以黄色线条预显示出要倒的角,且默认距离为10。

05 单击长方体上倒角特征的距离参数,如图6-61所示,将其值修改为5,然后按Enter键,重新生成倒角特征,如图6-62所示,其"倒角"属性管理器如图6-63所示。

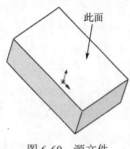
图6-60　源文件

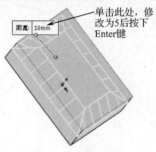
图6-61　修改参数

06 单击"倒角"属性管理器中的"确定"按钮 ✓,即完成倒角特征的创建,如图6-64所示。

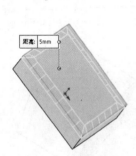
图6-62　预览效果

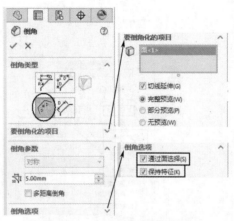
图6-63　"倒角"属性管理器

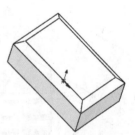
图6-64　创建的倒角

5. 面—面

指定两个相交的面来生成倒角特征。

操作步骤

01 打开文件。单击"打开"按钮，系统弹出"打开"对话框。

02 在"打开"对话框中选定名为"6.12"的文件,然后单击"打开"按钮,或者双击所选定的文件,即打开所选文件,如图6-65所示。

03 单击"特征"功能区中的"倒角"按钮，或者选择菜单栏中的"插入"→"特征"→"倒角"命令,系统弹出"倒角"属性管理器。

04 选择属性管理器中的"倒角参数"选项下的"面—面"按钮，并在倒角参数选项组下的输入半径值5。

05 单击如图 6-66 所示的属性管理器中的"要倒角化的项目"中的"面组 1"选项右侧的列表框，然后选择如图 6-65 所示的面 1，此时预览效果如图 6-67 所示；单击属性管理器中的"要倒角化的项目"中的"面组 2"选项右侧的列表框，然后选择如图 6-65 所示的面 2，此时预览效果如图 6-68 所示。

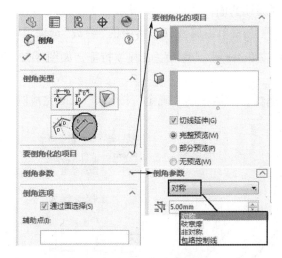

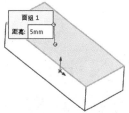

图 6-65　源文件　　　　　图 6-66　"倒角"属性管理器　　　　　图 6-67　预览效果

提示

"倒角"属性管理器中的"倒角参数"选项组下，有对称、弦宽度、非对称和包络控制线四种选项，这里选择的是"对称"，其他三种读者可以自己试着操作。

06 单击"倒角"属性管理器中的"确定"按钮 ✓ ，即完成面—面倒角特征的创建，如图 6-69 所示。

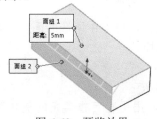 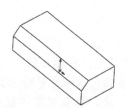

图 6-68　预览效果　　　　　　　　　图 6-69　创建的倒角

6.3　创建圆顶特征

圆顶特征是对模型的一个面进行操作生成的圆顶形凸起特征。

操作步骤

01 打开文件。单击"打开"按钮 ，系统弹出"打开"对话框。

02 在"打开"对话框中选定名为"6.13"的文件，然后单击"打开"按钮，或者双

139

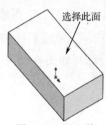

图 6-70 源文件

击所选定的文件,即打开所选文件,如图 6-70 所示。

03 选择菜单栏中的"插入"→"特征"→"圆顶"命令,系统弹出"圆顶"属性管理器。

04 单击选择长方体顶部的面,则选中的面以浅黄色预显示出要圆顶的面,如图 6-71 所示。

05 单击属性管理器中的"参数"选项组中 ↗ 图标后的文本框,将其值修改为 60,然后按 Enter 键,重新生成圆顶特征,如图 6-72 所示,其"圆顶"属性管理器如图 6-73 所示。

06 单击"圆顶"属性管理器中的"确定"按钮 ✓ ,即完成圆顶特征的创建,结果如图 6-74 所示。

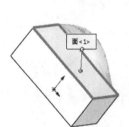
图 6-71 预览效果

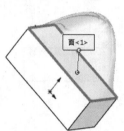
图 6-72 预览效果

图 6-73 "圆顶"属性管理器

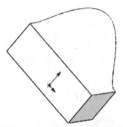
图 6-74 创建的圆顶特征

> **专家提示**:在圆柱和圆锥模型上,可以将"距离"设置为 0,此时系统会使用圆弧半径为圆顶的基础来计算距离。

6.4 创建拔模特征

拔模是零件模型上常见的特征,是以指定的角度斜削模型中所选的面。经常应用于铸造零件,拔模角度的存在可以使型腔零件更容易脱出模具。

下面将介绍拔模相关的一些术语。

- ☑ 拔模面:选取的零件表面,此面将生成拔模斜度。
- ☑ 中性面:在拔模的过程中大小不变的固定面,用于指定拔模角的旋转轴。如果中性面与拔模面相交,则相交处即为旋转轴。
- ☑ 拔模方向:用于确定拔模角度的方向。

下面将具体讲解创建拔模特征的方法。

1. DraftXpert 工具

DraftXpert 工具用于快速添加多个不同拔模角度的中性面拔模。

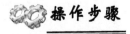

01 打开文件。单击"打开"按钮 ,系统弹出"打开"对话框。

02 在"打开"对话框中选定名为"6.14"的文件,然后单击"打开"按钮,或者双击所选定的文件,即打开所选文件,如图 6-75 所示。

03 单击"特征"功能区中的"拔模"按钮,或者选择菜单栏中的"插入"→"特征"→"拔模"命令,系统弹出"拔模"属性管理器,并选择"Draftxpert"选项。

04 单击选择长方体的顶部作为拔模方向,接着分别单击选择长方体的四个侧面作为拔模面,如图 6-76 所示。

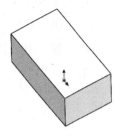

图 6-75 源文件

05 在属性管理器中的"添加"选项卡"要拔模的项目"选项组下的"拔模角度"图标后的文本框中,将角度值修改为 10,然后按 Enter 键,其"拔模"属性管理器如图 6-77 所示。

06 单击属性管理器中的"应用"按钮,再单击属性管理器中的"确定"按钮,即完成拔模特征的创建,如图 6-78 所示。

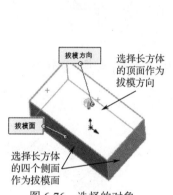

图 6-76 选择的对象

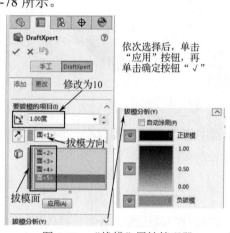

图 6-77 "拔模"属性管理器

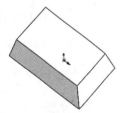

图 6-78 创建的拔模特征

2. 中性面拔模

中性面拔模是先设定要拔模的中性面,然后再选择需要拔模的面。

操作步骤

01 打开文件。单击"打开"按钮,系统弹出"打开"对话框。

02 在"打开"对话框中选定名为"6.15"的文件,然后单击"打开"按钮,或者双击所选定的文件,即打开所选文件,如图 6-79 所示。

03 单击"特征"功能区中的"拔模"按钮,或者选择菜单栏中的"插入"→"特征"→"拔模"命令,系统弹出"拔模"属性管理器,并选择"手工"选项,选择"拔模类型"选项组下的"中性面"选项。

04 单击选择长方体的顶部作为中性面,接着分别单击选择长方体的两个侧面作为拔模面，如图 6-80 所示。

05 在属性管理器中的"拔模角度"图标后的文本框中，将角度值修改为 10，然后按 Enter 键，并设置"拔模面"选项组中"拔模沿面延伸"为"无"选项，其"拔模"属性管理器如图 6-81 所示。"拔模沿面延伸"下拉列表框中各选项说明如下。

- ☑ 沿切面：将拔模延伸到所有与所选面相切的面。
- ☑ 所有面：所有从中性面拉伸的面都进行拔模。
- ☑ 内部的面：所有与中性面相邻的内部面都进行拔模。
- ☑ 外部的面：所有与中性面相邻的外部面都进行拔模。
- ☑ 无：拔模面不进行延伸。

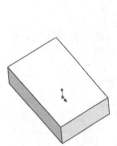
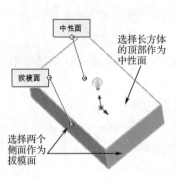
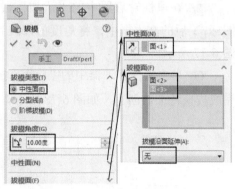

图 6-79　源文件　　　图 6-80　选择对象　　　图 6-81　"拔模"属性管理器

06 单击属性管理器中的"确定"按钮，即完成中性面拔模特征的创建，如图 6-82 所示。

3. 分型线拔模

利用分型线拔模可以对分型线周围的曲面进行拔模。

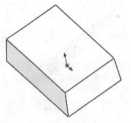

图 6-82　创建的拔模特征

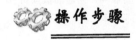

01 打开文件。单击"打开"按钮，系统弹出"打开"对话框。

02 在"打开"对话框中选定名为"6.16"的文件，然后单击"打开"按钮，或者双击所选定的文件，即打开所选文件，如图 6-83 所示。

03 单击"特征"功能区中的"拔模"按钮，或者选择菜单栏中的"插入"→"特征"→"拔模"命令，系统弹出"拔模"属性管理器，并选择"手工"选项，选择"拔模类型"选项组下的"分型线"选项。

04 单击选择圆柱体的顶部作为拔模方向，接着单击选择圆柱体的底面边线作为分型线，如图 6-84 所示。

图 6-83　源文件

05 在属性管理器中的"拔模角度"图标后的文本框中，将角度值修改为 10，然后按 Enter 键，并设置"拔模沿面延伸"为"无"，其"拔模"属性管理器如图 6-85 所示。

06 单击属性管理器中的"确定"按钮✓，即完成分型线拔模特征的创建，如图 6-86 所示。

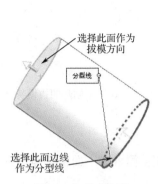
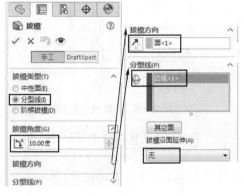

图 6-84 选择对象　　　　图 6-85 "拔模"属性管理器　　　　图 6-86 创建的拔模特征

 专家提示：拔模分型线必须满足以下条件：①在每个拔模面上至少有一条分型线段与基准面重合；②其他所有分型线段处于基准面的拔模方向；③没有分型线段与基准面垂直。

4．阶梯拔模

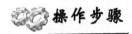

01 打开文件。单击"打开"按钮，系统弹出"打开"对话框。

02 在"打开"对话框中选定名为"6.17"的文件，然后单击"打开"按钮，或者双击所选定的文件，即打开所选文件，如图 6-87 所示。

03 单击"特征"功能区中的"拔模"按钮，或者选择菜单栏中的"插入"→"特征"→"拔模"命令，系统弹出"拔模"属性管理器，并选择"手工"选项。

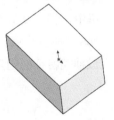

图 6-87 源文件

04 选择"拔模类型"选项组下的"阶梯拔模"选项及其下的"锥形阶梯"选项，单击选择长方体的顶部作为拔模方向，接着单击选择长方体的底面边线作为分型线，如图 6-88 所示。

05 在属性管理器中的"拔模角度"图标后的文本框中，将角度值修改为 10，然后按 Enter 键，并设置"拔模沿面延伸"为"无"选项，其属性管理器如图 6-89 所示。

06 单击属性管理器中的"确定"按钮✓，即完成阶梯拔模特征的创建，如图 6-90 所示。

143

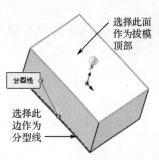
图 6-88 选择对象

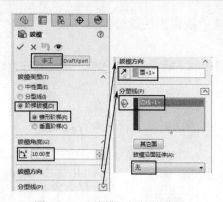
图 6-89 "拔模"属性管理器

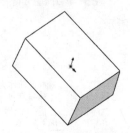
图 6-90 创建的拔模特征

6.5 创建抽壳特征

抽壳特征是零件建模中的重要特征，它能使一些复杂工作变得简单。下面将具体讲解创建抽壳特征的方法。

1. 等厚抽壳特征

操作步骤

01 打开文件。单击"打开"按钮，系统弹出"打开"对话框。

02 在"打开"对话框中选定名为"6.18"的文件，然后单击"打开"按钮，或者双击所选定的文件，即打开所选文件，如图 6-91 所示。

03 单击"特征"功能区中的"抽壳"按钮，或者选择菜单栏中的"插入"→"特征"→"抽壳"命令，系统弹出"抽壳"属性管理器。

04 单击选择长方体的顶部作为要移除的面，在属性管理器中的"厚度"图标后的文本框中，将厚度值修改为 2，然后按 Enter 键，其预览效果如图 6-92 所示。

05 "抽壳"属性管理器设置如图 6-93 所示，单击属性管理器中的"确定"按钮，即完成抽壳特征的创建，如图 6-94 所示。

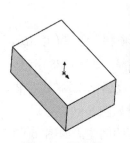
图 6-91 源文件

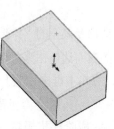
图 6-92 预览效果

图 6-93 "抽壳"属性管理器

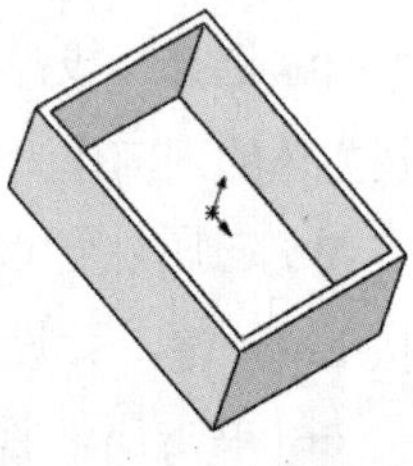

图 6-94 创建的抽壳特征

专家提示：如果在步骤 4 中没有选择开口面（要移除的面），那么系统会生成一个闭合、掏空的模型。

2．具有多厚度面的抽壳特征

操作步骤

01 打开文件。单击"打开"按钮，系统弹出"打开"对话框。

02 在"打开"对话框中选定名为"6.19"的文件，然后单击"打开"按钮，或者双击所选定的文件，即打开所选文件，如图 6-95 所示。

03 单击"特征"功能区中的"抽壳"按钮，或者选择菜单栏中的"插入"→"特征"→"抽壳"命令，系统弹出"抽壳"属性管理器。

04 单击选择如图 6-96 所示的顶面作为要移除的面，单击属性管理器中的"多厚度设定"选项组下的图标后的选项框，然后单击选择如图 6-97 所示的面作为多厚度面。

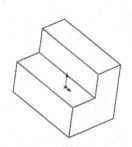

图 6-95　源文件　　　　　　　　图 6-96　选择要移除的面

05 在属性管理器中的"多厚度"图标后的文本框中，将厚度值修改为 5，然后按 Enter 键；单击"参数"选项组下的"移除的面"图标后的选项框，此时的"厚度"图标后的选项框可修改，将厚度值修改为 1，然后按 Enter 键，其预览效果如图 6-98 所示。

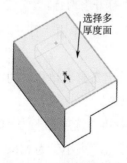
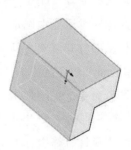

图 6-97　选择的厚度面　　　　　　图 6-98　预览效果

06 "抽壳"属性管理器如图 6-99 所示，单击属性管理器中的"确定"按钮，即完成抽壳特征的创建，如图 6-100 所示。

图 6-99 "抽壳"属性管理器

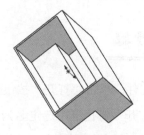

图 6-100 创建的抽壳特征

专家提示：如果想在零件上添加圆角特征，应当在生成抽壳之前对零件进行圆角处理。

6.6 创建孔特征

孔特征是指在已有的零件上生成各种类型的孔特征。SolidWorks 提供了两大类孔特征：高级孔、异型孔。

1. 高级孔

高级孔是在插入孔时使用最常用特征的任意组合，例如沉头孔、锥形沉头孔、间隙、螺纹等。

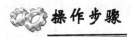

01 打开文件。单击"打开"按钮 ，系统弹出"打开"对话框。

02 在"打开"对话框中选定名为"6.20"的文件，然后单击"打开"按钮，或者双击所选定的文件，即打开所选文件，如图 6-101 所示。

03 单击"特征"功能区中的"高级孔"按钮，或者选择菜单栏中的"插入"→"特征"→"高级孔"命令，系统弹出"高级孔"属性管理器。

04 选择属性管理器中的"类型"选项卡，选择"标准"选项组下的"ISO"选项，设置"类型"为"六角螺钉等级 AB ISO 4017"选项，设置"大小"为 M6、"给定深度"为 10mm，其"高级孔"属性管理器如图 6-102 所示。

05 单击属性管理器中的"位置"选项卡，并单击选择长方体的顶部作为孔的放置面，其预览效果如图 6-103 所示，单击属性管理器中的"确定"按钮，即完成孔特征的创建，如图 6-104 所示。

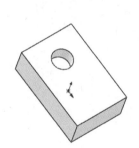
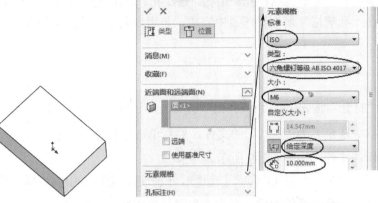
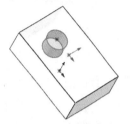

图 6-101　源文件　　　　图 6-102　"高级孔"属性管理器　　　　图 6-103　预览效果

06 选中"FeatureManager 设计树"中的高级异型孔选项，显示下拉菜单选中草图 2，然后单击鼠标右键，如图 6-105 所示，选择"编辑草图"选项，单击"视图定向"按钮，下的"正视于"按钮，并单击如图 6-106 所示的圆心点。

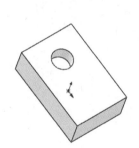

图 6-104　创建的孔　　　　图 6-105　选择"编辑草图"选项　　　　图 6-106　单击图中的圆心点

07 系统弹出"点"属性管理器，修改点的相关参数，其属性管理器如图 6-107 所示，单击属性管理器中的"确定"按钮，再单击"草图"功能区中的"退出草图"按钮，即完成高级孔的创建，如图 6-108 所示。

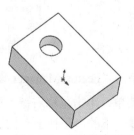

图 6-107　"点"属性管理器　　　　图 6-108　创建的高级孔

147

2. 异型孔

异型孔即具有复杂轮廓的孔，主要包括柱孔、锥孔、螺纹孔、管螺纹孔和旧制孔 5 种。异型孔的类型和位置都是在"孔规格"属性管理器中完成，是用预先定义的剖面插入孔。

操作步骤

01 打开文件。单击"打开"按钮，系统弹出"打开"对话框。

02 在"打开"对话框中选定名为"6.21"的文件，然后单击"打开"按钮，或者双击所选定的文件，即打开所选文件，如图 6-109 所示。

03 单击"特征"功能区中的"异型孔向导"按钮，或者选择菜单栏中的"插入"→"特征"→"异型孔向导"命令，系统弹出"孔规格"属性管理器。

04 选择属性管理器中的"类型"选项卡，选择"孔类型"选项组下的"柱形沉头孔"按钮，选择"标准"选项组下的"ISO"选项，设置"类型"为"六角凹头 ISO 4762"，"孔规格"选项组中设置"大小"为 M3、"配合"为正常、"终止条件"为完全贯穿，并勾选"选项"选项组下的"近端锥孔"选项，其"孔规格"属性管理器如图 6-110 所示。

05 单击属性管理器中的"位置"选项卡，并单击选择如图 6-111 所示的平面作为孔的放置平面，单击属性管理器中的"确定"按钮，即完成异型孔特征的创建，效果如图 6-112 所示。

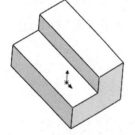

图 6-109 源文件　　　　图 6-110 "孔规格"属性管理器　　　　图 6-111 选择放置平面

06 单击"FeatureManager 设计树"中的"M3 六角凹头螺钉的柱形沉头孔 1"选项，显示下拉菜单，单击鼠标右键，如图 6-113 所示，选择"编辑草图"选项，单击"视图定向"按钮下的"正视于"按钮，并单击如图 6-114 所示图中的圆心点。

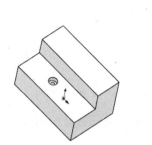  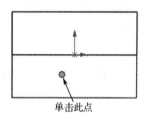

图 6-112　创建的异型孔　　　图 6-113　选择"编辑草图"选项　　　图 6-114　单击图中的圆心点

07 系统弹出"点"属性管理器,修改点的相关参数,其属性管理器如图 6-115 所示,单击属性管理器中的"确定"按钮,再单击"草图"功能区中的"退出草图"按钮,即完成异型孔的创建,如图 6-116 所示。

 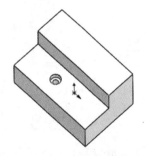

图 6-115　"点"属性管理器　　　　　图 6-116　创建的异型孔

> **提示**
>
> "螺纹线"即为创建圆柱面的边线标定螺纹轮廓,不能用于生产质量螺纹,读者可自行体验。

6.7　创建筋特征

筋是零件上增加强度的部分,它是一种从开环或者闭环草图轮廓生成的特殊拉伸实体,在草图轮廓与现有零件之间添加指定方向和厚度的材料。

操作步骤

01 打开文件。单击"打开"按钮,系统弹出"打开"对话框。

02 在"打开"对话框中选定名为"6.22"的文件,然后单击"打开"按钮,或者双击所选定的文件,即打开所选文件,如图 6-117 所示。

03 单击"特征"功能区中的"筋"按钮,或者选择菜单栏中的"插入"→"特征"→"筋"命令,系统弹出"筋"属性管理器。

04 单击选择绘图区中的右视基准面,此时系统进入 SolidWorks 草图设计操作界面,单击"视图定向"按钮下的"正视于"按钮,然后单击"草图"功能区中的"直线"按钮,绘制如图 6-118 所示的直线,然后退出草图。

05 按照如图 6-119 所示的"筋"属性管理器修改参数,设置"筋"的厚度为 5,其预览效果如图 6-120 所示,单击属性管理器中的"确定"按钮,即完成筋特征的创建,如图 6-121 所示。

图 6-117 源文件

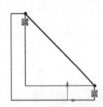 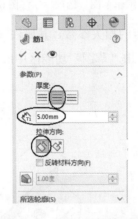 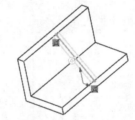 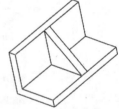

图 6-118 绘制的直线　　图 6-119 "筋"属性管理器　　图 6-120 预览效果　　图 6-121 创建的筋特征

6.8 创建自由形特征

自由形特征与圆顶特征类似,也是针对模型表面进行变形操作,但是具有更多的控制选项。自由形特征通过展开、约束或者拉紧所选曲面以在模型上生成一个变形曲面。

下面将通过实例介绍该特征的创建方法。

操作步骤

01 打开文件。单击"打开"按钮,系统弹出"打开"对话框。

02 在"打开"对话框中选定名为"6.23"的文件,然后单击"打开"按钮,或者双击所选定的文件,即打开所选文件,如图 6-122 所示。

03 选择菜单栏中的"插入"→"特征"→"自由形"命令,系统弹出"自由形"属性管理器。

04 单击选择长方体的顶部作为创建自由形特征的面,其预览效果如图 6-123 所示,依次单击四个选项框选择下拉菜单中的"可移动"选项,如图 6-124 所示。

第 6 章 特征的操作

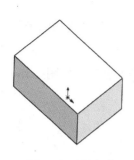
图 6-122 源文件

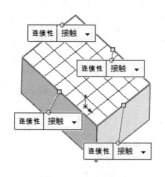
图 6-123 预览效果

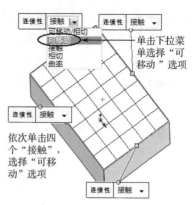
图 6-124 选择"可移动"选项

05 单击如图 6-125 所示的点拖动网格（也可单击其它三个边上的点拖动），其"自由形"属性管理器如图 6-126 所示，单击属性管理器中的"确定"按钮 ✓，即完成自由形特征的创建，如图 6-127 所示。

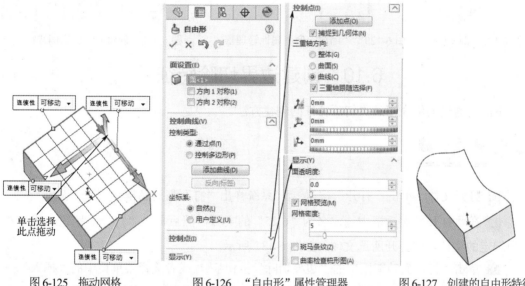

图 6-125 拖动网格　　　　图 6-126 "自由形"属性管理器　　　　图 6-127 创建的自由形特征

6.9　创建比例缩放特征

比例缩放通过相对于零件或者曲面模型的重心或模型原点来进行缩放。比例缩放仅缩放模型几何体，常在数据输出、型腔等中使用。它不会缩放尺寸、草图或者参考几何体。对于多实体零件，可以缩放其中一个或者多个模型的比例。

操作步骤

01 打开文件。单击"打开"按钮 ，系统弹出"打开"对话框。

02 在"打开"对话框中选定名为"6.24"的文件，然后单击"打开"按钮，或者双

151

击所选定的文件，即打开所选文件，如图 6-128 所示。

03 选择菜单栏中的"插入"→"特征"→"缩放比例"命令，系统弹出"缩放比例"属性管理器。

04 取消勾选"统一比例缩放"选项，并为 X 比例因子、Y 比例因子及 Z 比例因子单独设定比例因子数值，其"缩放比例"属性管理器如图 6-129 所示。

05 单击属性管理器中的"确定"按钮 ✓，即完成缩放比例特征的创建，如图 6-130 所示。

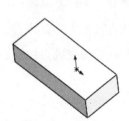

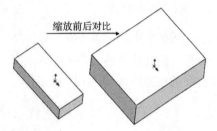

图 6-128　源文件　　　图 6-129　"缩放比例"属性管理器　　　图 6-130　创建的缩放比例特征

6.10　创建边界切除特征

下面将通过实例介绍边界切除特征的创建方法。

操作步骤

01 打开文件。单击"打开"按钮 ，系统弹出"打开"对话框。

02 在"打开"对话框中选定名为"6.25"的文件，然后单击"打开"按钮，或者双击所选定的文件，即打开所选文件，如图 6-131 所示。

03 单击"特征"功能区中的"边界切除"按钮 ，或者选择菜单栏中的"插入"→"切除"→"边界"命令，系统弹出"边界-切除"属性管理器。

04 单击如图 6-132 所示的多边形上的一点添加方向 1，单击如图 6-133 所示的多边形上的一点添加方向 2，单击如图 6-134 所示的多边形上的一点添加方向 3。

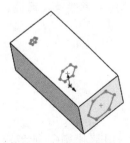
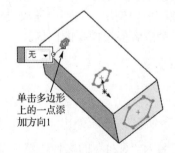
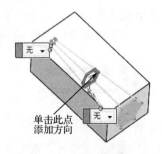

图 6-131　源文件　　　图 6-132　选择对象　　　图 6-133　选择对象

05 其"边界-切除"属性管理器设置如图 6-135 所示，单击属性管理器中的"确定"按钮 ，即完成边界切除特征的创建，如图 6-136 所示。

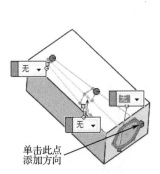

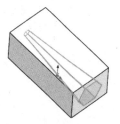

图 6-134　选择对象　　　图 6-135　"边界-切除"属性管理器　　　图 6-136　创建的边界切除特征

> **专家提示**：在所要切除实体的边缘画出相应要切除的轮廓线，轮廓线必须是闭合的曲线或形状，然后再执行边界切除命令。

6.11　创建放样切除特征

下面将通过实例介绍放样切除特征的创建方法。

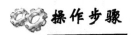

01 打开文件。单击"打开"按钮，系统弹出"打开"对话框。

02 在"打开"对话框中选定名为"6.26"的文件，然后单击"打开"按钮，或者双击所选定的文件，即打开所选文件，如图 6-137 所示。

03 单击"特征"功能区中的"放样切除"按钮，或者选择菜单栏中的"插入"→"切除"→"放样"命令，系统弹出"切除-放样"属性管理器。

04 单击属性管理器中的"轮廓"选项组中的下拉按钮，并单击选择如图 6-138 所示的两个轮廓线，其预览效果如图 6-139 所示。

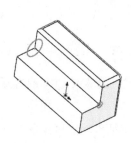
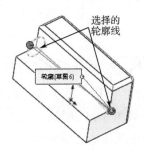
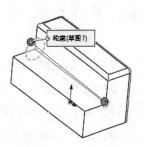

图 6-137　源文件　　　图 6-138　选择的轮廓线　　　图 6-139　预览效果

153

05 其"切除-放样"属性管理器设置如图 6-140 所示,单击属性管理器中的"确定"按钮 ✓,即完成放样切除特征的创建,如图 6-141 所示。

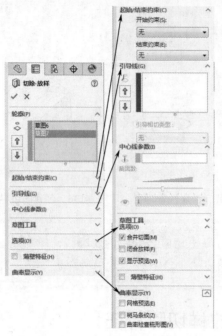 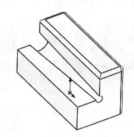

图 6-140 "切除-放样"属性管理器　　　　图 6-141 创建的放样切除特征

6.12 创建阵列特征

阵列特征用于将任意特征作为原始样本特征,通过指定阵列尺寸产生多个类似的子样本特征。阵列特征创建完成后,原始样本特征和子样本特征成为一个整体,用户可以将其作为一个特征进行相关的操作,比如删除、修改等。如果修改了原始样本特征,则阵列中的所有子样本特征也随之而改变。

SolidWorks 提供了 7 种阵列方式:线性阵列、圆周阵列、草图阵列、曲线驱动阵列、表格驱动阵列、填充阵列和变量阵列。下面将具体讲解创建阵列特征的方法。

1. 线性阵列

线性阵列是指沿一条或两条直线路径生成多个子样本特征。

操作步骤

01 打开文件。单击"打开"按钮 📂,系统弹出"打开"对话框。

02 在"打开"对话框中选定名为"6.27"的文件,然后单击"打开"按钮,或者双击所选定的文件,即打开所选文件,如图 6-142 所示。

03 选中 FeatureManager 设计树中的切除-拉伸的特征,单击"特征"功能区中的"线性阵列"按钮 ,或者选择菜单栏中的"插入"→"阵列/镜像"→"线性阵列"命令,系统弹出"线性阵列"属性管理器。

04 单击"方向1"选项下的的列表框,然后单击如图6-143所示的面,然后在"方向1"选项组的"间距"文本框中输入距离15,在"方向1"选项组的"实例数"文本框中输入特征数6,单击"反向"按钮,可反转阵列方向,其预览效果如图6-144所示。

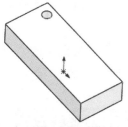
图6-142 源文件

图6-143 选择的参照面

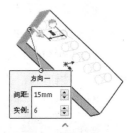
图6-144 预览效果

专家提示:当使用特型特征来生成线性阵列时,所有阵列的特征都必须在相同的面上。

05 单击"方向2"选项下的的列表框,然后单击如图6-145所示的面,然后在"方向2"选项组的"间距"文本框中输入距离12,在"方向2"选项组的"实例数"文本框中输入特征数3,单击"反向"按钮,可反转阵列方向,其预览效果如图6-146所示。

06 "线性阵列"属性管理器设置如图6-147所示,单击属性管理器中的"确定"按钮,即完成线性阵列特征的创建,如图6-148所示。

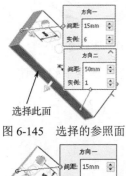
图6-145 选择的参照面

图6-146 预览效果

图6-147 "线性阵列"属性管理器

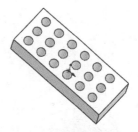
图6-148 创建的线性阵列特征

2. 圆周阵列

圆周阵列是指绕旋转轴并设置可选的间距参数生成多个子样本特征。

操作步骤

01 打开文件。单击"打开"按钮,系统弹出"打开"对话框。

02 在"打开"对话框中选定名为"6.28"的文件,然后单击"打开"按钮,或者双击所选定的文件,即打开所选文件,如图6-149所示。

03 选中 FeatureManager 设计树中的切除-拉伸的特征,单击"特征"功能区中的"圆周阵列"按钮,或者选择菜单栏中的"插入"→"阵列/镜像"→"圆周阵列"命令,系统弹出"阵列(圆周)"属性管理器。

> **专家提示**:在生成圆周阵列特征时需要使用临时轴,单击"隐藏/显示项目"下拉菜单中的"观阅临时轴"按钮,即可显示中心轴,如图6-150所示。

04 单击"方向1"选项下的"反向"按钮后的列表框,然后单击如图6-151所示的中心轴,然后在"方向1"选项组的"实例数"文本框中输入特征数8,并选中"等间距"选项,其预览效果如图6-152所示。

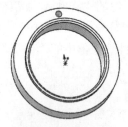   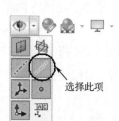   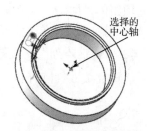

图 6-149　源文件　　　　图 6-150　选择显示中心轴　　　　图 6-151　选择的中心轴

05 "阵列(圆周)"属性管理器设置如图6-153所示,单击属性管理器中的"确定"按钮,即完成圆周阵列特征的创建,如图6-154所示。

   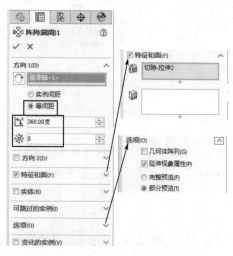   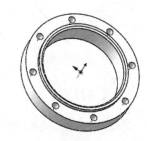

图 6-152　预览效果　　　　图 6-153　"阵列(圆周)"属性管理器　　　　图 6-154　创建的圆周阵列特征

3．草图阵列

草图阵列是指根据草图上的草图点来生成多个子样本特征。

操作步骤

01 打开文件。单击"打开"按钮，系统弹出"打开"对话框。

02 在"打开"对话框中选定名为"6.29"的文件，然后单击"打开"按钮，或者双击所选定的文件，即打开所选文件，如图 6-155 所示。

03 单击功能区中的"草图"选项卡，系统显示"草图"功能区，然后单击"草图"功能区中的"草图绘制"按钮，此时绘图区显示系统默认基准面。

04 单击选择如图 6-156 所示的面作为草绘平面，此时系统进入 SolidWorks 草图设计操作界面，单击"草图"功能区中的"点"按钮，然后绘制如图 6-157 所示的点。

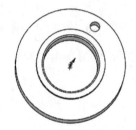
图 6-155　源文件

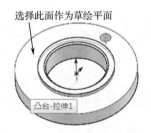
图 6-156　选择的草绘平面

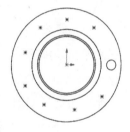
图 6-157　绘制的点

05 单击属性管理器中的"确定"按钮，再单击"草图"功能区中的"退出草图"按钮，退出草图绘制环境。

06 选中 FeatureManager 设计树中的切除-拉伸的特征，然后单击"特征"功能区中的"草图驱动的阵列"按钮，或者选择菜单栏中的"插入"→"阵列/镜像"→"草图驱动的阵列"命令，系统弹出"草图阵列"属性管理器。

07 单击"选择"选项下的"参考草图"后的列表框，然后单击如图 6-157 所示的点，选择属性管理器中的"重心"选项，其预览效果如图 6-158 所示。

- ☑ 重心：如果点选该单选项，则使用原始样本特征的重心作为参考点。
- ☑ 所选点：如果点选该单选项，则在绘图区中选择参考点。可以使用原始样本特征的重心、草图原点、顶点或者另外一个草图点作为参考点。

08 其"草图阵列"属性管理器如图 6-159 所示，单击属性管理器中的"确定"按钮，即完成由草图驱动的阵列特征的创建，如图 6-160 所示。

4．曲线驱动阵列

曲线驱动阵列是指沿平面曲线或者空间曲线生成的阵列特征。

操作步骤

01 打开文件。单击"打开"按钮 ，系统弹出"打开"对话框。

02 在"打开"对话框中选定名为"6.30"的文件，然后单击"打开"按钮，或者双击所选定的文件，即打开所选文件，如图6-161所示。

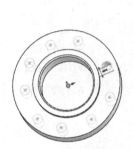
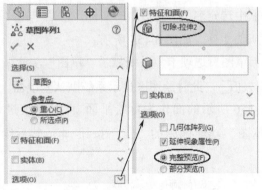

图6-158 预览效果　　图6-159 "草图阵列"属性管理器　　图6-160 创建的阵列特征

03 单击功能区中的"草图"选项卡，系统显示"草图"功能区，然后单击"草图"功能区中的"草图绘制"按钮 ，此时绘图区显示系统默认基准面。

04 单击选择如图6-162所示的面作为草绘平面，系统进入SolidWorks草图设计操作界面，单击"草图"功能区中的"样条曲线"按钮 ，然后绘制如图6-163所示的图元。

05 单击属性管理器中的"确定"按钮 ，再单击"草图"功能区中的"退出草图"按钮 ，退出草图绘制环境。

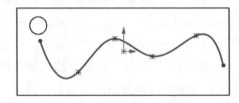

图6-161 源文件　　图6-162 选择的草绘平面　　图6-163 绘制的图元

06 选中FeatureManager设计树中的切除-拉伸的特征，然后单击"特征"功能区中的"曲线驱动阵列"按钮 ，或者选择菜单栏中的"插入"→"阵列/镜像"→"曲线驱动阵列"命令，系统弹出"曲线驱动的阵列"属性管理器。

07 单击"方向1"选项下的的列表框，然后单击如图6-164所示的曲线，然后在"方向1"选项组的"间距" 文本框中输入距离15，在"方向1"选项组的"实例数" 文本框中输入特征数8，其预览效果如图6-165所示。

图 6-164　选择的曲线　　　　　　　图 6-165　预览效果

08 "曲线驱动的阵列"属性管理器设置如图 6-166 所示，单击属性管理器中的"确定"按钮，即完成曲线驱动阵列特征的创建，如图 6-167 所示。

图 6-166　"曲线驱动的阵列"属性管理器　　　图 6-167　创建的阵列特征

5. 表格驱动阵列

表格驱动阵列是指添加或者检索以前生成的 X-Y 坐标，在模型的面上增添子样本特征。

操作步骤

01 打开文件。单击"打开"按钮，系统弹出"打开"对话框。

02 在"打开"对话框中选定名为"6.31"的文件，然后单击"打开"按钮，或者双击所选定的文件，即打开所选文件，如图 6-168 所示。

03 单击"特征"功能区中的"参考几何体"选项下的"坐标系"按钮，或者选择菜单栏中的"插入"→"参考几何体"→"坐标系"命令，系统弹出如图 6-169 所示的"坐标系"属性管理器。

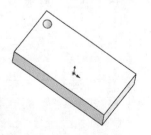

图 6-168　源文件

04 单击"选择"选项下的"原点"图标后的列表框，然后单击选择如图 6-170 所示的点 A；单击"X 轴"选项下的列表框，然后单击选择如图 6-170 所示的边线 1；单击"Y 轴"选项下的列表框，然后单击选择如图 6-170 所示的边线 2；单击"Z 轴"选项下的列表框，然后单击选择如图 6-170 所示的边线 3。

05 单击"坐标系"属性管理器中的"确定"按钮 ✓，即完成坐标系特征的创建，如图 6-171 所示。

 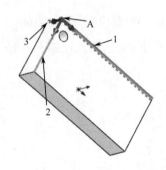 

图 6-169　"坐标系"属性管理器　　图 6-170　选择的对象　　图 6-171　创建的坐标系特征

06 单击"特征"功能区中的"表格驱动的阵列"按钮，或者单击菜单栏中的"插入"→"阵列/镜像"→"表格驱动的阵列"命令，系统弹出如图 6-172 所示的"由表格驱动的阵列"对话框。

07 单击"要复制的特征"下的列表框，然后单击选择拉伸切除特征；单击"坐标系"下的列表框，然后单击选择刚刚创建的坐标系，然后在 X、Y 表格文本框中输入要阵列的坐标值，属性管理器设置如图 6-173 所示。

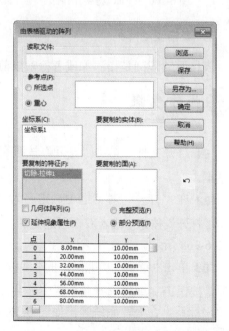

图 6-172　"由表格驱动的阵列"对话框　　图 6-173　添加项目后的属性管理器

08 其中各个点的参数分别为点 0：8mm，10mm；点 1：20mm，10mm；点 2：32mm，10mm；点 3：44mm，10mm；点 4：56mm，10mm；点 5：68mm，10mm；点 6：80mm，10mm；点 7：92mm，10mm。

09 预览效果如图 6-174 所示，单击属性管理器中的"确定"按钮，即完成阵列特征的创建，然后选中创建的坐标系，在其弹出的菜单中选择"隐藏"选项，如图 6-175 所示，即完成表格驱动阵列特征的创建，如图 6-176 所示。

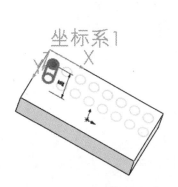  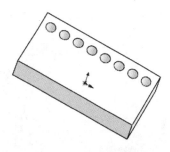

　　图 6-174　预览效果　　　　图 6-175　选择"隐藏"选项　　　图 6-176　创建的阵列特征

 专家提示： 在输入阵列的坐标值时，可以使用正或者负坐标，如果输入负坐标，在数值前添加负号即可；如果输入了阵列表或文本文件，则无需输入。

6．填充阵列

下面将通过实例介绍该特征的创建方法。

操作步骤

01 打开文件。单击"打开"按钮，系统弹出"打开"对话框。

02 在"打开"对话框中选定名为"6.32"的文件，然后单击"打开"按钮，或者双击所选定的文件，即打开所选文件，如图 6-177 所示。

03 单击"特征"功能区中的"填充阵列"按钮，或者选择菜单栏中的"插入"→"阵列/镜像"→"填充阵列"命令，系统弹出"填充阵列"属性管理器。

04 单击"填充边界"选项下的的列表框，然后单击如图 6-178 所示的面，并在"阵列布局"选项组中选择"穿孔"选项，然后在"实例间距"文本框中输入距离 15；在"交错断续角度"文本框中输入角度 60；在"边距"文本框中输入距离 5。

05 单击"特征和面"选项组的"要阵列的特征"列表框，并单击如图 6-179 所示的切除拉伸孔特征。

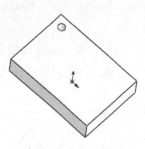
图 6-177　源文件

图 6-178　选择的面

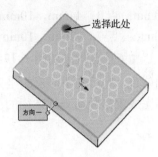
图 6-179　选择对象

06 "填充阵列"属性管理器设置如图 6-180 所示，单击属性管理器中的"确定"按钮 ，即完成填充阵列特征的创建，如图 6-181 所示。

图 6-180　"填充阵列"属性管理器

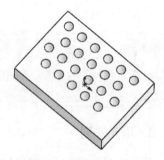
图 6-181　创建的填充阵列特征

提示

另外还有"变量阵列"，即通过改变尺寸对特征进行阵列，读者可自行体验。

6.13　创建镜像特征

如果零件结构有对称的特征，用户可以将其中的某些特征创建好，然后使用镜像特征的方法生成另外的对称特征。如果修改了原始特征，则镜像的特征也随之更改。

下面将通过实例介绍该特征的创建方法。

1. 镜像特征

镜像特征是指以某一平面或者基准面作为参考面，对称复制一个或者多个特征。

操作步骤

01 打开文件。单击"打开"按钮，系统弹出"打开"对话框。

02 在"打开"对话框中选定名为"6.33"的文件，然后单击"打开"按钮，或者双击所选定的文件，即打开所选文件，如图 6-182 所示。

03 单击"特征"功能区中的"镜像"按钮，或者选择菜单栏中的"插入"→"阵列/镜像"→"镜像"命令，系统弹出"镜像"属性管理器。

04 单击"镜像面/基准面"选项组下的列表框，然后单击上视基准面，在"要镜像的特征"选项组中，选择拉伸特征 1 和拉伸特征 2，其"镜像"属性管理器设置如图 6-183 所示，单击属性管理器中的"确定"按钮，即完成镜像特征的创建，如图 6-184 所示。

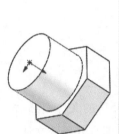

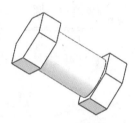

图 6-182　源文件　　　　图 6-183　"镜像"属性管理器　　　　图 6-184　创建的镜像特征

2．镜像实体

镜像实体是指以某一平面或者基准面作为参考面，对称复制视图中的整个模型实体。

操作步骤

01 打开文件。单击"打开"按钮，系统弹出"打开"对话框。

02 在"打开"对话框中选定名为"6.34"的文件，然后单击"打开"按钮，或者双击所选定的文件，即打开所选文件，如图 6-185 所示。

03 单击"特征"功能区中的"镜像"按钮，或者选择菜单栏中的"插入"→"阵列/镜像"→"镜像"命令，系统弹出"镜像"属性管理器。

图 6-185　源文件

04 单击"镜像面/基准面"选项组下的列表框，然后单击如图 6-185 所示的面 1；单击"要镜像的实体"选项组中列表框，选择凸台-拉伸 3，其"镜像"属性管理器设置如图 6-186 所示，其预览效果如图 6-187 所示，单击属性管理器中的"确定"按钮，即

163

完成镜像实体的创建,如图6-188所示。

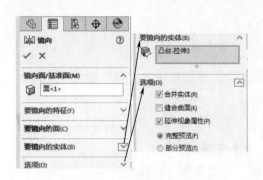
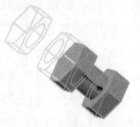
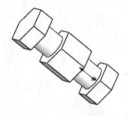

图6-186 "镜像"属性管理器　　图6-187 预览效果　　图6-188 创建的镜像实体

6.14 创建包覆特征

下面将通过实例介绍包覆特征的创建方法。

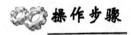

01 打开文件。单击"打开"按钮，系统弹出"打开"对话框。

02 在"打开"对话框中选定名为"6.35"的文件，然后单击"打开"按钮，或者双击所选定的文件，即打开所选文件，如图6-189所示。

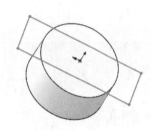

图6-189 源文件

03 选中绘制的草图，然后单击"特征"功能区中的"包覆"按钮，或者选择菜单栏中的"插入"→"特征"→"包覆"命令，系统弹出"包覆"属性管理器。

04 选择"包覆类型"选项中的"浮雕"选项，选择"包覆方法"选项中的"分析"选项，单击选择如图6-190所示的面作为包覆草图的面,设置其包覆厚度尺寸为5mm。

05 "包覆"属性管理器如图6-192所示,单击属性管理器中的"确定"按钮，即完成包覆特征的创建,如图6-191所示。

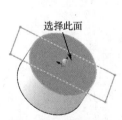
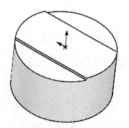

图6-190 选择的面　　图6-191 创建的包覆特征　　图6-192 "包覆"属性管理器

6.15 创建相交特征

下面将通过实例介绍相交特征的创建方法。

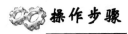

01 打开文件。单击"打开"按钮,系统弹出"打开"对话框。

02 在"打开"对话框中选定名为"6.36"的文件,然后单击"打开"按钮,或者双击所选定的文件,即打开所选文件,如图6-193所示。

03 单击"特征"功能区中的"相交"按钮,或者选择菜单栏中的"插入"→"特征"→"相交"命令,系统弹出"相交"属性管理器。

图6-193 源文件

04 单击选择图中的长方体和曲面,然后单击属性管理器中的"相交"按钮,属性管理器出现"要排除的区域"选项组,单击选择如图6-194所示的区域作为要排除的区域。

05 "相交"属性管理器设置如图6-195所示,单击属性管理器中的"确定"按钮,即完成相交特征的创建,如图6-196所示。

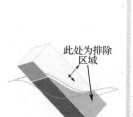

图6-194 选择的对象　　图6-195 "相交"属性管理器　　

图6-196 创建的相交特征

本章小结

本章主要介绍了圆角、倒角、圆顶、拔模、抽壳、孔、筋、自由形、比例缩放、边界切除和放样切除、阵列、镜像、包覆和相交等特征的创建方法。在介绍的同时举出了简单的实例来说明这些特征创建的过程。通过对这些基本特征的讲解,读者能掌握创建特征的操作方法,这在以后设计时经常需要用到。

第 7 章 特征的编辑

编辑特征包括库特征的创建与编辑、将库特征添加到零件中、测量功能、查询质量属性与截面属性、退回与插入特征、压缩与解除压缩特征、Instant 3D、设置零件的颜色和透明度等。

Chapter 07

特征的编辑

学习重点

☑ 库特征

☑ 参数化设计

☑ 查询功能

☑ 零件的特征管理

☑ 零件外观的操作方法

7.1 特征的复制与删除

在零件建模过程中，如果有相同的零件特征，用户可以利用系统提供的特征复制功能进行复制，这样可以节省时间，达到事半功倍的效果。

SolidWorks 提供的复制功能，不仅可以实现同一个零件模型的特征复制，还可以实现不同零件模型之间的特征复制。

下面将通过实例介绍该功能的操作方法。

操作步骤

01 打开文件。单击"打开"按钮，系统弹出"打开"对话框。

02 在"打开"对话框中选定名为"7.1"的文件，然后单击"打开"按钮，或者双击所选定的文件，即打开所选文件，如图 7-1 所示。

03 选中绘图区中的孔特征，此时该特征在绘图区中将高亮显示，按住 Ctrl 键，拖动该孔特征到所需的位置上（同一个面或其它的面上）。

04 如果特征具有限制其移动的定位尺寸或者几何关系，则系统会弹出如图 7-2 所示的"复制确认"对话框，询问对该操作的处理。

图 7-1 源文件

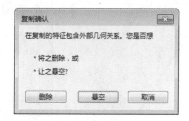
图 7-2 "复制确认"对话框

☑ 单击"删除"按钮，将删除限制特征移动的几何关系和定位尺寸。
☑ 单击"悬空"按钮，将不对尺寸标注、几何关系进行求解。
☑ 单击"取消"按钮，将取消复制操作。

05 如果在步骤 4 中单击"悬空"按钮，则系统会弹出如图 7-3 所示的"什么错"对话框。警告在模型中的尺寸和几何关系已不存在，用户应该重新定义悬空尺寸。

06 要重新定义悬空尺寸，首先在 FeatureManager 设计树中右击对应特征的草图，在弹出的快捷菜单中单击"编辑草图"命令。此时悬空尺寸将以灰色显示，在尺寸的旁边还有对应的红色控标，如图 7-4 所示。

图 7-3 "什么错"对话框

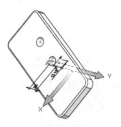
图 7-4 显示悬空尺寸

然后按住鼠标左键,将红色控标拖动到新的附加点。释放鼠标左键,将尺寸重新添加到新的边线或顶点上,即完成对悬空尺寸的重新定义。

下面介绍将特征从一个零件复制到另外一个零件上的操作方法。

操作步骤

01 打开文件。单击"打开"按钮，系统弹出"打开"对话框。

02 在"打开"对话框中选定名为"7.1"的文件,然后单击"打开"按钮,或者双击所选定的文件,即打开所选文件,如图 7-1 所示,再打开名为"7.2"的文件,如图 7-5 所示。

03 选择菜单栏中的"窗口"→"横向平铺"命令,以平铺方式显示多个文件。

04 在"7.1"文件中的 FeatureManager 设计树中选择要复制的特征(孔特征),然后选择菜单栏中的"编辑"→"复制"命令,并单击视图中的"7.2*"视图。

05 若直接单击视图,此时系统弹出如图 7-6 所示的提示对话框,询问对该操作的处理。单击"确定"按钮,并单击选择如图 7-7 所示的平面作为放置平面,然后选择菜单栏中的"编辑"→"粘贴"命令,此时预览效果如图 7-8 所示。

图 7-5 源文件

图 7-6 提示对话框

06 按下 Esc 键,退出"粘贴"命令,此时生成复制粘贴的特征,如图 7-9 所示。

图 7-7 选择的平面

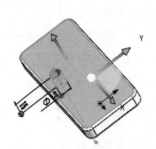
图 7-8 预览效果

图 7-9 生成的特征

07 如果要修改粘贴孔的特征,可以在"7.2"文件中的 FeatureManager 设计树中,选中复制的特征,在如图 7-10 所示的草图 6 选项中选择"编辑草图"按钮,此时编辑的为孔位置相关尺寸,显示的为其对应红色控标,如图 7-11 所示。

08 在草图 7 选项中选择"编辑草图"按钮,此时编辑的为孔大小和深度相关尺寸,显示的为其对应红色控标,如图 7-12 所示。

图 7-10　选择"编辑草图"选项

图 7-11　孔位置尺寸预览效果

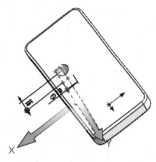

图 7-12　孔大小深度预览效果

7.2　参数化设计

在设计的过程中,可以通过设置参数之间的关系或者事先建立参数的规范达到参数化或者智能化建模的目的,下面将介绍这些方法。

1. 方程式驱动尺寸

链接尺寸只能控制特征中不属于草图部分的数值,即特征定义尺寸,而方程式可以驱动任何尺寸。当在模型尺寸之间生成方程式后,特征尺寸成为变量,它们之间必须满足方程式的要求,互相牵制。当删除方程式中使用的尺寸或者尺寸所在的特征时,方程式也一起被删除。

下面将通过实例介绍该功能的操作方法。

操作步骤

01 打开文件。单击"打开"按钮，系统弹出"打开"对话框。

02 在"打开"对话框中选定名为"7.3"的文件,然后单击"打开"按钮,或者双击所选定的文件,即打开所选文件,如图 7-13 所示。

03 在 FeatureManager 设计树中,右击"注解"文件夹，在弹出的快捷菜单中选择"显示特征尺寸"命令,此时在绘图区中零件的所有特征尺寸都显示出来,如图 7-14 所示。

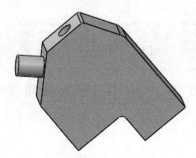

图 7-13　源文件

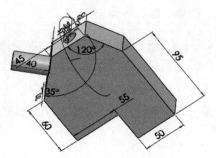

图 7-14　显示的特征尺寸

04 在绘图区，单击显示的尺寸值，系统弹出如图 7-15 所示的"尺寸"属性管理器。

图 7-15 "尺寸"属性管理器

05 在"数值"选项卡的"主要值"选项组的文本框中输入尺寸名称：D1@圆角 1，然后单击"确定"按钮 ✓。

06 单击菜单栏中的"工具"→"方程式"命令，系统弹出如图 7-16（a）所示的"方程式、整体变量及尺寸"对话框。在此对话框中输入全局变量、特征、方程式的相关参数，即可生成相关的特征。

07 单击对话框中的"草图方程式视图"按钮 ，"方程式、整体变量及尺寸"对话框呈如图 7-16（b）所示。在此对话框中输入草图方程式的相关参数，即可生成相关的特征。

08 单击对话框中的"尺寸视图"按钮 ，"方程式、整体变量及尺寸"对话框呈如图 7-16（c）所示。在此对话框中输入全局变量、特征、尺寸的相关参数，即可生成相关的特征。

09 单击对话框中的"按序排列的视图"按钮 ，"方程式、整体变量及尺寸"对话框呈如图 7-16（d）所示。在此对话框中输入名称的相关方程参数，即可生成相关的特征。

10 单击"方程式、整体变量及尺寸"对话框中的"重建模型"按钮 ，或者单击菜单栏中的"编辑"→"重建模型"命令来更新模型，所有被方程式驱动的尺寸会立即更新。此时在 FeatureManager 设计树中会出现"方程式"文件夹，右击该文件夹即可对方程式进行编辑、删除、添加等操作。

 专家提示：被方程式驱动的尺寸无法在模型中以编辑尺寸值的方式来改变。

为了更好地了解设计者的设计意图，还可以在方程式中添加注释文字，也可以像编程那样将某个方程式注释掉，避免该方程式的运行。

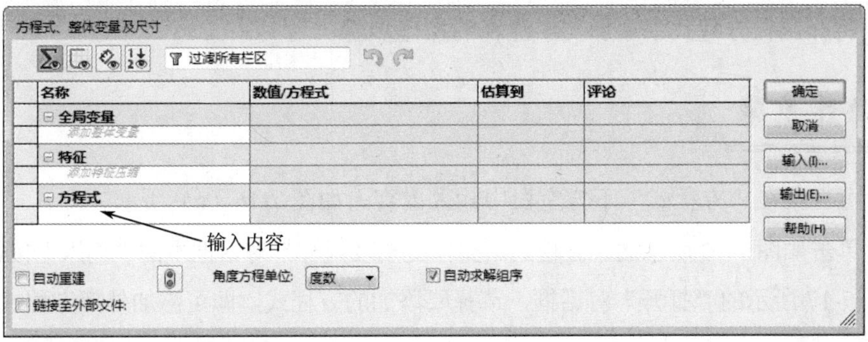

第 7 章　特征的编辑

(a)

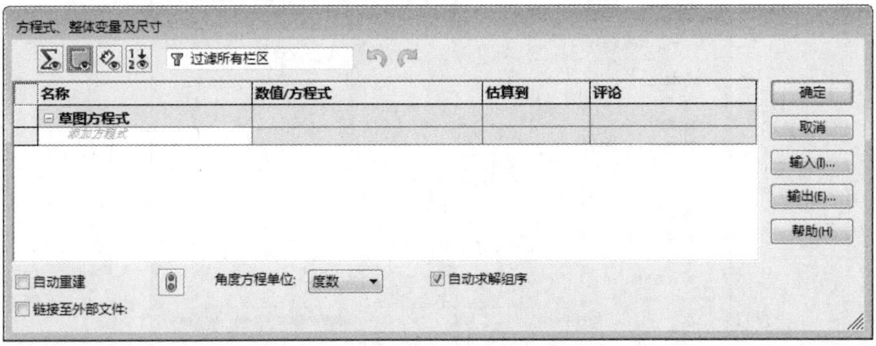

(b)

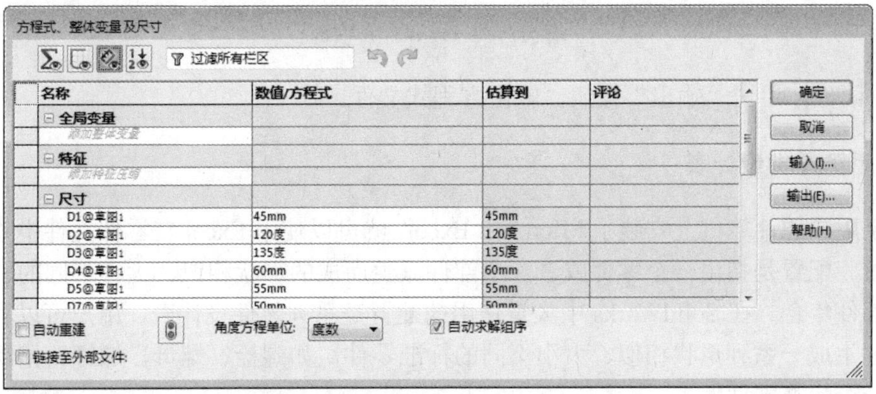

(c)

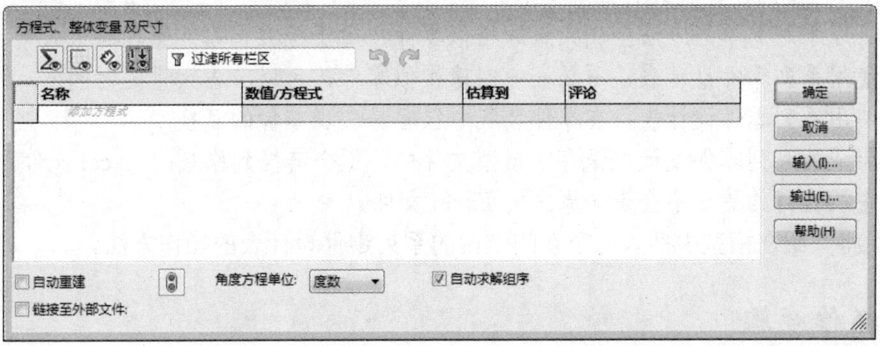

(d)

图 7-16　"方程式、整体变量及尺寸"对话框

下面将介绍在方程式中添加文字注释的操作步骤。

操作步骤

01 可直接在"方程式"下方空白中输入内容，如图 7-16（a）所示。

02 单击如图 7-16 所示的"方程式、整体变量及尺寸"对话框中的"输入"按钮，系统弹出如图 7-17 所示的"打开"对话框，选择要添加的方程式，即可添加外部方程式文件。

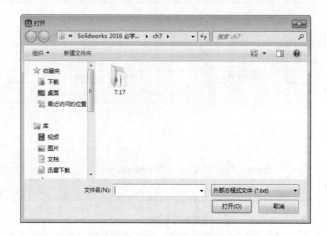

图 7-17 "打开"对话框

03 同理，单击"输出"按钮，输出方程式文件。

2. 系列零件设计表

如果用户的计算机上安装了 Microsoft Excel，就可以使用 Excel 在零件文件中直接嵌入新的配置。配置是指由一个零件或者一个部件派生而成的形状相似、大小不同的一系列零部件或部件集合。在 SolidWorks 中大量使用的配置是系列零件设计表，用户可以利用该表很容易地生成一系列形状相似、大小不同的标准零件，如螺栓、螺母、螺钉、槽钢等，从而形成一个标准零件库。

使用系列零件设计表具有如下优点。
- ☑ 可以采用简单的方法生成大量的相似零件，对于标准化零件管理有很大帮助。
- ☑ 使用系列零件设计表，不必一一创建相似零件，可以节省大量的时间。
- ☑ 使用系列零件设计表，在零件装配中很容易实现零件的互换。
- ☑ 生成的系列零件设计表保存在模型文件中，不会链接到原来的 Excel 文件，在模型中所进行的更改不会影响原来的 Excel 文件。

下面将介绍在模型中插入一个新的空白的系列零件设计表的操作方法。

操作步骤

01 打开文件。单击"打开"按钮，系统弹出"打开"对话框。

第 7 章 特征的编辑

02 在"打开"对话框中选定名为"7.4"的文件,然后单击"打开"按钮,或者双击所选定的文件,即打开所选文件,如图 7-18 所示。

03 选择菜单栏中的"插入"→"表格"→"设计表"命令,系统弹出如图 7-19 所示的"系列零件设计表"属性管理器,在"源"选项组中勾选"空白"选项,然后单击"确定"按钮 ✓。

04 系统弹出如图 7-20 所示的"添加行和列"对话框和一个 Excel 工作表,单击"确定"按钮,Excel 功能区取代了 SolidWorks 功能区,如图 7-21 所示。

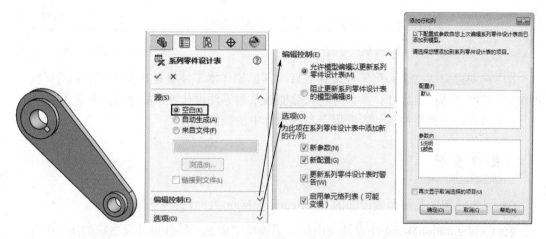

图 7-18　源文件　　　图 7-19　"系列零件设计表"属性管理器　　图 7-20　"添加行和列"对话框

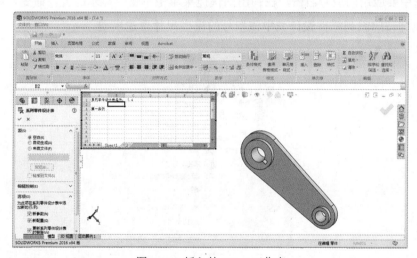

图 7-21　插入的 Excel 工作表

05 在表的第 2 行输入要控制的尺寸名称,也可以在绘图区中双击要控制的尺寸,则相关的尺寸名称出现在第 2 行中,同时该尺寸名称对应的尺寸值出现在"第一实例"行中。

06 重复步骤 5,直到定义完模型中所有要控制的尺寸。

07 如果要建立多种型号,则在列 A(单元格 A4、A5……)中输入想生成的型号名称。

08 在对应的单元格中输入该型号对应控制尺寸的尺寸值,如图 7-22 所示。

173

09 向工作表中添加信息后，在表格外单击，将其关闭，此时，系统会显示一条信息，如图 7-23 所示，列出所生成的型号，单击"确定"按钮。

图 7-22　输入控制尺寸的尺寸值

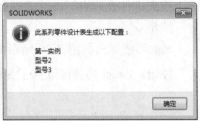

图 7-23　信息对话框

当用户创建完成一个系列零件设计表后，其原始样本零件就是其他所有型号的样板，原始零件的所有特征、尺寸、参数等均有可能被系列零件设计表中的型号复制使用。

下面将介绍系列零件设计表应用于零件设计中的操作方法。

操作步骤

01 单击绘图区左侧面板顶部的 ConfigurationManager 设计树选项卡。

02 ConfigurationManager 设计树中显示了该模型中系列零件设计表生成的所有型号。

03 选中要应用的型号右击，在弹出的快捷菜单中单击"显示配置"命令，如图 7-24 所示，系统即按照系列零件设计表中该型号的模型尺寸重建模型。

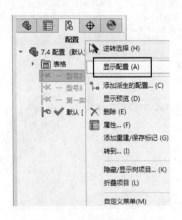

图 7-24　快捷菜单

下面将介绍对已有的系列零件设计表进行编辑的操作方法。

操作步骤

01 单击绘图区左侧面板顶部的 FeatureManager 设计树选项卡。

02 在 FeatureManager 设计树中，右击"系列零件设计表"按钮，在系统弹出的快捷菜单中单击"编辑定义"命令。

03 如果要删除该系列零件设计表，则单击"删除"命令。

在任何时候，用户均可在原始样本零件中加入或删除特征。

7.3 库特征

SolidWorks 允许用户将常用的特征或者特征组保存到库中，便于日后使用。用户可以使用几个库特征作为块来生成一个零件，这样既可以节省时间，又有助于保持模型的统一性。

用户可以编辑插入零件的库特征。当库特征添加到零件后，目标零件与库特征零件就没有关系了，对目标零件中库特征的修改不会影响到包含该库特征的其他零件。

库特征只能应用于零件，不能添加到装配体中。

> **提示**
>
> 大多数类型的特征可以作为库特征使用，但不包括基体特征本身，系统无法将包含基体特征的库特征添加到已经具有基体特征的零件中。

1．库特征的创建与编辑

如果要创建一个库特征，首先要创建一个基体特征来承载作为库特征的其他特征，也可以将零件中的其他特征保存为库特征。

下面将通过实例介绍库特征的创建方法。

01 打开文件。单击"打开"按钮，系统弹出"打开"对话框。

02 在"打开"对话框中选定名为"7.5.SLDLFP"的文件，然后单击"打开"按钮，或者双击所选定的文件，即打开所选文件，如图 7-25 所示。

03 在基体上创建包括库特征的特征。如果要用尺寸来定位库特征，则必须在基体上标注特征的尺寸。

04 在 FeatureManager 设计树中，选择作为库特征的特征，如果要同时选取多个特征，则在选择特征的同时按住 Ctrl 键。

05 单击菜单栏中的"文件"→"另存为"命令，系统弹出"另存为"对话框，设置"保存类型"为"Lib Feat Part（*.sldlfp）"，并输入文件名称，如图 7-26 所示。单击"保存"按钮，生成库特征。

此时，在 FeatureManager 设计树中，零件图标将变为库特征图标，其中库特征包括的每个特征前的图标都含有字母 L 标记，如图 7-27 所示。在库特征零件文件中（.sldlfp），还可以对库特征进行编辑，如果要添加另外一个特征，则右击要添加的特征，在弹出的快捷菜单中单击"添加到库"命令。

图 7-25　源文件　　　　图 7-26　设置保存类型　　　　图 7-27　库特征图标

如果要从库特征中移除一个特征，则右击该特征，在弹出的快捷菜单中单击"从库中移除"命令。

2. 将库特征添加到零件中

在库特征创建完成后，就可以将库特征添加到零件中。

下面将通过实例介绍该功能的操作方法。

操作步骤

01 打开文件。单击"打开"按钮，系统弹出"打开"对话框。

02 在"打开"对话框中选定名为"7.6"的文件，然后单击"打开"按钮，或者双击所选定的文件，即打开所选文件，如图 7-28 所示。

03 在绘图区右侧的任务窗格中单击"设计库"按钮，系统弹出如图 7-29 所示的"设计库"对话框。

图 7-28　源文件　　　　图 7-29　"设计库"对话框

04 浏览到库特征所在的目录，在下窗格中选择库特征，然后将其拖动到零件的面上，即可将库特征添加到目标零件中。

在将库特征插入到零件中后，可以用下列方法编辑库特征。

☑ 使用"编辑特征"按钮或者"编辑草图"命令编辑库特征。

☑ 通过修改定位尺寸将库特征移动到目标零件的另一位置。

此外，还可以将库特征分解为该库特征中包含的每个单个特征。只需在"FeatureManager 设计树"中右击库特征图标，然后在弹出的快捷键菜单中单击"解散库特征"命令，则库特征图标被移除，库特征中包含的所有特征都在"FeatureManager 设计树"中单独列出。

7.4 查询功能

查询功能主要是查询所建模型的表面积、体积及质量等相关信息，用于计算设计零部件的结构强度、安全因子等。SolidWorks 提供了 3 种查询功能，即测量、质量属性和截面属性。

1．测量

测量功能可以测量草图、三维模型、装配体或者工程图中直线、点、曲面、基准面的距离、角度、半径、大小，以及它们之间的距离、角度、半径或者尺寸。当测量两个实体之间的距离时，delta X、Y 和 Z 的距离会显示出来。当选择一个顶点或者草图点时，会显示其三维坐标值。

下面将通过实例介绍测量点坐标、测量距离，以及测量面积与周长的方法。

操作步骤

01 打开文件。单击"打开"按钮，系统弹出"打开"对话框。

02 在"打开"对话框中选定名为"7.7"的文件，然后单击"打开"按钮，或者双击所选定的文件，即打开所选文件，如图 7-30 所示。

03 单击"评估"功能区中的"测量"按钮，系统弹出如图 7-31 所示的"测量"工具栏。

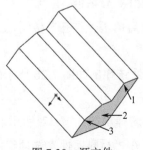

图 7-30 源文件

图 7-31 "测量"工具栏

04 测量点坐标。测量点坐标主要用来测量草图中的点、模型中的顶点坐标。单击"测量"工具栏中的"显示 XYZ 测量"按钮，然后单击如图 7-30 所示的点 1，此时图中显示该点的坐标值，如图 7-32 所示。

05 测量距离。测量距离主要用来测量两点、两条边和两面之间的距离。单击"测量"工具栏中的"点到点"按钮，然后单击如图 7-30 所示的点 1 和 3，此时图中显示两点间的距离，如图 7-33 所示。

06 测量面积和周长。测量面积与周长主要用来测量实体某一表面的面积与周长。单击"测量"工具栏中的"面积与周长"按钮，然后单击如图 7-30 所示的面 2，此时图中显示该面的面积和周长，如图 7-34 所示。

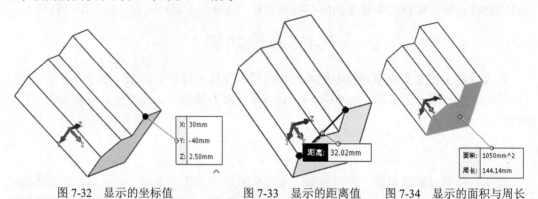

图 7-32　显示的坐标值　　图 7-33　显示的距离值　　图 7-34　显示的面积与周长

> **专家提示：** 在测量时，可以不必关闭"测量"工具栏而切换不同的文件。当前激活的文件名会出现在工具栏的顶部，如果选择了已激活文件中的某一测量项目，则对话框中的测量信息会自动更新。

2. 质量属性

质量属性功能可以测量模型实体的质量、体积、表面积和惯性矩等。

下面将通过实例介绍质量属性的测量方法。

操作步骤

01 打开文件。单击"打开"按钮，系统弹出"打开"对话框。

02 在"打开"对话框中选定名为"7.8"的文件，然后单击"打开"按钮，或者双击所选定的文件，即打开所选文件，如图 7-35 所示。

03 单击"评估"功能区中的"质量属性"按钮，系统弹出如图 7-36 所示的"质量属性"对话框。

04 单击"质量属性"对话框中的"选项"按钮，系统弹出如图 7-37 所示的"质量/剖面属性选项"对话框，勾选"使用自定义设定"选项，在"材料属性"选项组中的"密度"文本框中设置模型实体的密度。设置完成后单击"质量属性"对话框中的"重算"按钮进行计算。

第 7 章　特征的编辑

　专家提示：在计算另外一个零件的质量属性时，可以不必关闭对话框，直接选择需要计算的零部件，然后单击"重算"按钮即可。

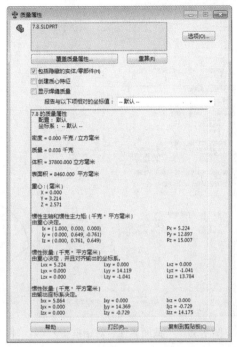

图 7-35　源文件　　　　　图 7-36　"质量属性"对话框　　图 7-37　"质量/剖面属性选项"对话框

3．截面属性

截面属性可以查询草图、模型实体中平面或者剖面的某些特性，如截面面积、截面重心的坐标、在重心的面惯性矩、在重心的面惯性极力矩、主轴和零件轴之间的角度以及面心的二次矩等。

下面将通过实例介绍截面属性的测量方法。

操作步骤

01 打开文件。单击"打开"按钮，系统弹出"打开"对话框。

02 在"打开"对话框中选定名为"7.9"的文件，然后单击"打开"按钮，或者双击所选定的文件，即打开所选文件，如图 7-38 所示。

03 单击"评估"功能区中的"截面属性"按钮，系统弹出如图 7-39 所示的"截面属性"对话框。

04 单击如图 7-38 所示的面 1，然后单击"截面属性"对话框中的"重算"按钮，计算结果出现在该对话框中，如图 7-39 所示，所选截面的主轴和重心显示在视图中，如图 7-40 所示。

179

05 截面属性不仅可以查询单个截面的属性，还可以查询多个平行截面的联合属性。如图 7-41 所示为如图 7-38 所示的面 1 和面 2 的联合属性，如图 7-42 所示为面 1 和面 2 的主轴和重心显示。

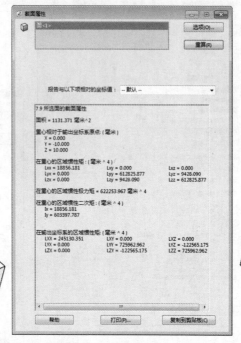

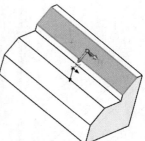

图 7-38　源文件　　　　图 7-39　"截面属性"对话框 1　　　　图 7-40　显示主轴和重心

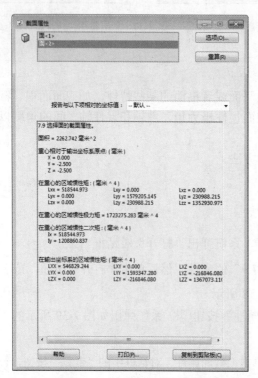

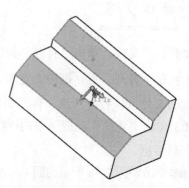

图 7-41　"截面属性"对话框 2　　　　图 7-42　显示主轴和重心

7.5 零件的特征管理

零件的建模过程实际上是创建和管理特征的过程。这里介绍零件的特征管理,即退回与插入特征、压缩与解除压缩特征、动态修改特征。

1. 退回与插入特征

退回特征命令可以查看某一特征删除前后模型的状态,插入特征命令用于在某一特征之后插入新的特征。

(1) 退回特征

退回特征有两种方式,第一种为使用"退回控制棒",另外一种为使用快捷键菜单。在"FeatureManager 设计树"的最底端有一条粗实线,该线就是"退回控制棒"。

下面将通过实例介绍具体的操作方法。

操作步骤

01 打开文件。单击"打开"按钮，系统弹出"打开"对话框。

02 在"打开"对话框中选定名为"7.10"的文件,然后单击"打开"按钮,或者双击所选定的文件,即打开所选文件,如图 7-43 所示,其 FeatureManager 设计树如图 7-44 所示。

03 将光标放置在"退回控制棒"上时,光标变为手的形状,然后按住鼠标左键,拖动光标到预查看的特征上,并释放鼠标,操作后的 FeatureManager 设计树如图 7-45 所示,退回的零件模型如图 7-46 所示。

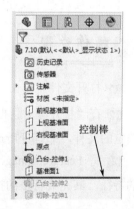

图 7-43　源文件　　　图 7-44　FeatureManager 设计树　　图 7-45　FeatureManager 设计树

从图 7-46 中可以看出,查看特征后的特征在零件模型上没有显示,表明该零件模型退回到该特征以前的状态。

退回特征还可以使用快捷菜单进行操作,右击 FeatureManager 设计树中的"凸台-拉伸 2"特征,系统弹出的快捷菜单如图 7-47 所示,单击"退回"按钮，此时该零件模型退回到该特征以前的状态,如图 7-46 所示。也可以在退回状态下,使用如图 7-48 所示的退回快捷菜单,根据需要选择需要的退回操作。

在退回快捷菜单中,"向前推进"命令表示退回到下一个特征;"退回到前"命令表示退回到上一退回特征状态;"退回到尾"命令表示退回到特征模型的末尾,即处于模型的原始状态。

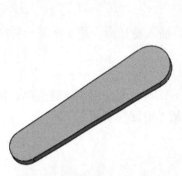 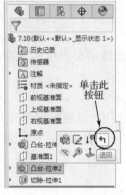 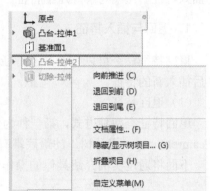

图 7-46　退回的零件模型　　　图 7-47　快捷菜单　　　图 7-48　退回快捷菜单

> **专家提示:** ①当零件模型处于退回特征状态时,将无法访问该零件的工程图和基于该零件的装配图。②不能保存处于退回特征状态的零件图,在保存零件时,系统将自动释放退回状态。③在重新创建零件的模型时,处于退回状态的特征不会被考虑,即视其处于压缩状态。

(2)插入特征

插入特征是零件设计中一项非常实用的操作,其操作步骤如下。

操作步骤

01 打开文件。单击"打开"按钮 ,系统弹出"打开"对话框。

02 在"打开"对话框中选定名为"7.11"的文件,然后单击"打开"按钮,或者双击所选定的文件,即打开所选文件,如图 7-49 所示。

03 将 FeatureManager 设计树中的"退回控制棒"拖到需要插入特征的位置,并生成新的特征,其完成特征的插入效果如图 7-50 所示。

图 7-49　源文件　　　　　　图 7-50　完成插入后的效果

2. 压缩与解除压缩特征

（1）压缩特征

压缩的特征可以从"FeatureManager 设计树"中选择需要压缩的特征，也可以从视图中选择需要压缩特征的一个面。

下面将通过实例介绍该功能的操作方法。

操作步骤

01 打开文件。单击"打开"按钮，系统弹出"打开"对话框。

02 在"打开"对话框中选定名为"7.12"的文件，然后单击"打开"按钮，或者双击所选定的文件，即打开所选文件，如图 7-51 所示。

03 菜单栏方式：选择要压缩的特征，然后选择菜单栏中的"编辑"→"压缩"→"此配置"命令。

快捷菜单方式 1：在 FeatureManager 设计树中，右击需要压缩的特征，在弹出的快捷菜单中，单击"压缩"按钮，如图 7-52 所示。

图 7-51 源文件

快捷菜单方式 2：在 FeatureManager 设计树中，单击需要压缩的特征，在弹出的快捷菜单中，单击"压缩"按钮，如图 7-53 所示。

对话框方式：在 FeatureManager 设计树中，右击需要压缩的特征，在弹出的快捷菜单中，单击"特征属性"命令，在弹出的"特征属性"对话框中勾选"压缩"复选框，然后单击"确定"按钮，如图 7-54 所示。

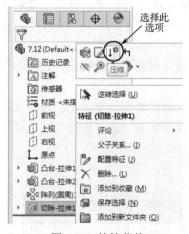

图 7-52 快捷菜单 1

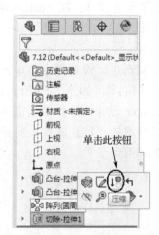

图 7-53 快捷菜单 2

图 7-54 "特征属性"对话框

特征被压缩后，在模型中不再被显示，但是并没有被删除，被压缩的特征在 FeatureManager 设计树中灰色显示，如图 7-55 所示为图 7-51 中的切除-拉伸特征被压缩后的图形，如图 7-56 所示为压缩后的 FeatureManager 设计树。

（2）解除压缩特征

解除压缩的特征必须从"FeatureManager 设计树"中选择需要解除压缩的特征，而不能从视图中选择该特征的某一个面，因为视图中该特征不被显示。

图 7-55　压缩特征后的图形

图 7-56　压缩后的 FeatureManager 设计树

下面将通过实例介绍解除压缩的操作过程。

操作步骤

01 打开文件。单击"打开"按钮，系统弹出"打开"对话框。

图 7-57　源文件

02 在"打开"对话框中选定名为"7.13"的文件，然后单击"打开"按钮，或者双击所选定的文件，即打开所选文件，如图 7-57 所示。

03 菜单栏方式：选择要解除压缩的特征，然后选择菜单栏中的"编辑"→"解除压缩"→"此配置"命令。

快捷菜单方式 1：在 FeatureManager 设计树中，右击需要解除压缩的特征，在弹出的快捷菜单中，单击"解除压缩"按钮，如图 7-58 所示。

快捷菜单方式 2：在 FeatureManager 设计树中，单击需要解除压缩的特征，在弹出的快捷菜单中，单击"解除压缩"按钮，如图 7-59 所示。

对话框方式：在 FeatureManager 设计树中，右击需要压缩的特征，在弹出的快捷菜单中，单击"特征属性"命令，在弹出的"特征属性"对话框中取消勾选"压缩"复选框，然后单击"确定"按钮，如图 7-60 所示。

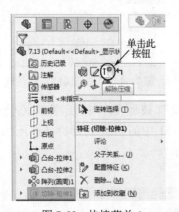

图 7-58　快捷菜单 1

图 7-59　快捷菜单 2

图 7-60　"特征属性"对话框

第 7 章 特征的编辑

压缩特征被解除后，视图中将显示该特征，FeatureManager 设计树中该特征将以正常模式显示，如图 7-61 所示，其解除压缩后的图形如图 7-62 所示。

图 7-61　正常的设计树

图 7-62　解除压缩后的图形

3．动态修改特征

动态修改特征是指系统不需要退回编辑特征的位置，而直接对特征进行动态修改。动态修改可以通过控标移动、旋转来调整拉伸及旋转特征的大小。通过动态修改可以修改草图，也可以修改特征。SolidWorks 的 Instant 3D 可以使用户通过拖动控标或者标尺来快速生成和修改模型几何体。

下面将通过实例介绍该功能的操作方法。

（1）修改草图

操作步骤

01 打开文件。单击"打开"按钮，系统弹出"打开"对话框。

02 在"打开"对话框中选定名为"7.14"的文件，然后单击"打开"按钮，或者双击所选定的文件，即打开所选文件，如图 7-63 所示。

03 单击"特征"功能区中的"Instant 3D"按钮，开始动态修改特征操作。

04 单击 FeatureManager 设计树中的"拉伸 1"作为要修改的特征，视图中该特征被高亮显示，如图 7-64 所示，同时出现该特征的修改控标。

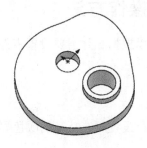

图 7-63　源文件

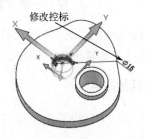

图 7-64　选择需要修改的特征

05 拖动显示直径为 15mm 的控标，屏幕出现标尺，如图 7-65 所示，使用屏幕上的标

185

尺可以精确修改草图，修改后的草图如图 7-66 所示。

06 单击"特征"功能区中的"Instant 3D"按钮，退出动态修改特征操作，修改后的模型如图 7-67 所示。

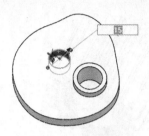 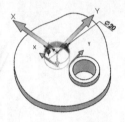 

图 7-65　输入修改尺寸　　　　图 7-66　修改后的草图　　　　图 7-67　修改后的模型

（2）修改特征

操作步骤

01 单击"特征"功能区中的"Instant 3D"按钮，开始动态修改特征操作。

02 单击 FeatureManager 设计树中的"拉伸 2"作为要修改的特征，视图中该特征被高亮显示，如图 7-68 所示，同时出现该特征的修改控标。

03 拖动图中的修改控标，效果如图 7-69 所示，单击"特征"功能区中的"Instant 3D"按钮，退出动态修改特征操作，修改后的模型如图 7-70 所示。

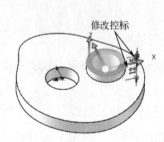 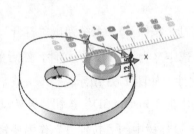 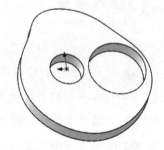

图 7-68　选择需要修改的特征　　　图 7-69　拖动修改控标　　　图 7-70　修改后的模型

7.6　零件外观的操作方法

零件建模时，SolidWorks 提供了外观显示。可以根据实际需要设置零件的颜色及透明度，使设计的零件更加接近实际情况。

1．设置零件的颜色

设置零件的颜色包括设置整个零件的颜色属性、设置所选特征的颜色属性以及设置所选面的颜色属性。

（1）设置零件的颜色属性

下面将通过实例介绍设置零件颜色的方法。

第 7 章 特征的编辑

操作步骤

01 打开文件。单击"打开"按钮，系统弹出"打开"对话框。

02 在"打开"对话框中选定名为"7.15"的文件，然后单击"打开"按钮，或者双击所选定的文件，即打开所选文件，如图 7-71 所示。

03 右击 FeatureManager 设计树中的文件名称，在弹出的快捷菜单中单击"外观"→"外观"命令，如图 7-72 所示。

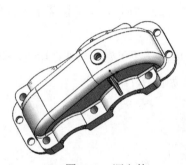
图 7-71 源文件

图 7-72 快捷菜单

04 系统弹出如图 7-73 所示的"颜色"属性管理器，在"颜色"选项组中选择需要的颜色，然后单击对话框中的"确定"按钮，则整个零件将以设置的颜色显示，如图 7-74 所示。

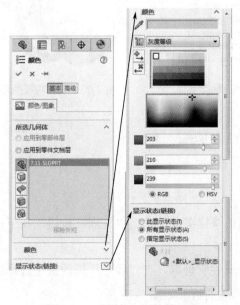
图 7-73 "颜色"属性管理器

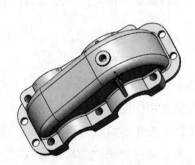
图 7-74 显示效果

187

(2)设置所选特征的颜色属性

下面将通过具体介绍设置所选特征颜色属性的方法。

操作步骤

01 打开文件。单击"打开"按钮 ，系统弹出"打开"对话框。

02 在"打开"对话框中选定名为"7.16"的文件,然后单击"打开"按钮,或者双击所选定的文件,即打开所选文件,如图 7-75 所示。

03 在 FeatureManager 设计树中的选择需要改变颜色的特征,可以按 Ctrl 键选择多个特征。

04 右击所选特征,在弹出的快捷菜单中单击"外观"按钮,在下拉菜单中选择步骤 3 选中的特征,如图 7-76 所示。

05 系统弹出如图 7-73 所示的"颜色"属性管理器,在"颜色"选项中选择所需的颜色,然后单击"确定"按钮 ,设置颜色后的特征如图 7-77 所示。

图 7-75 源文件

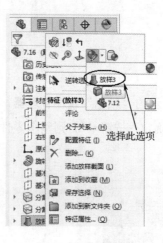
图 7-76 快捷菜单

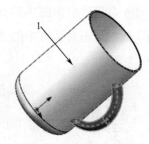
图 7-77 设置特征颜色

(3)设置所选面的颜色属性

下面将通过实例介绍设置所选面颜色属性的方法。

操作步骤

01 右击如图 7-77 所示的面 1,在弹出的快捷菜单中单击"外观"按钮,在下拉菜单中选择刚选中的面,如图 7-78 所示。

02 系统弹出如图 7-73 所示的"颜色"属性管理器,在"颜色"选项组中选择所需的颜色,然后单击"确定"按钮 ,设置颜色后的特征如图 7-79 所示。

图 7-78　快捷菜单　　　　　　　图 7-79　设置面颜色

2．设置零件的透明度

在装配体零件中，外部零件遮挡内部的零件，给零件的选择造成困难。设置零件的透明度后，可以透过透明零件选择非透明对象。

下面将通过实例介绍设置零件透明度的方法。

操作步骤

01 打开文件。单击"打开"按钮，系统弹出"打开"对话框。

02 在"打开"对话框中选定名为"7.17\茶壶"的文件，然后单击"打开"按钮，或者双击所选定的文件，即打开所选文件，如图 7-80 所示，装配体的 FeatureManager 设计树如图 7-81 所示。

03 右击 FeatureManager 设计树中文件名称"壶身<1>"，或者右击视图中的壶身，弹出快捷菜单，单击"外观"按钮，在下拉菜单中选择"壶身"选项，如图 7-82 所示。

图 7-80　源文件　　　　图 7-81　FeatureManager 设计树　　　　图 7-82　快捷菜单

04 系统弹出如图 7-83 所示的"颜色"属性管理器，在"高级"→"照明度"选项卡的"照明度"选项组中，调节所选零件的透明度，然后单击"确定"按钮，设置透明度后的图形如图 7-84 所示。

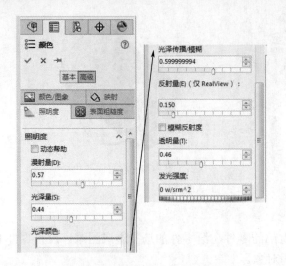

图 7-83 "颜色"属性管理器　　　　图 7-84 设置透明度后的图形

本章小结

本章介绍了库特征的创建与编辑、将库特征添加到零件中、测量功能、查询质量属性与截面属性、退回与插入特征、压缩与解除压缩特征、动态修改特征、设置零件的颜色和透明度等。本章所学的技能是学习后续 SolidWorks 设计的基础。

第 8 章 曲面建模与编辑

Chapter 08
曲面建模与编辑

在 Solidworks 中，系统为用户提供了强大的曲面建模功能。本章主要介绍曲面建模的知识，具体包括曲面基础知识、创建拉伸和旋转曲面、创建扫描和放样曲面、创建等距曲面、创建延展曲面、创建缝合曲面、创建延伸曲面、创建剪裁曲面和填充曲面等。编辑曲面包括生成中面、替换面和删除面，另外还介绍了对曲面特征进行移动、复制和旋转的方法。

学习重点

- ☑ 曲面基础知识
- ☑ 创建拉伸曲面
- ☑ 创建旋转曲面
- ☑ 创建曲面-平面区域
- ☑ 创建扫描曲面
- ☑ 创建放样曲面
- ☑ 创建等距曲面
- ☑ 创建边界曲面
- ☑ 创建延展曲面
- ☑ 创建缝合曲面
- ☑ 创建相交曲面
- ☑ 创建延伸曲面
- ☑ 创建剪裁曲面
- ☑ 创建填充曲面
- ☑ 中面、替换面和删除面
- ☑ 移动、复制和旋转曲面

8.1 曲面基础知识

曲面是一种可用来生成实体特征的几何体，它用来描述相连的零厚度几何体，如单一曲面、缝合的曲面、剪裁和圆角的曲面等。在一个单一模型中可以拥有多个曲面实体。

SolidWorks 提供了专门的"曲面"工具栏，如图 8-1 所示。该工具栏提供了用于创建曲面的十多个工具按钮，利用该工具栏中的按钮既可以生成曲面，也可以对曲面进行编辑。

图 8-1 "曲面"工具栏

SolidWorks 提供了多种方式来创建曲面，主要有以下几种。
- ☑ 由草图或者基准面上的一组闭环边线插入一个平面。
- ☑ 由草图拉伸、旋转、扫描或者放样生成曲面。
- ☑ 由现有面或者曲面生成等距曲面。
- ☑ 从其他程序（UG、Pro/E、CATIA 等）导入曲面。
- ☑ 由多个曲面组成新的曲面。

另外，用户可以选择菜单栏中的"插入"→"曲面"命令，来选择不同的方法创建曲面，如图 8-2 所示。

用户也可以在工具栏旁边的空白处单击鼠标右键，在弹出的菜单中选择"曲面"选项，如图 8-3 所示，系统弹出如图 8-1 所示的"曲面"工具栏。

图 8-2 菜单栏选择"曲面"选项

图 8-3 右键选择"曲面"选项

用户还可以在工具栏旁边的空白处单击鼠标右键,在弹出的菜单中选择"自定义"选项,系统弹出如图 8-4 所示的"自定义"对话框,用户可以根据需要在当前工具栏中添加更多的常用"曲面"工具按钮。

图 8-4 "自定义"对话框

8.2 创建拉伸曲面

拉伸和旋转曲面的创建过程和拉伸、旋转实体特征的创建类似,只是生成的是曲面。下面将具体讲解创建拉伸曲面的方法。

操作步骤

01 新建文件。选择菜单栏中的"文件"→"新建"选项,系统将打开"新建 SOLIDWORKS 文件"对话框,在弹出的对话框中选择"零件"类型。单击对话框中的"确定"按钮,系统进入零件建模环境。

02 选择菜单栏中的"插入"→"曲面"→"拉伸曲面"命令,再单击绘图区中的右视基准面,然后绘制如图 8-5 所示的曲线。

03 单击属性管理器中的"确定"按钮,再单击"草图"功能区中的"退出草图"按钮,系统进入"曲面-拉伸"属性管理器。

04 选择"方向 1"下的"两侧对称",在拉伸深度处输入 200,其属性管理器如图 8-6 所示,预览效果如图 8-7 所示。

在"曲面-拉伸"属性管理器中,"方向 1"选项组的"终止条件"下拉列表框用来设置拉伸的终止条件,其各选项的意义如下。

☑ 给定深度:从草图的基准面拉伸特征到指定距离处形成拉伸曲面。
☑ 成形到一顶点:从草图基准面拉伸特征到模型的一个顶点所在的平面,这个平面平行于草图基准面并且穿过指定的顶点。
- 成形到一面：从草图基准面拉伸特征到指定的面或者基准面。
- 到离指定面指定的距离：从草图基准面拉伸特征到离指定面的指定距离处生成拉伸曲面。
- 成形到实体：从草图基准面拉伸特征到指定实体处。
- 两侧对称：以指定的距离拉伸曲面，并且拉伸的曲面关于草图基准面对称。

06 单击"曲面-拉伸"属性管理器中的"确定"按钮 ✓，即完成拉伸曲面特征的创建，如图 8-8 所示。

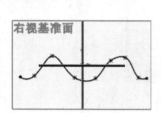

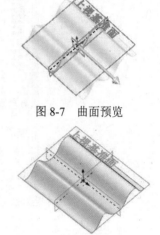

图 8-5 绘制的曲线　　图 8-6 "曲面-拉伸"属性管理器　　图 8-7 曲面预览

图 8-8 创建的拉伸曲面特征

8.3 创建旋转曲面

旋转曲面是指将交叉或者不交叉的草图，用所选轮廓指针生成的旋转特征。旋转曲面主要由 3 部分组成，即旋转轴、旋转类型和旋转角度。下面将介绍其创建方法。

操作步骤

01 新建文件。选择菜单栏中的"文件"→"新建"选项，系统将打开"新建 SOLIDWORKS 文件"对话框，在弹出的对话框中选择"零件"类型。单击对话框中的"确定"按钮，系统进入零件建模环境。

02 选择菜单栏中的"插入"→"曲面"→"旋转曲面"命令，再单击绘图区中的前视基准面，然后绘制如图 8-9 所示的图元，单击"草图"功能区中的"退出草图"按钮 ，系统进入如图 8-10 所示的"曲面-旋转"属性管理器。

03 按照图 8-10 所示进行选项设置，注意设置曲面的方向，其预览效果如图 8-11 所示，单击"曲面-旋转"属性管理器中的"确定"按钮 ✓，即完成旋转曲面特征的创建，如图 8-12 所示。

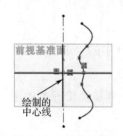

图 8-9 绘制的图元

第 8 章 曲面建模与编辑

      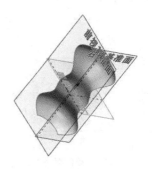

图 8-10 "曲面-旋转"属性管理器　　图 8-11 预览效果　　图 8-12 创建的旋转曲面特征

 专家提示：生成旋转曲面时，绘制的样条曲线可以和中心线交叉，但是不能穿越。

在"曲面-旋转"属性管理器中，"旋转参数"选项组的"旋转类型"下拉列表框用来设置旋转的终止条件，其各选项的意义如下。

- ☑ 单向：草图沿一个方向旋转生成旋转曲面。如果要改变旋转的方向，单击"旋转类型"下拉列表框左侧的"反向"按钮。
- ☑ 两侧对称：草图以所在平面为中面分别向两个方向旋转，并且关于中面对称。
- ☑ 双向：草图以所在平面为中面分别向两个方向旋转指定的角度，这两个角度可以分别指定。

8.4　创建曲面-平面区域

曲面-平面区域是对二维剖面进行填充所形成的一个没有厚度的平面区域，平面区域是曲面的一种特殊的情况。下面将介绍其创建方法。

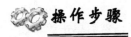

01 新建文件。选择菜单栏中的"文件"→"新建"选项，系统将打开"新建 SOLIDWORKS 文件"对话框，在弹出的对话框中选择"零件"类型。单击对话框中的"确定"按钮，系统进入零件建模环境。

02 单击功能区中的"草图"选项卡，系统显示"草图"功能区，然后单击"草图"功能区中的"草图绘制"按钮，此时绘图区显示系统默认基准面。

03 单击选择前视基准面，此时系统进入 SolidWorks 草图设计操作界面，然后绘制如图 8-13 所示的图形，单击"草图"功能区中的"退出草图"按钮，即退出草图绘制状态。

04 选择菜单栏中的"插入"→"曲面"→"平面区域"命令，系统弹出如图 8-14 所示的"平面"属性管理器。

195

05 单击"平面"属性管理器中的"确定"按钮 ✓，即完成曲面-平面区域特征的创建，如图 8-15 所示。

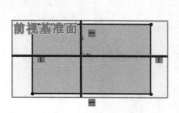

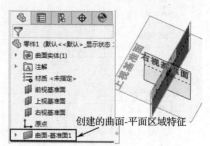

图 8-13　绘制的图形　　　图 8-14　"平面"属性管理器　　　图 8-15　完成的曲面-平面区域特征

8.5　创建扫描曲面

扫描曲面是指通过轮廓和路径的方式生成曲面，与扫描特征类似，也可以通过引导线控制扫描曲面。下面将通过实例介绍创建扫描曲面特征的方法。

操作步骤

01 新建文件。选择菜单栏中的"文件"→"新建"命令，系统将打开"新建 SOLIDWORKS 文件"对话框，在弹出的对话框中选择"零件"类型。单击对话框中的"确定"按钮，系统进入零件建模环境。

02 单击功能区中的"草图"选项卡，系统显示"草图"功能区，然后单击"草图"功能区中的"草图绘制"按钮，此时绘图区显示系统默认基准面。

03 单击选择前视基准面，此时系统进入 SolidWorks 草图设计操作界面，单击"草图"功能区中的"样条曲线"按钮，或者选择菜单栏中的"工具"→"草图绘制实体"→"样条曲线"命令，然后绘制如图 8-16 所示的样条曲线 1，单击"草图"功能区中的"退出草图"按钮，退出草图绘制状态。

04 单击功能区中的"草图"选项卡，系统显示"草图"功能区，然后单击"草图"功能区中的"草图绘制"按钮，此时绘图区显示系统默认基准面。

05 单击选择右视基准面，此时系统进入 SolidWorks 草图设计操作界面，单击"草图"功能区中的"样条曲线"按钮，或者选择菜单栏中的"工具"→"草图绘制实体"→"样条曲线"命令，然后绘制如图 8-17 所示的样条曲线 2，单击"草图"功能区中的"退出草图"按钮，即退出草图绘制状态。

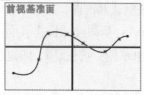
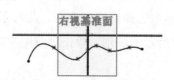

图 8-16　绘制的样条曲线 1　　　　　图 8-17　绘制的样条曲线 2

06 选择菜单栏中的"插入"→"曲面"→"扫描曲面"命令，系统弹出如图 8-18 所示的"曲面-扫描"属性管理器。

07 在"轮廓"列表框中，单击选择绘制的样条曲线 1，在"路径"列表框中，单击选择绘制的样条曲线 2，预览效果如图 8-19 所示。

08 单击"曲面-扫描"属性管理器中的"确定"按钮，即完成扫描曲面特征的创建，如图 8-20 所示。

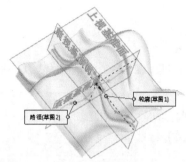

图 8-18　"曲面-扫描"属性管理器　　　图 8-19　预览效果　　　图 8-20　创建的扫描曲面特征

专家提示：在使用引导线控制扫描曲面时，引导线必须贯穿轮廓草图，通常需要在引导线和轮廓草图之间建立重合和穿透几何关系。

8.6　创建放样曲面

放样曲面是指通过曲线之间的平滑过渡而生成的曲面。放样曲面主要由放样的轮廓曲线组成，如果有必要可以使用引导线。下面将通过实例介绍该特征的创建方法。

操作步骤

01 打开文件。单击"打开"按钮，系统弹出"打开"对话框。

02 在"打开"对话框中选定名为"8.2"的文件，然后单击"打开"按钮，或者双击所选定的文件，即打开所选文件，如图 8-21 所示。

03 选择菜单栏中的"插入"→"曲面"→"放样曲面"命令，系统弹出"曲面-放样"属性管理器，然后依次单击选择如图 8-21 所示的样条曲线 1、2、3，其预览效果如图 8-22 所示，其"曲面-放样"属性管理器设置如图 8-23 所示。

04 单击"曲面-放样"属性管理器中的"确定"按钮，即完成放样曲面特征的创建，如图 8-24 所示。

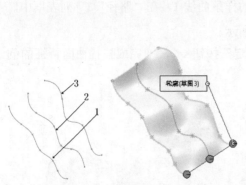

图 8-21　源文件　　图 8-22　预览效果　　图 8-23　"曲面-放样"属性管理器　图 8-24　创建的放样曲面特征

> **专家提示**：①放样曲面时，轮廓曲线的基准面不一定要平行。②放样曲面时，可以应用引导线控制放样曲面的形状。

8.7　创建等距曲面

等距曲面是指将已经存在的曲面以指定的距离生成另外一个曲面，该曲面可以是模型的轮廓面，也可以是绘制的曲面。

操作步骤

 打开文件。单击"打开"按钮，系统弹出"打开"对话框。

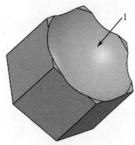

 在"打开"对话框中选定名为"8.3"的文件，然后单击"打开"按钮，或者双击所选定的文件，即打开所选文件，如图 8-25 所示。

03 选择菜单栏中的"插入"→"曲面"→"等距曲面"命令，系统弹出"等距曲面"属性管理器，然后单击选择如图 8-25 所示的曲面 1，其属性管理器设置如图 8-26 所示，预览效果如图 8-27 所示。

图 8-25　源文件

04 单击"曲面-等距"属性管理器中的"确定"按钮，即完成等距曲面特征的创建，如图 8-28 所示。

> **专家提示**：等距曲面可以生成距离为 0 的等距曲面，以生成一个独立的轮廓面；另外本例中单击属性管理器中的"方向"按钮，其预览效果如图 8-29 所示，生成的等距曲面特征如图 8-30 所示。

 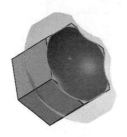 

图 8-26 "等距曲面"属性管理器　　图 8-27 预览效果 1　　图 8-28 创建的等距曲面特征 1

 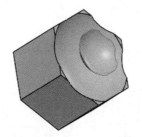

图 8-29 预览效果 2　　　　　　图 8-30 创建的等距曲面特征 2

8.8 创建边界曲面

边界曲面是利用已经定义好的图元,在一个或者两个方向上创建的曲面特征。创建边界曲面的操作步骤如下。

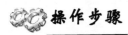 操作步骤

01 新建一个命名为 BJQM 的零件文件。单击功能区中的"草图"选项卡,再单击"草图"功能区中的"草图绘制"按钮，选择前视基准面为草绘平面,绘制出如图 8-31 所示的样条曲线 1,最后退出草图。

02 创建基准平面。

创建基准面特征详见第 5 章中的 5.2 节。

在"特征"功能区中,单击"参考几何体"选项下的"基准面"按钮，系统弹出"基准面"属性管理器。单击"第一参考"下的列表框,然后单击前视基准面,并输入偏移距离 70。"基准面"属性管理器如图 8-32 所示,预览效果如图 8-33 所示,单击"基准面"属性管理器中的"确定"按钮，即完成基准面的创建。

03 绘制样条曲线 2。单击功能区中的"草图"选项卡,再单击"草图"功能区中的"草图绘制"按钮，选择刚刚创建的基准面 1 为草绘平面,然后绘制出如图 8-34 所示的样条曲线。

04 选择菜单栏中的"插入"→"曲面"→"边界曲面"命令,系统弹出"边界-曲面"属性管理器,单击选择如图 8-35 所示的样条曲线,此时系统显示一个方向的边界混合曲面预览;单击选择另外一条样条曲线,此时生成边界混合曲面预览,效果如图 8-36 所示。

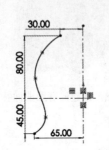
图 8-31 草绘的样条曲线 1

图 8-32 "基准面"属性管理器

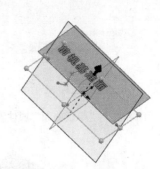
图 8-33 预览效果

图 8-34 草绘的样条曲线 2

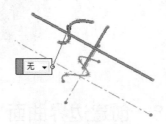
图 8-35 选取样条曲线 1

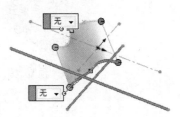
图 8-36 生成边界混合曲面预览

05 其"边界-曲面"属性管理器设置如图 8-37 所示，单击属性管理器中的"确定"按钮 ，即完成边界曲面特征的创建，如图 8-38 所示。

图 8-37 "边界-曲面"属性管理器

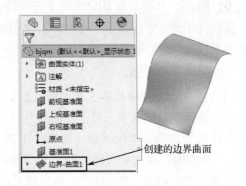
图 8-38 生成的边界曲面特征

> **专家提示：** "边界-曲面"属性管理器中还有第二方向选项，这样可以生成不同方向的边界混合曲面。

在"边界-曲面"属性管理器中，"曲率显示"选项组中的各选项的意义如下。
☑ 网格预览：生成的边界曲面以网格形式预览，如图 8-39 所示，其中网格密度用来调整其格子密度，如图 8-40 所示。
- ☑ 斑马条纹：生成的边界曲面以斑马条纹形式预览，如图 8-41 所示。

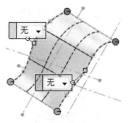 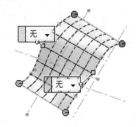 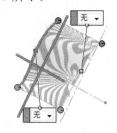

图 8-39　3 个网格密度预览　　　图 8-40　6 个网格密度预览　　　图 8-41　斑马条纹预览

- ☑ 曲率检查梳形图：用来调节边界曲面的曲率，其中方向 1、方向 2、比例和密度均可调节，"曲率检查梳形图"选项如图 8-42 所示，其预览如图 8-43 所示。

 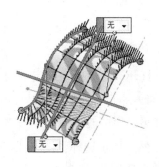

图 8-42　"曲率检查梳形图"选项　　　图 8-43　曲率检查梳形图预览

8.9　创建延展曲面

延展曲面是指通过延展分割线、边线，生成的平行于所选基准面的曲面。延展曲面在拆模时最常用，当零件进行模塑，产生凸、凹模之前，必须先生成模块与分模面，延展曲面就用来生成分模面。下面将通过实例介绍该特征的创建方法。

操作步骤

01 打开文件。单击"打开"按钮，系统弹出"打开"对话框。

02 在"打开"对话框中选定名为"8.4"的文件，然后单击"打开"按钮，或者双击所选定的文件，即打开所选文件，如图 8-44 所示。

03 选择菜单栏中的"插入"→"曲面"→"延展曲面"命令，系统弹出"延展曲面"属性管理器，然后单击选择如图 8-44 所示要延展的边线，并选择延展方向参考面，其属性管理器设置如图 8-45 所示，预览效果如图 8-46 所示。

04 单击"延展曲面"属性管理器中的"确定"按钮，即完成延展曲面特征的创建，如图 8-47 所示。

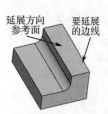   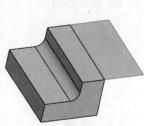

图 8-44 源文件　　图 8-45 "延展曲面"属性管理器　　图 8-46 预览效果　　图 8-47 创建的延展曲面特征

8.10　创建缝合曲面

缝合曲面是将两个或者多个平面或者曲面组合成一个面。下面将通过实例介绍该特征的创建方法。

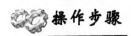 操作步骤

01 打开文件。单击"打开"按钮，系统弹出"打开"对话框。

02 在"打开"对话框中选定名为"8.5"的文件，然后单击"打开"按钮，或者双击所选定的文件，即打开所选文件，如图 8-48 所示。

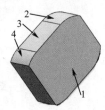

图 8-48　源文件

03 选择菜单栏中的"插入"→"曲面"→"缝合曲面"命令，系统弹出"缝合曲面"属性管理器，然后单击选择如图 8-48 所示的面 1、2、3、4，其属性管理器设置如图 8-49 所示，预览效果如图 8-50 所示。

04 单击"缝合曲面"属性管理器中的"确定"按钮，即完成缝合曲面特征的创建，如图 8-51 所示。

  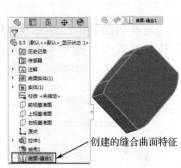

图 8-49　"缝合曲面"属性管理器　　图 8-50　预览效果　　图 8-51　创建的缝合曲面特征

> **提示**
>
> 使用曲面缝合时，需要注意以下几项。
> （1）曲面的边线必须相邻并且不重叠。
> （2）曲面不必处于同一基准面上。
> （3）缝合的曲面实体可以是一个或者多个相邻曲面实体。
> （4）缝合曲面不吸附用于生成它们的曲面。

8.11 创建相交曲面

曲面相交是指将两个曲面相交,以创建交叉区域、内部区域或创建两者。通过曲面相交可以合并或者排除区域。下面将通过实例介绍该特征的创建方法。

操作步骤

01 打开文件。单击"打开"按钮,系统弹出"打开"对话框。

02 在"打开"对话框中选定名为"8.6"的文件,然后单击"打开"按钮,或者双击所选定的文件,即打开所选文件,如图8-52所示。

03 单击"特征"功能区中的"相交"按钮,系统弹出"相交"属性管理器,然后选择如图8-52所示的曲面1和2,并选择"创建两者"选项,勾选"曲面上的封盖平面开口"选项,然后单击"相交"按钮。

04 选择"要排除的区域"选项组中的"区域1"选项,并单击"显示排除的区域"按钮,其预览效果如图8-53所示。

05 其"相交"属性管理器设置如图8-54所示,单击属性管理器中的"确定"按钮,即完成相交曲面特征的创建,如图8-55所示。

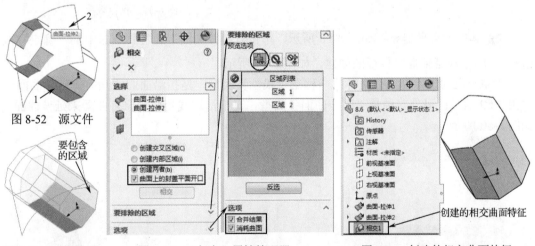

图8-52 源文件 图8-53 预览效果 图8-54 "相交"属性管理器 图8-55 创建的相交曲面特征

提示

使用曲面相交时,所排除的区域不一样,生成的相交特征也就不一样。

8.12 创建延伸曲面

延伸曲面是指将现有曲面的边缘沿着切线方向,以直线或者随曲面的弧度方向生成的附加曲面。下面将通过实例介绍该特征的创建方法。

操作步骤

01 打开文件。单击"打开"按钮，系统弹出"打开"对话框。

02 在"打开"对话框中选定名为"8.7"的文件，然后单击"打开"按钮，或者双击所选定的文件，即打开所选文件，如图 8-56 所示。

03 选择菜单栏中的"插入"→"曲面"→"延伸曲面"命令，系统弹出"延伸曲面"属性管理器，然后单击选择如图 8-56 所示的边线 1。

04 在属性管理器中的"深度"图标后的文本框中，将深度值修改为 30，然后按 Enter 键，选择"延伸类型"中的"线性"选项，其预览效果如图 8-57 所示。

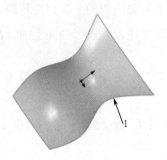

图 8-56　源文件　　　　　　　　　图 8-57　预览效果

05 其属性管理器设置如图 8-58 所示，单击"延伸曲面"属性管理器中的"确定"按钮，即完成延伸曲面特征的创建，如图 8-59 所示。

延伸曲面的延伸类型有两种：一种是"线性"类型，是指沿曲面的几何体延伸曲面，如图 8-59 所示；另外一种是"同一曲面"类型，是指沿边线相切于原有曲面来延伸曲面，如图 8-60 所示。

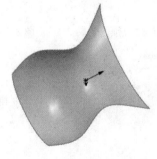

图 8-58　"延伸曲面"属性管理器　图 8-59　创建的延伸曲面特征　图 8-60　"同一曲面"延伸曲面特征

在"延伸曲面"属性管理器中的"终止条件"选项中，各选项的意义如下。

☑ 距离：按照在"距离"文本框中指定的数值延伸曲面。

☑ 成形到某一点：将曲面延伸到"顶点"列表框中所选择的顶点或者点。
☑ 成形到某一面：将曲面延伸到"曲面/面"列表框中所选择的曲面或者面。

8.13 创建剪裁曲面

剪裁曲面是指使用曲面、基准面或者草图作为剪裁工具来剪裁相交曲面，也可以将曲面和其他曲面联合使用作为相互的剪裁工具。

剪裁曲面有标准和相互两种类型。标准类型是指使用曲面、草图实体、曲线、基准面等来剪裁曲面；相互类型是指曲面本身来剪裁多个曲面。下面将通过实例介绍该特征的创建方法。

1．标准类型剪裁曲面

操作步骤

01 打开文件。单击"打开"按钮，系统弹出"打开"对话框。

02 在"打开"对话框中选定名为"8.8"的文件，然后单击"打开"按钮，或者双击所选定的文件，即打开所选文件，如图 8-61 所示。

03 选择菜单栏中的"插入"→"曲面"→"剪裁曲面"命令，系统弹出"剪裁曲面"属性管理器。

04 选择"剪裁类型"中的"标准"选项，单击"剪裁工具"列表框，然后单击选择如图 8-62 所示的曲面 1；单击选择"保留选择"选项，并在"保留的部分"列表框中，单击选择如图 8-62 所示的曲面 2，其预览效果如图 8-62 所示。

05 其属性管理器设置如图 8-63 所示，单击"剪裁曲面"属性管理器中的"确定"按钮，即完成剪裁曲面特征的创建，如图 8-64 所示。

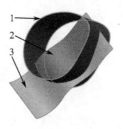

图 8-61 源文件　　　　图 8-62 选择对象　　　图 8-63 "剪裁曲面"属性管理器

专家提示：如果在属性管理器中选择"移除选择"选项；并在"保留的部分"列表框中，单击选择如图8-62所示的曲面3，则生成的如图8-65所示的剪裁曲面特征。

图 8-64　创建的剪裁曲面特征　　　　　　图 8-65　创建的剪裁曲面特征

2. 相互类型剪裁曲面

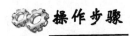

01 打开文件。单击"打开"按钮，系统弹出"打开"对话框。

02 在"打开"对话框中选定名为"8.8"的文件，然后单击"打开"按钮，或者双击所选定的文件，即打开所选文件，如图 8-66 所示。

03 选择菜单栏中的"插入"→"曲面"→"剪裁曲面"命令，系统弹出"剪裁曲面"属性管理器。

图 8-66　源文件

04 选择"剪裁类型"中的"相互"选项，单击"剪裁工具"列表框，然后单击选择如图 8-66 所示的曲面 1 和 2；单击选择"保留选择"选项，并在"保留的部分"列表框中，单击选择如图 8-67 所示的曲面 3。

05 其属性管理器设置如图 8-68 所示，其预览效果如图 8-69 所示，单击"剪裁曲面"属性管理器中的"确定"按钮，即完成剪裁曲面特征的创建，如图 8-70 所示。

 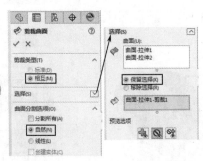  

图 8-67　选择对象　　图 8-68　"剪裁曲面"属性管理器　　图 8-69　预览效果　图 8-70　创建的剪裁曲面特征

8.14 创建填充曲面

填充曲面是指在现有模型边线、草图或者曲线定义的边界内构成带任何边数的曲面修补。填充曲面通常在以下几种情况下使用。

- ☑ 纠正没有正确输入到 SolidWorks 中的零件，比如该零件有丢失的面。
- ☑ 填充型心和型腔造型零件中的孔。
- ☑ 构建用于工业设计的曲面。
- ☑ 生成实体模型。
- ☑ 用于包括作为独立实体的特征或合并这些特征。

下面通过实例介绍该特征的创建方法。

操作步骤

01 打开文件。单击"打开"按钮 ，系统弹出"打开"对话框。

02 在"打开"对话框中选定名为"8.9"的文件，然后单击"打开"按钮，或者双击所选定的文件，即打开所选文件，如图 8-71 所示。

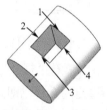

图 8-71 源文件

03 选择菜单栏中的"插入"→"曲面"→"填充"命令，系统弹出"填充曲面"属性管理器。

04 单击"修补边界"选项框，然后依次单击选择如图 8-71 所示的边线 1、边线 2、边线 3 和边线 4，其他设置如图 8-72 所示。

05 其预览效果如图 8-73 所示，单击"填充曲面"属性管理器中的"确定"按钮，即完成填充曲面特征的创建，如图 8-74 所示。

图 8-72 "填充曲面"属性管理器

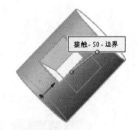

图 8-73 预览效果

图 8-74 创建的填充曲面特征

8.15 中面、替换面和删除面

下面将具体介绍生成中面、替换面和删除面的方法。

1. 中面

中面工具可让在实体上合适的所选双对面之间生成中面。合适的双对面应该处处等距，并且必须属于同一实体。

与所有在 SolidWorks 中生成的曲面相同，中面包括所有曲面的属性。中面通常有以下几种情况。

- ☑ 单个：从绘图区中选择单个等距面生成中面。
- ☑ 多个：从绘图区中选择多个等距面生成中面。
- ☑ 所有：单击"中面"属性管理器中的"查找双对面"按钮，让系统选择模型上所有合适的等距面，以生成所有等距面的中面。

下面将通过实例介绍中面的创建方法。

操作步骤

01 打开文件。单击"打开"按钮，系统弹出"打开"对话框。

02 在"打开"对话框中选定名为"8.10"的文件，然后单击"打开"按钮，或者双击所选定的文件，即打开所选文件，如图 8-75 所示。

03 选择菜单栏中的"插入"→"曲面"→"中面"命令，系统弹出"中面"属性管理器。

04 单击"选择"选项组中的"面 1"列表框，并选择如图 8-75 所示的面；单击"面 2"列表框，并选择如图 8-75 所示的面 2；在"定位"文本框中输入 100，其他设置如图 8-76 所示。

05 其预览效果如图 8-77 所示，单击"中面"属性管理器中的"确定"按钮，即完成中面特征的创建，如图 8-78 所示。

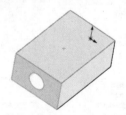

图 8-77 预览效果

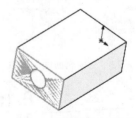

图 8-78 创建的中面特征

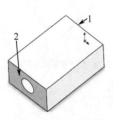

图 8-75 源文件

图 8-76 "中面"属性管理器

专家提示：生成中面的定位值，是从面1的位置开始，位于面1和面2之间。

2．替换面

替换面是指以新曲面实体来替换曲面或者实体中的面。替换曲面实体不必与旧的面具有相同的边界。在替换面时，原来实体中的相邻面自动延伸并剪裁到替换曲面实体。

替换面通常有以下几种情况。
- ☑ 以一曲面实体替换另外一个或者一组相连的面。
- ☑ 在单一操作中，用一相同的曲面实体替换一组以上相连的面。
- ☑ 在实体或曲面实体中替换面。

下面将通过实例介绍该特征的创建方法。

操作步骤

01 打开文件。单击"打开"按钮，系统弹出"打开"对话框。

02 在"打开"对话框中选定名为"8.11"的文件，然后单击"打开"按钮，或者双击所选定的文件，即打开所选文件，如图 8-79 所示。

03 选择菜单栏中的"插入"→"面"→"替换"命令，系统弹出"替换面"属性管理器。

04 单击"替换的目标面"列表框，并选择如图 8-79 所示的面 2、3、4；单击"替换曲面"列表框，并选择如图 8-79 所示的面 1；其属性管理器如图 8-80 所示。

05 单击"替换面"属性管理器中的"确定"按钮，即完成替换面特征的创建，如图 8-81 所示。

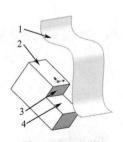
图 8-79　源文件

图 8-80　"替换面"属性管理器

图 8-81　创建的替换面特征

06 单击如图 8-82 所示的曲面，在弹出的快捷菜单中单击"隐藏"按钮，如图 8-82 所示，隐藏曲面后的实体如图 8-83 所示。

在替换面中，替换的面有两个特点：一是必须相连；二是不必相切。替换曲面实体可以是以下几种类型之一。
- ☑ 可以是任何类型的曲面特征，如拉伸、旋转、放样等。

☑ 可以是缝合曲面实体或者复杂的输入曲面实体。
☑ 通常比要替换的面要宽和长，但在某些情况下，当替换曲面实体比要替换的面小的时候，替换曲面实体会自动延伸以与相邻面相遇。

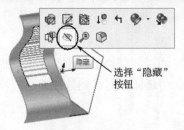

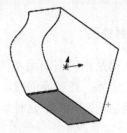

图 8-82　选择快捷菜单中的"隐藏"按钮　　　　　图 8-83　隐藏曲面后的实体

3．删除面

删除面通常有下面几种情况。
☑ 删除：从曲面实体删除面，或者从实体中删除一个或多个面来生成曲面。
☑ 删除和修补：从曲面实体或者实体中删除一个面，并自动对实体进行修补和剪裁。
☑ 删除和填充：删除面并生成单一面，将任何缝隙填补起来。
下面将通过实例介绍该特征的创建方法。

操作步骤

01 打开文件。单击"打开"按钮，系统弹出"打开"对话框。

02 在"打开"对话框中选定名为"8.12"的文件，然后单击"打开"按钮，或者双击所选定的文件，即打开所选文件，如图 8-84 所示。

03 选择菜单栏中的"插入"→"面"→"删除"命令，系统弹出"删除面"属性管理器。

04 单击"要删除的面"列表框，并选择如图 8-84 所示的面 1；在"选项"选项组中选择"删除"选项，其属性管理器如图 8-85 所示。

05 单击"删除面"属性管理器中的"确定"按钮，即完成删除面特征的创建，如图 8-86 所示。

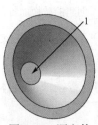

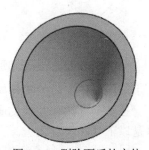

图 8-84　源文件　　　　　图 8-85　"删除面"属性管理器　　　　　图 8-86　删除面后的实体

> **专家提示**：如果选择属性管理器中"选项"选项组中的"删除并修补"选项，则生成如图 8-87 所示的实体；选择"删除并填补"选项，并勾选"相切填充"复选框，则生成如图 8-88 所示的实体。

图 8-87　删除和修补面后的实体

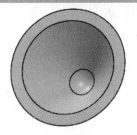

图 8-88　删除和填充面后的实体

8.16　移动、复制和旋转曲面

下面将具体介绍对曲面特征进行移动、复制和旋转等操作的方法。

1．移动曲面

下面将通过实例介绍该功能的操作步骤。

操作步骤

01 打开文件。单击"打开"按钮，系统弹出"打开"对话框。

02 在"打开"对话框中选定名为"8.13"的文件，然后单击"打开"按钮，或者双击所选定的文件，即打开所选文件，如图 8-89 所示。

03 选择菜单栏中的"插入"→"曲面"→"移动/复制"命令，系统弹出"移动/复制实体"属性管理器。

04 单击属性管理器中的"平移"选项，在"要移动/复制的实体"选项组中，单击选择待移动的曲面，在"平移"选项组中输入 X、Y 和 Z 的相对移动距离，其属性管理器如图 8-90 所示，预览效果如图 8-91 所示。

图 8-89　源文件

图 8-90　"移动/复制实体"属性管理器

图 8-91　预览效果

05 单击"移动/复制实体"属性管理器中的"确定"按钮 ✓，即完成曲面特征的移动。

2. 复制曲面

下面将通过实例介绍该功能的操作步骤。

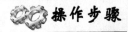

01 打开文件。单击"打开"按钮，系统弹出"打开"对话框。

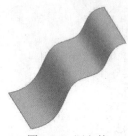

02 在"打开"对话框中选定名为"8.14"的文件，然后单击"打开"按钮，或者双击所选定的文件，即打开所选文件，如图 8-92 所示。

03 选择菜单栏中的"插入"→"曲面"→"移动/复制"命令，系统弹出"移动/复制实体"属性管理器。

04 单击属性管理器中的"平移"选项，在"要移动/复制的实体"选项组中，单击选择待移动的曲面，并勾选"复制"选项，在"复制份数"文本框中输入 6，然后在"平移"选项组中输入 X、Y 和 Z 的相对复制距离，其属性管理器设置如图 8-93 所示，预览效果如图 8-94 所示。

图 8-92 源文件

05 单击"移动/复制实体"属性管理器中的"确定"按钮 ✓，即完成曲面特征的复制，如图 8-95 所示。

图 8-93 "移动/复制实体"属性管理器

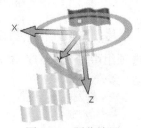

图 8-94 预览效果

图 8-95 复制的曲面特征

3. 旋转曲面

下面将通过实例介绍功能的操作步骤。

01 打开文件。单击"打开"按钮，系统弹出"打开"对话框。

02 在"打开"对话框中选定名为"8.15"的文件,然后单击"打开"按钮,或者双击所选定的文件,即打开所选文件,如图 8-96 所示。

03 选择菜单栏中的"插入"→"曲面"→"移动/复制"命令,系统弹出"移动/复制实体"属性管理器。

04 单击属性管理器中最下面的"平移/旋转"按钮,在"要移动/复制的实体"选项组中,单击选择待移动的曲面,并选择"旋转"选项,然后在"旋转"选项组中输入 X 旋转原点、Y 旋转原点和 Z 旋转原点为 0、0、0,X 旋转角度、Y 旋转角度和 Z 旋转角度分别为 30、45、60,其属性管理器如图 8-97 所示,预览效果如图 8-98 所示。

05 单击"移动/复制实体"属性管理器中的"确定"按钮 ✓,即完成曲面特征的旋转,如图 8-99 所示。

图 8-96　源文件

图 8-97　"移动/复制实体"属性管理器　　　图 8-98　预览效果　　　图 8-99　旋转后的曲面

本章小结

本章首先介绍了曲面的基础知识,接着介绍了创建拉伸和旋转曲面、创建扫描和放样曲面、创建等距曲面、创建延展曲面、创建缝合曲面、创建延伸曲面、创建剪裁曲面和填充曲面等的方法。编辑曲面包括生成中面、替换面和删除面,另外还介绍了对曲面特征进行移动、复制和旋转的方法。

在学习本章曲面建模的时候,应该认真学习前面的关于曲线的相关技能,曲面是由曲线来创建生成的。

第 9 章 钣金设计

Chapter 09 钣金设计

钣金设计是对金属薄板的一种综合加工工艺，包括剪、冲压、折弯、成形、焊接、拼接等。SolidWorks 钣金设计功能强大，而且简单易学，能迅速完成较复杂的钣金设计。

本章将介绍 SolidWorks 软件钣金设计的功能特点、系统设置方法、基本特征工具的使用方法及其设计步骤等基本知识，为继续学习钣金设计打下基础。

学习重点

- ☑ 钣金设计基础知识
- ☑ 创建转换钣金特征
- ☑ 创建法兰特征
- ☑ 创建褶边特征
- ☑ 创建闭合角特征
- ☑ 创建绘制的折弯特征
- ☑ 创建放样折弯特征
- ☑ 创建转折特征
- ☑ 创建切口特征
- ☑ 展开钣金折弯
- ☑ 创建断开边角、焊接的边角特征
- ☑ 创建通风口特征

9.1 钣金设计基础知识

使用 SolidWorks 软件进行钣金设计，常用的方法有两种。一种是使用钣金特有的特征来生成钣金零件，另一种是将实体零件转换成钣金零件。

启动 SolidWorks 软件并新建零件后，选择"工具"→"自定义"选项，系统弹出如图 9-1 所示的"自定义"对话框。

单击对话框中的"工具栏"选项卡下的"钣金"选项，然后单击对话框中的"确定"按钮，在 SolidWorks 用户界面显示钣金工具栏，如图 9-3 所示。

另外，用户可以选择菜单栏中的"插入"→"钣金"命令，如图 9-2 所示，即打开"钣金"下拉菜单。

图 9-1　"自定义"对话框

图 9-2　钣金菜单

图 9-3　"钣金"工具栏

9.2 创建转换钣金特征

下面将具体介绍创建转换钣金特征的方法。

利用已经生成的零件转换为钣金特征时，首先在 SolidWorks 中生成一个零件，通过"插入折弯"命令生成钣金零件，这时在 FeatureManager 设计树中有 3 个钣金相关特征，如图 9-4 所示。

这 3 个特征分别代表如下含义。

- 钣金特征：包含了钣金零件的定义，此特征保存了整个零件的默认折弯信息，如折弯半径、折弯系数、自动切释放槽（预切槽）比例等。
- 展开-折弯特征：该项代表展开的钣金零件，此特征包含将尖角或圆角转换成折弯的有关信息，每个由模型生成的折弯作为单独的特征列出在"展开-折弯"下。

图 9-4　FeatureManager 设计树

 专家提示："展开-折弯"选项板中列出的"尖角-草图"包含由系统生成的所有尖角和圆角折弯的折弯线，此草图无法编辑，但可以隐藏或显示。

- 加工-折弯特征：该选项包含的是将展开的零件转换为成形零件的过程，由在展开状态中指定的折弯线所生成的折弯列在此特征中。

9.3　创建法兰特征

SolidWorks 具有 4 种不同的法兰特征工具来生成钣金零件，使用这些法兰特征可以按预定的厚度给零件增加材料。这 4 种法兰特征依次是基体法兰、薄片（凸起法兰）、边线法兰和斜接法兰。

1. 基体法兰

基体法兰是新建钣金零件的第一个特征。基体法兰被添加到 SolidWorks 零件后，系统就会将该零件标记为钣金零件，并被添加到 FeatureManager 设计树中。

基体法兰特征是从草图生成的。草图可以是单一开环轮廓、单一闭环轮廓或者多重封闭轮廓，如图 9-5 所示。

 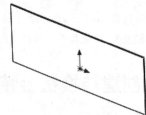 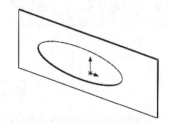

单一开环草图生成基体法兰　　单一闭环草图生成基体法兰　　多重封闭轮廓生成基体法兰

图 9-5　基体法兰实例

- 单一开环轮廓：单一开环轮廓可用于拉伸、旋转、剖面、钣金以及作为路径、引导线，典型的开环轮廓以直线或草图实体绘制。

- ☑ 单一闭环轮廓：单一闭环轮廓可用于拉伸、旋转、剖面、钣金以及作为路径、引导线，典型的单一闭环轮廓是用圆、方形、闭环样条曲线以及其他闭环的几何形状绘制的。
- ☑ 多重封闭轮廓：可用于拉伸、旋转以及钣金。如果有一个以上的轮廓，其中一个轮廓必须包含其他轮廓，典型的多重封闭轮廓是用圆、矩形以及其他封闭的几何形状绘制的。

> **专家提示**：在一个 SolidWorks 零件中，只能有一个基体法兰特征，且样条曲线对于包含开环轮廓的钣金为无效的草图实体。

下面将通过实例介绍该特征的创建方法。

操作步骤

01 新建文件。选择菜单栏中的"文件"→"新建"选项，系统将打开"新建 SOLIDWORKS 文件"对话框，选择"零件"类型，单击对话框中的"确定"按钮，系统进入零件建模环境。

02 单击"钣金"工具栏中的"基体法兰/薄片"按钮，或者选择菜单栏中的"插入"→"钣金"→"基体法兰"命令，然后单击绘图区中的前视基准面作为绘图基准面，然后绘制如图 9-6 所示的草图。

03 单击"草图"功能区中的"退出草图"按钮，系统弹出如图 9-7 所示的"基体法兰"属性管理器，修改"深度"栏中的数值为 25mm，设置"钣金参数"选项组中的"厚度"栏中的数值为 1mm，"折弯半径"栏中的数值为 15mm。

04 预览效果如图 9-8 所示，单击属性管理器中的"确定"按钮，即完成基体法兰的绘制，如图 9-9 所示，此时的 FeatureManager 设计树，如图 9-10 所示。

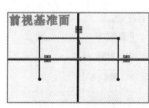

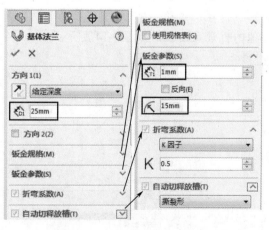

图 9-6 绘制的草图　　　　图 9-7 "基体法兰"属性管理器　　　　图 9-8 预览效果

在生成基体-法兰特征时，同时生成钣金特征，如图 9-10 所示，通过对钣金特征的编

217

辑，可以设置钣金零件的参数。

右击 FeatureManager 设计树中的钣金特征，系统弹出快捷菜单，选择"编辑特征"选项，如图 9-11 所示，系统弹出如图 9-12 所示的"钣金"属性管理器。其中包含用来设计钣金零件的参数，这些参数可以在其他法兰特征生成的过程中设置，也可以在钣金特征中编辑定义来改变它们。

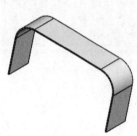 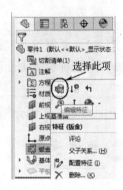

图 9-9　绘制的基体法兰　　　图 9-10　FeatureManager 设计树　　　图 9-11　选择"编辑特征"选项

（1）折弯参数
- ☑ 固定的面和边：该选项被选中的面或边在展开时保持不变。在使用基体法兰特征建立钣金零件时，该选项不可选。
- ☑ 折弯半径：该选项定义了建立其他钣金特征时默认的折弯半径，也可以针对不同的折弯给定不同的半径值。

（2）折弯系数
- ☑ 在"折弯系数"选项中，用户可以选择五种类型的折弯系数，如图 9-13 所示。
- ☑ 折弯系数表：折弯系数表是一种关于指定材料（如钢、铝等）的表格，它包含基于板厚和折弯半径的折弯运算，折弯系数表是 Excel 表格文件，其扩展名为"*.xls"。可以选择菜单栏中的"插入"→"半径"→"折弯系数表"→"从文件"命令，为当前的钣金零件添加折弯系数表。也可以在钣金属性管理器中的"折弯系数"下拉列表框中选择"折弯系数表"选项，并选择指定的折弯系数表，或者单击"浏览"按钮使用其他的折弯系数表，如图 9-14 所示。

图 9-12　"钣金"属性管理器　　　图 9-13　"折弯系数"类型　　　图 9-14　设置"折弯系数表"

- K因子：K因子在折弯计算中是一个常数，它是内表面到中性面的距离与材料厚度的比率。
- 折弯系数和折弯扣除：可以根据用户的经验和工厂实际情况给定一个实际的数值。

（3）自动切释放槽

在"自动切释放槽"下拉列表框中可以选择3种不同的释放槽类型。

- 矩形：在需要进行折弯释放的边上生成一个矩形切除，如图9-15（a）所示。
- 撕裂形：在需要撕裂的边和面之间生成一个撕裂口，而不是切除，如图9-15（b）所示。
- 矩圆形：在需要进行折弯释放的边上生成一个矩圆形切除，如图9-15（c）所示。

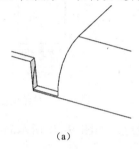 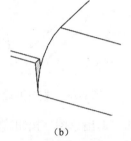 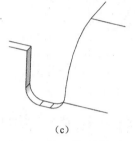

  (a)   (b)   (c)

图9-15 "释放槽"类型

利用"基体-法兰"命令生成一个钣金零件后，钣金特征将出现在如图9-16所示的FeatureManager设计树中。

在该FeatureManager设计树中包含了3个特征，它们分别代表钣金的3个基本操作。

- 钣金特征：它包含了钣金零件的定义。此特征保存了整个零件的默认折弯参数信息，如折弯半径、折弯系数、自动切释放槽（预切槽）比例等。
- 基体-法兰特征：该项是此钣金零件的第一个实体特征，包括深度和厚度等信息。
- 平板型式特征：在默认情况下，当零件处于折弯状态时，平板型式特征是被压缩的，将该特征解除压缩即展开钣金零件。

图9-16 基体法兰设计树

在FeatureManager设计树中，当平板型式特征被压缩时，添加到零件的所有新特征均自动插入到平板型式特征上方。当平板型式特征解除压缩后，新特征插入到平板型式特征下方，并且不在折叠零件中显示。

2．薄片

使用薄片特征可为钣金零件添加薄片。系统会自动将薄片特征的深度设置为钣金零件的厚度。至于深度的方向，系统会自动将其设置为与钣金零件重合，从而避免实体脱节。

操作步骤

01 打开文件。单击"打开"按钮，系统弹出"打开"对话框。

02 在"打开"对话框中选定名为"9.1"的文件,然后单击"打开"按钮,或者双击选定的文件,即打开所选文件,如图9-17所示。

03 单击"钣金"工具栏中的"基体法兰/薄片"按钮,或者选择菜单栏中的"插入"→"钣金"→"基体法兰"命令,然后单击选择如图9-18所示的平面作为绘图平面,并绘制如图9-19所示的草图。

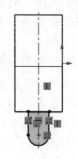

图9-17 源文件　　　　　图9-18 选择的草绘平面　　　　图9-19 草绘的图元

04 单击"草图"功能区中的"退出草图"按钮,系统进入如图9-20所示的"基体法兰"属性管理器,修改深度值为2mm。

05 其预览效果如图9-21所示,单击属性管理器中的"确定"按钮,即完成薄片特征的绘制,如图9-22所示。

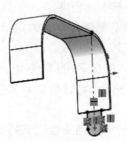
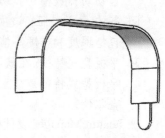

图9-20 "基体法兰"属性管理器　　　图9-21 预览效果　　　图9-22 生成的薄片特征

> **专家提示**:也可以先绘制草图,然后再单击"钣金"工具栏中的"基体法兰/薄片"来生成薄片特征。

3. 边线法兰

使用边线法兰工具可以在一条或多条边线上添加法兰。添加边线法兰时,所选边线必须为线性的。系统自动将褶边厚度链接到钣金零件的厚度上。轮廓的一条草图直线必须位

第 9 章 钣金设计

于所选边线上。

操作步骤

01 打开文件。单击"打开"按钮，系统弹出"打开"对话框。

02 在"打开"对话框中选定名为"9.2"的文件，然后单击"打开"按钮，或者双击所选定的文件，即打开所选文件，如图 9-23 所示。

03 单击"钣金"工具栏中的"边线法兰"按钮，或者选择菜单栏中的"插入"→"钣金"→"边线法兰"命令，系统进入如图 9-24 所示的"边线-法兰"属性管理器，并单击选择如图 9-25 所示的边。

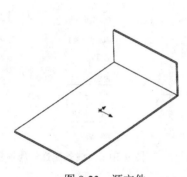

图 9-23 源文件

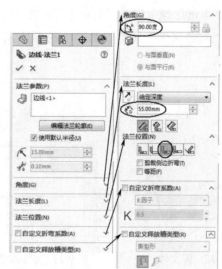

图 9-24 "边线-法兰"属性管理器

04 设定法兰角度和长度。在角度栏中输入角度 90，在法兰长度栏中输入给定长度 53，确定法兰长度有"外部虚拟交点"、"内部虚拟交点"和"双弯曲"这 3 种方式，这里选择"外部虚拟交点"。

05 设定法兰位置。在法兰位置选项组中有 5 种选项可供选择，即"材料在内"、"材料在外"、"折弯在外"、"虚拟交点的折弯"和"与折弯相切"，不同的选项产生的法兰位置也不一样，这里选择"折弯在外"选项。

06 其预览效果如图 9-26 所示，单击属性管理器中的"确定"按钮，即完成边线法兰特征的创建，如图 9-27 所示。

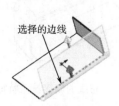

图 9-25 选择的边线

图 9-26 预览效果

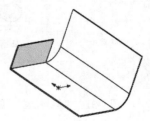

图 9-27 生成的边线法兰特征

221

4. 斜接法兰

使用斜接法兰工具可将一系列法兰添加到钣金零件的一条或多条边线上。生成斜接法兰特征之前首先要绘制法兰草图，斜接法兰的草图可以是直线或圆弧。

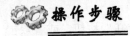

01 打开文件。单击"打开"按钮，系统弹出"打开"对话框。

02 在"打开"对话框中选定名为"9.3"的文件，然后单击"打开"按钮，或者双击所选定的文件，即打开所选文件，如图 9-28 所示。

03 单击选择前视基准面作为草图绘制平面，然后绘制直线，绘制的草图如图 9-29 所示，其"线条属性"属性管理器如图 9-30 所示。

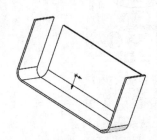
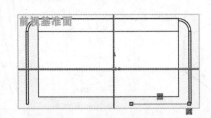

图 9-28　源文件　　　图 9-29　绘制斜接法兰草图　　　图 9-30　"线条属性"属性管理器

04 单击"钣金"工具栏中的"斜接法兰"按钮，或者选择菜单栏中的"插入"→"钣金"→"斜接法兰"命令，系统弹出如图 9-31 所示的"斜接法兰"属性管理器。

05 系统随即选定斜接法兰特征的一条边，其预览效果如图 9-32 所示，单击属性管理器中的"确定"按钮，即完成斜接法兰特征的创建，如图 9-33 所示。

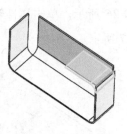
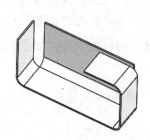

图 9-31　"斜接法兰"属性管理器　　　图 9-32　预览效果　　　图 9-33　完成的斜接法兰特征

第 9 章 钣金设计

专家提示：如有必要，可以为部分斜接法兰指定等距距离。在"斜接法兰"属性管理器中"启始/结束处等距"输入栏中输入"开始等距距离"和"结束等距距离"的数值（如果想使斜接法兰跨越模型的整个边线，将这些数值设置为0），其他参数可参考前文中边线法兰的设置。

9.4　创建褶边特征

褶边工具可将褶边添加到钣金零件的所选边线上。生成褶边特征时所选边线必须为直线。斜接边角被自动添加到交叉褶边上。如果选择多个要填添加褶边的边线，则这些边线必须在同一个面上。

褶边类型有 4 种，分别为"闭合"，如图 9-34 所示；"打开"，如图 9-35 所示；"撕裂形"，如图 9-36 所示；"滚轧"，如图 9-37 所示。每种类型都有其对应的尺寸设置参数。

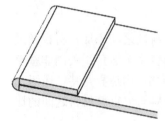  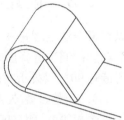 

图 9-34　"闭合"类型　　图 9-35　"打开"类型　　图 9-36　"撕裂形"类型　　图 9-37　"滚轧"类型

下面将通过实例介绍该特征的创建方法。

操作步骤

01 打开文件。单击"打开"按钮，系统弹出"打开"对话框。

02 在"打开"对话框中选定名为"9.4"的文件，然后单击"打开"按钮，或者双击所选文件，即打开所选文件，如图 9-38 所示。

03 单击"钣金"工具栏中的"褶边"按钮，或者选择菜单栏中的"插入"→"钣金"→"褶边"命令，系统弹出如图 9-39 所示的"褶边"属性管理器。

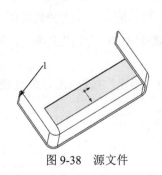 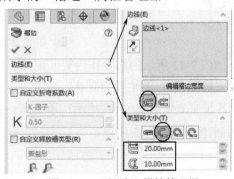

图 9-38　源文件　　　　　　　　　图 9-39　"褶边"属性管理器

223

04 单击选择如图9-38所示的边线1作为褶边对象,选择属性管理器中的"材料在内"选项，在"类型和大小"栏中,选择"打开"选项，并输入长度为20,缝隙距离为10,其他设置默认。

05 其预览效果如图9-40所示,单击属性管理器中的"确定"按钮，即完成褶边特征的创建,如图9-41所示。

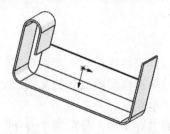

图9-40　预览效果　　　　　　　　　图9-41　完成的褶边特征

9.5　创建闭合角特征

使用闭合角工具可以在钣金法兰之间添加闭合角,即在钣金特征之间添加材料。通过闭合角工具可以完成以下功能：通过选择面来为钣金零件同时闭合多个边角；关闭非垂直边角；将闭合边角应用到带有90°以外折弯的法兰；调整缝隙距离（由边界角特征所添加的两个材料截面之间的距离）；调整重叠/欠重叠比率（重叠的材料与欠重叠材料之间的比率,数值1表示重叠和欠重叠相等）；闭合或打开折弯区域。

下面将通过实例介绍该特征的创建方法。

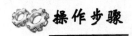

01 打开文件。单击"打开"按钮，系统弹出"打开"对话框。

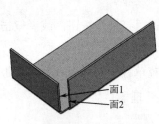

02 在"打开"对话框中选定名为"9.5"的文件,然后单击"打开"按钮,或者双击所选文件,即打开所选文件,如图9-42所示。

03 单击"钣金"工具栏中的"闭合角"按钮，或者选择菜单栏中的"插入"→"钣金"→"闭合角"命令,系统弹出如图9-43所示的"闭合角"属性管理器。

图9-42　源文件

04 单击选择如图9-42所示的面1作为要延伸的面,单击选择如图9-42所示的面2作为要匹配的面,选择边角类型中的"对接"选项，在"缝隙距离"中输入0.1,其他设置默认。

05 其预览效果如图9-44所示,单击属性管理器中的"确定"按钮，即完成闭合角特征的创建,如图9-45所示。

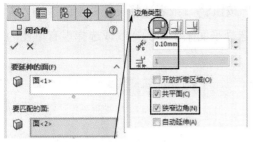 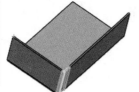 

图 9-43　"闭合角"属性管理器　　　图 9-44　预览效果　　　图 9-45　完成的闭合角特征

提示

使用其他边角选项可生成不同形式的闭合角。下面将讲述另外两种形式的闭合角。

如图 9-46 所示是使用边角类型中的"重叠"选项所生成的特征，其属性管理器中的设置如图 9-47 所示；如图 9-48 所示是使用边角类型中的"欠重叠"选项所生成的特征，其属性管理器中的设置如图 9-49 所示。

图 9-46　"重叠"类型闭合角

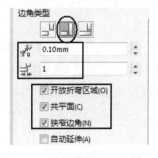  

图 9-47　属性管理器的设置 1　　　图 9-48　"欠重叠"类型闭合角　　　图 9-49　属性管理器的设置 2

9.6　创建绘制的折弯特征

使用"绘制的折弯"工具可以在钣金零件处于折叠状态时绘制草图将折弯线添加到零件以创建折弯特征。草图中只允许使用直线，可在每个草图中添加多条直线。折弯线长度不一定非得与被折弯的面的长度相同。

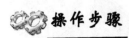**操作步骤**

01 打开文件。单击"打开"按钮，系统弹出"打开"对话框。

02 在"打开"对话框中选定名为"9.6"的文件，然后单击"打开"按钮，或者双击所选文件，即打开所选文件，如图 9-50 所示。

03 单击"钣金"工具栏中的"绘制的折弯"按钮 ，或者选择菜单栏中的"插入"→"钣金"→"绘制的折弯"命令,系统提示"选择平面来生成折弯线或选择现有草图为特征所用",如图 9-51 所示。

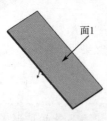

图 9-50　源文件　　　　　　　　　图 9-51　"信息"提示

专家提示:如果没有绘制好的草图,可以选择基准面绘制一条直线;如果已经绘制好了草图,可以单击鼠标选择绘制好的直线。

04 单击如图 9-50 所示的面 1 作为草绘平面,系统进入草图绘制界面,然后绘制如图 9-52 所示的直线。

05 单击"草图"功能区中的"退出草图"按钮 ，系统弹出如图 9-53 所示的"绘制的折弯"属性管理器。

06 选择如图 9-50 所示的面作为固定面,选择"折弯位置"选项中的"折弯中心线"选项 ，在"折弯角度"输入框中输入 90,输入折弯半径值 5,其设置如图 9-53 所示。

07 此时预览效果如图 9-54 所示,单击"绘制的折弯"属性管理器中的"确定"按钮 ，即完成绘制的折弯特征的创建,如图 9-55 所示。

图 9-54　预览效果 1

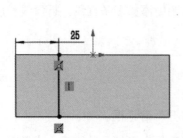

图 9-52　草绘的直线　　　图 9-53　"绘制的折弯"属性管理器　　　图 9-55　绘制的折弯特征

提示

使用其他折弯位置选项可生成不同形式的特征。下面将讲述另外三种形式的折弯位置特征！

如图 9-56 所示是使用折弯位置中的"材料在内"选项所生成的预览效果；如图 9-57 所示是使用折弯位置中的"材料在外"选项所生成的预览效果；如图 9-58 所示是使用折弯位置中的"折弯在外"选项所生成的预览效果。

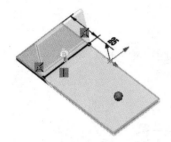  

图 9-56　预览效果 2　　　　　图 9-57　预览效果 3　　　　　图 9-58　预览效果 4

9.7　创建放样折弯特征

使用放样折弯工具可以在钣金零件中生成放样折弯特征。放样折弯和零件实体设计中的放样特征相似，需要两个草图才可以进行放样操作。草图必须为开环轮廓，轮廓开口应同向对齐，以使平板型式更精确；草图不能有尖锐边线。

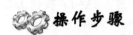**操作步骤**

01 创建草图 1。

选择前视基准面作为草绘面，单击"视图定向"快捷菜单中的"正视于"按钮，绘制如图 9-59 所示的图形，然后在六边形的一条水平边上绘制两条关于六边形中心线对称的竖直直线，并标注两直线距离为 0.2，如图 9-60 所示。

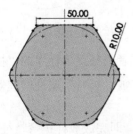 

图 9-59　草绘的六边形及圆角　　　　　图 9-60　绘制两条竖直直线

单击"草图"功能区中的"剪裁实体"按钮，对竖直直线和六边形进行剪裁，最后使绘制的图形有 0.2mm 宽的缺口，即使草图为开环，如图 9-61 所示，然后单击"草图"功能区中的"退出草图"按钮，退出草图绘制界面。

02 创建草图 2。

创建基准面。单击"特征"功能区中的"参考几何体"选项下的"基准面"按钮，系统弹出"基准面"属性管理器。单击"第一参考"下的列表框，然后单击前视基准面，输入偏移距离 120，其"基准面"属性管理器设置如图 9-62 所示。

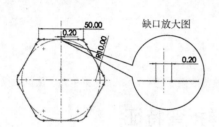

图 9-61 草绘的开环图形　　　　　　图 9-62 "基准面"属性管理器

预览效果如图 9-63 所示，单击"基准面"属性管理器中的"确定"按钮，即完成基准面的创建。

选择刚才创建的基准面作为草绘面，单击"视图定向"快捷菜单中的"正视于"按钮，然后按照步骤 1 的操作方法绘制一个有 0.2mm 缺口的圆，使草图为开环，如图 9-64 所示，然后单击"草图"功能区中的"退出草图"按钮，退出草图绘制界面。

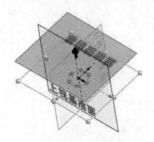

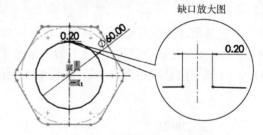

图 9-63 预览效果　　　　　　图 9-64 草绘的开环圆

03 单击"钣金"工具栏中的"放样折弯"按钮，或者选择菜单栏中的"插入"→"钣金"→"放样折弯"命令，系统弹出如图 9-65 所示的"放样折弯"属性管理器，依次单击草图 2、草图 1 作为放样轮廓并设置钣金厚度为 1。

04 单击"放样折弯"属性管理器中的"确定"按钮，即完成放样折弯特征的创建，如图 9-66 所示。

第 9 章　钣金设计

图 9-65　"放样折弯"属性管理器

图 9-66　完成的放样折弯特征

专家提示： 基体-法兰特征不与放样折弯特征一起使用。放样折弯特征不能被镜像。在选择两个草图时，起点位置要对齐，即开口要在草图的相同位置，并且得先选择草图 2，再选择草图 1，否则将不能生成放样折弯。

9.8　创建转折特征

使用转折工具可以在钣金零件上通过草图直线生成两个折弯。生成转折特征的草图必须只包含一条直线，直线不需要是水平或垂直的。折弯线长度不一定必须与正折弯面的长度相同。

操作步骤

01 打开文件。单击"打开"按钮，系统弹出"打开"对话框。

02 在"打开"对话框中选定名为"9.7"的文件，然后单击"打开"按钮，或者双击所选文件，即打开所选文件，如图 9-67 所示。

03 选择如图 9-68 所示的表面作为草绘平面，单击"视图定向"快捷菜单中的"正视于"按钮，然后绘制如图 9-69 所示的图形。

图 9-67　源文件

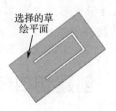

图 9-68　选择的草绘平面

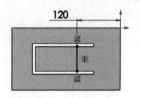

图 9-69　草绘的图元

04 不退出草图绘制界面，在绘制的草图被打开的状态下，单击"钣金"工具栏中的"转折"按钮，或者选择菜单栏中的"插入"→"钣金"→"转折"命令，系统弹出如

229

图 9-70 所示的"转折"属性管理器。

05 选择如图 9-71 所示的面作为固定面，取消勾选"使用默认半径"，输入 10；在"转折等距"选项组中输入尺寸 50，选择"尺寸位置"选项中的"外部等距"选项⤵，并勾选"固定投影长度"复选框。

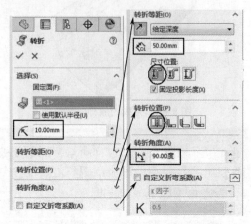

图 9-70 "转折"属性管理器

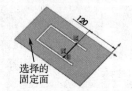

图 9-71 选择的固定面

06 选择"转折位置"选项组中的"折弯中心线"选项，在"转折角度"文本框中输入 90，其他设置默认。

07 其预览效果如图 9-72 所示，单击属性管理器中的"确定"按钮 ✓，即完成转折特征的创建，如图 9-73 所示。

图 9-72 预览效果

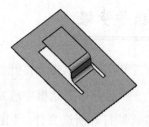

图 9-73 完成的转折特征

> **提示**
> 生成转折特征时，在"折弯"属性管理器中选择不同的尺寸位置选项、是否选择"固定投影长度"选项都将生成不同的转折特征。

9.9 创建切口特征

使用切口工具可以在钣金零件或者其他任意的实体零件上生成切口特征。能够生成切口特征的零件，应该具有相邻平面且厚度一致，这些相邻平面形成一条或者多条线性边线或一组连续的线性边线。

操作步骤

01 打开文件。单击"打开"按钮 ，系统弹出"打开"对话框。

02 在"打开"对话框中选定名为"9.8"的文件，然后单击"打开"按钮，或者双击所选文件，即打开所选文件，如图9-74所示。

03 单击选择如图9-74所示的面1作为绘图平面。然后单击"视图定向"快捷菜单中的"正视于"按钮，单击"草图"功能区中的"直线"按钮，绘制如图9-75所示的一条直线，然后退出草图绘制界面。

图9-74 源文件

04 单击"钣金"工具栏中的"切口"按钮，或者选择菜单栏中的"插入"→"钣金"→"切口"命令，系统弹出如图9-76所示的"切口"属性管理器。

05 单击选择绘制的直线来生成切口，在属性管理器中的切口缝隙输入框中输入 8，此时预览效果如图9-77所示，单击属性管理器中的"确定"按钮，即完成切口特征的创建，如图9-78所示。

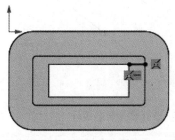

图9-75 预览效果

提示

单击"改变方向"按钮，将可以改变切口的方向，每单击一次，切口方向将能切换到一个方向，接着是另外一个方向，然后返回到两个方向（对称），读者可自行体验。

图9-76 "切口"属性管理器

图9-77 预览效果

图9-78 生成的切口特征

9.10 展开钣金折弯

展开钣金零件的折弯有两种展开方式：一种是将钣金零件整个展开；另外一种是将钣金零件中的折弯选择性地部分展开。

1. 整个钣金零件展开

要展开整个零件，如果钣金零件的 FeatureManager 设计树中的平板型式特征存在，可以右击平板型式特征，在弹出的快捷菜单中单击"解除压缩"图标，如图 9-79 所示。或者单击"钣金"工具栏中的"展开"按钮，可以将钣金零件整个展开，效果如图 9-80 所示。

图 9-79　解除特征压缩

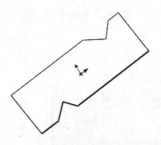

图 9-80　展开整个钣金零件

> **专家提示**：当使用此方法展开整个零件时，将应用边角处理以生成干净、展开的钣金零件，使在制造过程中不会出错。如果不想应用边角处理，可以右击平板型式，在弹出的菜单中选择"编辑特征"按钮，在"平板型式"属性管理器中取消"边角处理"选项，如图 9-81 所示。

要将整个钣金零件折叠，可以右击钣金零件 FeatureManager 设计树中的平板型式特征，在弹出的菜单中选择"压缩"按钮，或者单击"钣金"工具栏中的"折叠"按钮，使此图标弹起，即可将钣金零件折叠。

2. 将钣金零件部分展开

要展开或者折叠钣金零件的一个、多个或所有折弯，可使用展开和折叠特征工具。使用此工具可以在折弯上添加切除特征。

 操作步骤

01 打开文件。单击"打开"按钮，系统弹出"打开"对话框。

02 在"打开"对话框中选定名为"9.10"的文件，然后单击"打开"按钮，或者双击所选文件，即打开所选文件，如图 9-82 所示。

03 单击"钣金"工具栏中的"展开"按钮，或者选择菜单栏中的"插入"→"钣金"→"展开"命令，系统弹出如图 9-83 所示的"展开"属性管理器。

第 9 章　钣金设计

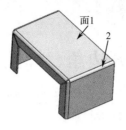

图 9-81　取消"边角处理"选项　　　图 9-82　源文件　　　图 9-83　"展开"属性管理器

04 如图 9-82 所示，在绘图区域中选择面 1 作为固定面，选择面 2 所示的折弯作为要展开的折弯，单击属性管理器中的"确定"按钮 ✓，即完成展开特征的创建，如图 9-84 所示。

05 选择如图 9-85 所示平面作为草绘的平面，单击"视图定向"快捷菜单中的"正视于"按钮 ↓，然后绘制如图 9-86 所示的图形，草图绘制完成后，退出草图绘制界面。

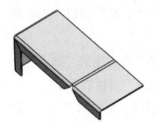
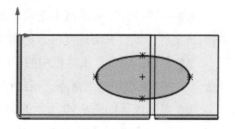

图 9-84　完成的展开特征　　　图 9-85　选择的草绘平面　　　图 9-86　草绘的图元

06 单击"特征"功能区中的"拉伸切除"按钮 ▣，在弹出的"切除拉伸"属性管理器中的"终止条件"栏中选择"完全贯穿"，其预览效果如图 9-87 所示，单击属性管理器中的"确定"按钮 ✓，即完成拉伸切除特征的创建，如图 9-88 所示。

07 单击"钣金"工具栏中的"折叠"按钮 ⛉，或者选择"插入"→"钣金"→"折叠"命令，系统弹出"折叠"属性管理器。

08 在绘图区域选择之前展开操作中选择的面 1 作为固定面，选择面 2 作为要折叠的折弯，然后单击属性管理器中的"确定"按钮 ✓，即完成折叠的创建，如图 9-89 所示。

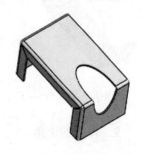

图 9-87　预览效果　　　图 9-88　完成的拉伸切除特征　　　图 9-89　完成的折叠特征

> **专家提示**：在设计过程中，为使系统性能更快，只展开和折叠正在操作项目的折弯。在展开或折叠属性管理器中，选择"收集所有折弯"命令，将可以把钣金零件所有折弯展开或折叠。

9.11 创建断开边角、焊接的边角特征

使用断开边角工具可以从折叠的钣金零件的边线或面上切除材料。使用边角剪裁工具可以从展开的钣金零件的边线或面上切除材料。

1. 断开边角

断开边角操作只能在折叠的钣金零件中操作。下面将通过实例介绍该特征的创建方法。

操作步骤

01 打开文件。单击"打开"按钮，系统弹出"打开"对话框。

02 在"打开"对话框中选定名为"9.11"的文件，然后单击"打开"按钮，或者双击所选文件，即打开所选文件，如图 9-90 所示。

03 单击"钣金"工具栏中的"断开边角"按钮，或者选择菜单栏中的"插入"→"钣金"→"断裂边角"命令，系统弹出如图 9-91 所示的"断开边角"属性管理器。

04 单击选择如图 9-90 所示的面 1、2、3 作为法兰面，选择折断类型中的"倒角"选项，在"距离"文本框中输入 5。

05 其预览效果如图 9-92 所示，单击属性管理器中的"确定"按钮，即完成断开边角特征的创建，如图 9-93 所示。

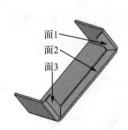

图 9-90　源文件

图 9-91　"断开边角"属性管理器

图 9-92　预览效果

图 9-93　完成的断开边角特征

2. 焊接的边角

下面将通过实例介绍该特征的创建方法。

第9章 钣金设计

操作步骤

01 打开文件。单击"打开"按钮，系统弹出"打开"对话框。

02 在"打开"对话框中选定名为"9.12"的文件，然后单击"打开"按钮，或者双击所选文件，即打开所选文件，如图9-94所示。

03 单击"钣金"工具栏中的"焊接的边角"按钮，或者选择菜单栏中的"插入"→"钣金"→"焊接的边角"命令，系统弹出如图9-95所示的"焊接的边角"属性管理器。

图9-94 源文件

04 勾选"添加圆角"选项，在属性管理器中输入圆角半径1，并勾选"添加纹理"和"添加焊接符号"选项，单击选择如图9-96所示的面作为选取钣金边角的侧面。

05 单击属性管理器中的"确定"按钮，即完成焊接的边角特征的创建，如图9-97所示。

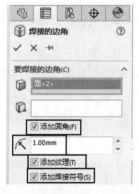 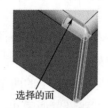 

图9-95 "焊接的边角"属性管理器　　图9-96 选择的面　　图9-97 完成的焊接的边角特征

9.12 创建通风口特征

使用通风口特征工具可以在钣金零件上添加通风口。与生成其他钣金特征相似，在生成通风口特征之前也要首先绘制生成通风口的草图，然后在"通风口属性管理器"中设定各种选项，从而生成通风口。下面将通过实例介绍该特征的创建方法。

操作步骤

01 打开文件。单击"打开"按钮，系统弹出"打开"对话框。

02 在"打开"对话框中选定名为"9.13"的文件，然后单击"打开"按钮，或者双

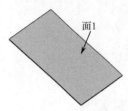

图 9-98　源文件

击所选文件，即打开所选文件，如图9-98所示。

03 单击如图9-98所示的面1作为草绘平面，系统进入草图绘制界面，然后绘制如图9-99所示图元。

04 单击"钣金"工具栏中的"通风口"按钮，或者选择菜单栏中的"插入"→"扣合特征"→"通风口"命令，系统弹出如图9-100所示的"通风口"属性管理器。

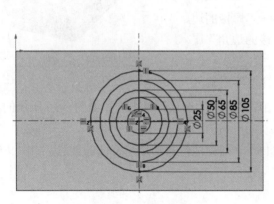

图 9-99　草绘的图元

图 9-100　"通风口"属性管理器

05 首先选择草图中最大直径的圆作为通风口的边界轮廓，如图9-101所示，同时系统自动在"几何体属性"选项组的"放置面"选项栏中选择绘制草图的基准面作为放置表面，其属性管理器如图9-102所示。

06 在"圆角半径"输入栏中输入相应的圆角半径数值1，此半径值将应用于边界、筋、翼梁和填充边界之间的所有相交处产生的圆角，此时属性管理器如图9-102所示。

07 单击"筋"列表框并选择通风口草图中的两个互相垂直的直线以作为筋轮廓，在"筋宽度"输入栏中输入5，其属性管理器设置如图9-103所示，预览效果如图9-104所示。

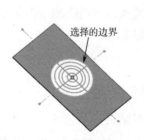

图 9-101　选择的边界

图 9-102　属性管理器设置1

图 9-103　属性管理器设置2

08 单击"翼梁"列表框并选择通风口草图中间的三个同心圆以作为翼梁轮廓,在"翼梁宽度"输入栏中输入 5,其属性管理器设置如图 9-103 所示。

09 单击"填充边界"列表框并选择通风口草图中的最小圆以作为填充边界轮廓,如图 9-105 所示,单击属性管理器中的"确定"按钮 ✓,即完成通风口特征的创建,如图 9-106 所示。

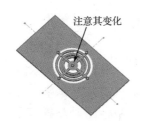
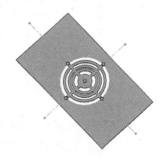

图 9-104　预览效果 1　　　　图 9-105　预览效果 2　　　　图 9-106　完成的通风口特征

本章小结

本章主要介绍了钣金的设计。重点讲述了钣金特征的创建方法,包括法兰、褶边、转折、展平、折弯等操作方法。在介绍这些命令的时候并举出了简单的实例,通过对这些基本特征的讲解,使读者能掌握钣金件创建的操作,这在以后设计时经常需要用到。

第 10 章 装配设计

Chapter 10 装配设计

对于机械设计而言单纯的零件没有实际意义,一个运动机构和一个整体才有意义。将已经设计完成的各个独立的零件,根据实际需要装配成一个完整的实体,在此基础上对装配体进行运动测试,检查是否能完成整机的设计功能,才是整个设计的关键,这也是 SolidWorks 的优点之一。

本章将介绍装配设计基础知识,装配体基本操作,定位零部件,零件的复制、阵列与镜像,装配体检查,创建爆炸视图,装配体的简化等内容。

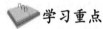 学习重点

- ☑ SolidWorks 装配设计基础知识
- ☑ 装配体基本操作
- ☑ 定位零部件
- ☑ 零件的复制、阵列与镜像
- ☑ 装配体检查
- ☑ 创建爆炸视图
- ☑ 装配体的简化

10.1 装配设计基础知识

1．装配体的定义

装配体是保存在单个 SOLIDWORKS 文档文件中的相关零件集合，该文件的扩展名为".sldasm"。

装配体：
- ☑ 最少可以包含两个零部件，最多可以包含超过一千个零部件。这些零部件可以是零件，也可以是称为子装配体的其他装配体。
- ☑ 在自由度范围内显示相关零件之间的运动。

装配体中的零部件是通过装配配合相互关联定义的，可以使用不同类型的配合（如重合、同心和距离配合）将装配体的零部件连接在一起。

2．装配体设计方法

可以使用两种基本方法生成装配体：自下而上设计和自上而下设计。

也可以将二者结合使用。不论使用哪种方法，目标是配合这些零部件，以生成装配体或子装配体。

（1）自下而上设计

在自下而上设计中，先生成零件并将其插入装配体，然后根据设计要求配合零件。当使用先前已经生成的现成零件时，自下而上设计是首选的设计方法。

自下而上设计法的另一个优点是因为零部件是独立设计的，与自上而下设计法相比，它们的相互关系及重建行为更为简单。使用自下而上设计法可以让用户专注于单个零件的设计工作，当不需要建立控制零件大小和尺寸的参考关系时（相对于其他零件），则此方法较为适用。

（2）自上而下设计

在自上而下设计中，设计工作从装配体开始。可以使用一个零件的几何体来帮助定义另一个零件、生成影响多个零件的特征，或生成组装零件后才添加的加工特征。例如，可以将布局草图或者定义固定的零件位置作为设计的开端，然后参考这些定义来设计零件。

例如，可以将一个零件插入到装配体中，然后根据此零件生成一个夹具，使用自上而下设计法在关联中生成夹具，这样就可参考模型的几何体，通过与原零件建立几何关系来控制夹具的尺寸。如果更改零件的尺寸，夹具会自动更新。

10.2 装配体的基本操作

下面将具体介绍装配体的基本操作。

1．创建装配体文件

要对零部件进行装配，必须首先创建一个装配体文件。创建装配体文件的操作过程如下。

操作步骤

01 新建文件。选择菜单栏中的"文件"→"新建"选择,系统将打开"新建 SOLIDWORKS 文件"对话框,在弹出的对话框中选择"装配体"类型,如图 10-1 所示。

02 单击对话框中的"确定"按钮,系统弹出如图 10-2 所示的"SOLIDWORKS"对话框,单击对话框中的"取消"按钮,系统弹出如图 10-3 所示的"SOLIDWORKS"对话框,单击"确定"按钮,此时系统显示"新建 SolidWorks 文件"对话框。

图 10-1 "新建 SOLIDWORKS 文件"对话框

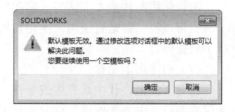

图 10-2 "SOLIDWORKS"对话框

03 单击"新建 SOLIDWORKS 文件"对话框中的"确定"按钮,即完成对新建对话框的定义,系统进入装配体建模环境,如图 10-5 所示,并显示如图 10-4 所示的"打开"对话框。

图 10-3 "SOLIDWORKS"对话框

图 10-4 "打开"对话框

 提示

> 也可在"开始装配体"属性管理器中,单击"要插入的零件/装配体"选项组中的"浏览"按钮,系统弹出"打开"对话框。

第 10 章 装配设计

图 10-5 装配体建模环境

04 选择"X:\源文件\ch10\10.1"零件作为装配体的基准零件,单击"打开"按钮,然后在绘图区合适的位置单击以放置零件。然后调整视图为"等轴测",即可得到导入零件后的界面,如图 10-6 所示。

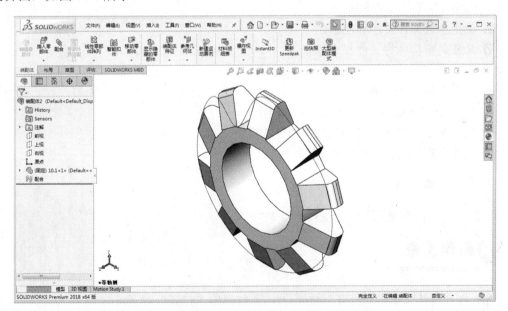

图 10-6 导入零件后的界面

装配体建模环境与零件建模环境基本相同,FeatureManager 设计树中出现一个配合组,在装配体建模环境中出现如图 10-7 所示的"装配体"功能区,对"装配体"功能区的操作同前边介绍的工具栏操作相同。

05 将一个零部件(单个零件或子装配体)放入装配体中时,这个零部件文件会与装配体文件链接。此时零部件出现在装配体中,零部件的数据还保存在原零部件文件中。

241

专家提示：对零部件文件所进行的任何改变都会更新到装配体中。保存装配体时文件的扩展名为"*.SLDASM"，其文件名前的图标也与零件图不同。

图 10-7　"装配体"功能区

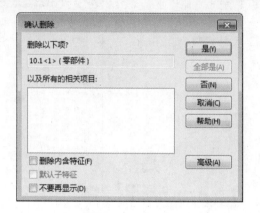

图 10-8　"确认删除"对话框

2．插入装配零件

制作装配体需要按照装配的过程，依次插入相关零件，有多种方法可以将零部件添加到一个新的或者现有的装配体中。

☑ 使用插入部件属性管理器。
☑ 从任何窗格中的文件探索器拖入。
☑ 从一个打开的文件窗口中拖入。
☑ 从资源管理器中拖入。
☑ 从 Internet Explorer 中拖入超文本链接。
☑ 在装配体中拖动以增加现有零部件的实例。
☑ 从任何窗格的设计库中拖入。

3．删除装配零件

下面将介绍删除装配零件的操作方法。

操作步骤

01 打开文件。单击"打开"按钮，系统弹出"打开"对话框。

02 在"打开"对话框中选定名为"10.2\装配体 1"的文件，然后单击"打开"按钮，或者双击所选文件，即打开所选文件，在绘图区或 FeatureManager 设计树中单击零部件。

03 按 Delete 键，或单击菜单栏中的"编辑"→"删除"命令，或者右击，系统弹出快捷菜单，选择其中的"删除"命令，此时系统弹出如图 10-8 所示的"确认删除"对话框。

第 10 章 装配设计

04 单击"是"按钮，确定删除，此零部件及其所有相关项目（配合、零部件阵列、爆炸步骤等）都会被删除。

> **专家提示：**①在装配图中插入的第一个零件的默认状态是固定的，即不能移动和旋转，在 FeatureManager 设计树中显示为"(固定)"。如果不是一个零件，则是浮动的，在 FeatureManager 设计树中显示为"(-)"。②系统默认第一个插入的零件是固定的，也可以将其设置为浮动状态，右击 FeatureManager 设计树固定的文件，在弹出的快捷菜单中单击"浮动"命令。反之，也可以将零件设置为固定状态。

10.3 定位零部件

零部件插入到装配体后，用户可以移动、旋转零部件或者固定其位置，以大致确定零部件的位置，然后再使用配合关系来精确地定位零部件。

1．固定零部件

当一个零部件被固定之后，它就不能相对于装配体原点移动了。默认情况下，装配体中插入的第一个零件是固定的。如果在装配体中至少有一个零部件被固定下来，它就可以为其余零部件提供参考，防止其他零部件在添加配合关系时意外移动。

要固定零部件，只要在 FeatureManager 设计树或者绘图区中，右击要固定的零部件，在弹出的快捷菜单中，单击"固定"命令即可。如果要解除固定关系，只要在快捷菜单中，单击"浮动"命令即可。

当一个零部件被固定之后，在 FeatureManager 设计树中，该零部件名称的左侧出现文字"(固定)"，表明该零部件已被固定。

2．移动零部件

在 FeatureManager 设计树中，只要前面有"(-)"符号的，该零部件就能够移动。
下面将通过实例介绍移动零部件的方法。

操作步骤

01 打开文件。单击"打开"按钮 ，系统弹出"打开"对话框。

02 在"打开"对话框中选定名为"10.2\装配体 1"的文件，然后单击"打开"按钮，或者双击所选文件，即打开所选文件，如图 10-9 所示。

03 单击"装配体"功能区中的"移动零部件"按钮 ，或者选择"工具"→"零部件"→"移动"命令，系统弹出如图 10-10 所示的"移动零部件"属性管理器。

04 选择需要的移动类型，然后拖动到需要的位置，单击属性管理器中的"确定"按钮 确认，或者按 Esc 键取消命令操作。

在"移动零部件"属性管理器中，移动零部件的类型有自由拖动、沿装配体 XYZ、沿

243

实体、由 Delta XYZ 和到 XYZ 位置 5 种，如图 10-11 所示，具体介绍如下。

- ☑ 自由拖动：系统默认选项，可以在视图中把选中的文件拖动到任意位置。
- ☑ 沿装配体 XYZ：选择零部件并沿装配体的 x、y、z 方向拖动，视图中显示的装配体坐标系可以确定移动的方向，在移动前要在欲移动方向的轴附近单击。
- ☑ 沿实体：首先选择实体，然后选择零部件并沿该实体拖动。如果选择的实体是一条直线、边线或者轴，所移动的零部件具有一个自由度。如果选择的实体是一个基准面或者平面，所移动的零部件具有两个自由度。
- ☑ 由 Delta XYZ：在属性管理器中键入沿 x、y、z 方向的相对移动距离，如图 10-12 所示，然后单击"应用"按钮，零部件会按照指定的数值移动。

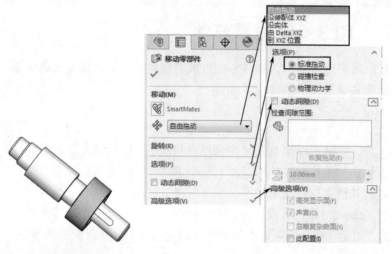

图 10-9　源文件　　　图 10-10　"移动零部件"属性管理器　　　图 10-11　移动零部件的类型

- ☑ 到 XYZ 位置：选择零部件的一点，在属性管理器键入 x、y、z 坐标，如图 10-13 所示，然后单击"应用"按钮，所选零部件的点会移动到指定的坐标位置。如果选择的项目不是顶点或点特征，则零部件的原点会移动到指定的坐标处。

图 10-12　"由 Delta XYZ"设置　　　图 10-13　"到 XYZ 位置"设置

3. 旋转零部件

在 FeatureManager 设计树中，只要前面有"(-)"符号的，该零部件就能够旋转。下面将通过实例介绍旋转零部件的方法。

操作步骤

01 打开文件。单击"打开"按钮,系统弹出"打开"对话框。

02 在"打开"对话框中选定名为"10.2\装配体1"的文件,然后单击"打开"按钮,或者双击所选文件,即打开所选文件,如图10-9所示。

03 单击"装配体"功能区中的"旋转零部件"按钮,或者选择"工具"→"零部件"→"旋转"命令,系统弹出如图10-14所示的"旋转零部件"属性管理器。

04 选择需要的旋转类型,然后根据需要确定零部件的旋转角度,单击属性管理器中的"确定"按钮 确认旋转,或者按 Esc 键取消命令操作。

在"旋转零部件"属性管理器中,旋转零部件的类型有3种,即自由拖动、对于实体和由 Delta XYZ,如图10-15所示,具体介绍如下。

- ☑ 自由拖动:选择零部件并沿任何方向旋转拖动。
- ☑ 对于实体:选择一条直线、边线或者轴,然后围绕所选实体旋转零部件。
- ☑ 由 Dalta XYZ:在属性管理器中键入沿 x、y、z 轴旋转的相对角度值,然后单击"应用"按钮,零部件会按照指定的数值进行旋转。

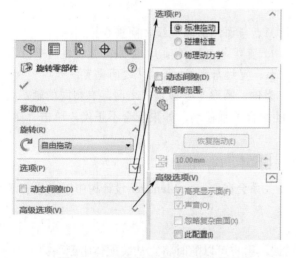

图10-14 "旋转零部件"属性管理器

图10-15 旋转零部件的类型

> **专家提示:**(1)不能移动或旋转一个已经固定或者完全定义的零部件。
> (2)只能在配合关系允许的自由度范围内移动和旋转零件。

4.添加配合关系

使用配合关系,可相对于其他零部件来精确地定位零部件,还可以定义零部件如何相对于其他的零部件移动和旋转。只有添加了完整的配合关系,才算完成了装配体模型。

下面将通过实例介绍添加配合关系的方法。

操作步骤

01 打开文件。单击"打开"按钮 ，系统弹出"打开"对话框。

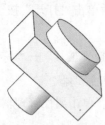

02 在"打开"对话框中选定名为"10.3"的文件,然后单击"打开"按钮,或者双击所选文件,即打开所选文件,如图10-16所示。

03 单击"装配体"功能区中的"配合"按钮 ,或者选择"工具"→"配合"命令,系统弹出如图10-17所示的"配合"属性管理器。

图10-16 源文件

04 在绘图区中的零部件上选择要配合的实体,所选实体会显示在"要配合实体" 列表框中。

05 选择所需的对齐条件。

☑ 同向对齐 ：以所选面的法向或者轴向的相同方向来放置零部件。
☑ 反向对齐 ：以所选面的法向或者轴向的相反方向来放置零部件。

06 系统会根据所选的实体,列出有效的配合类型。单击对应的配合类型按钮,选择配合类型。

☑ 重合 ：面与面、面与直线（轴）点与面、点与直线之间重合。
☑ 平行 ：面与面、面与直线（轴）、直线与直线（轴）、曲线与曲线之间平行。
☑ 垂直 ：面与面、直线（轴）与面、直线与直线（轴）、之间垂直。
☑ 同轴心 ：圆柱与圆柱、圆柱与圆锥、圆形与圆弧边线之间具有相同的轴。

07 绘图区中的零部件将根据指定的配合关系移动,如果配合不正确,单击"撤销"按钮 ,然后根据需要修改选项。

08 单击属性管理器中的"确定"按钮 ,应用配合。

当在装配体中建立配合关系后,配合关系会在FeatureManager设计树中以 图标表示。

5. 删除配合关系

如果装配体中的某个配合关系有错误,用户可以随时将它从装配体中删除掉。
下面将通过实例介绍删除配合关系的方法。

操作步骤

01 打开文件。单击"打开"按钮 ,系统弹出"打开"对话框。

02 在"打开"对话框中选定名为"10.4"的文件,然后单击"打开"按钮,或者双击所选文件,即打开所选文件,如图10-18所示。

03 在FeatureManager设计树中,右击想要删除的配合关系,在弹出的快捷菜单中单击"删除"命令,如图10-19所示,或者按Delete键。

第 10 章 装配设计

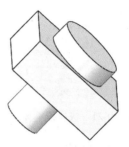

图 10-17 "配合"属性管理器 　　　　　　　　图 10-18 源文件

04 系统弹出如图 10-20 所示的"确认删除"对话框，单击"是"按钮，以确认删除。

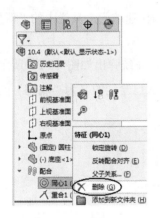

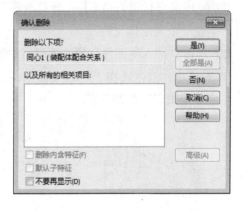

图 10-19 快捷菜单 　　　　　　　　　　　图 10-20 "确认删除"对话框

6．修改配合关系

用户可以像重新定义特征一样，对已经存在的配合关系进行修改。
下面将通过实例介绍修改配合关系的方法。

操作步骤

01 打开文件。单击"打开"按钮，系统弹出"打开"对话框。

02 在"打开"对话框中选定名为"10.4"的文件，然后单击"打开"按钮，或者双击所选定的文件，即打开所选文件，如图 10-18 所示。

03 在 FeatureManager 设计树中，右击想要修改的配合关系，在弹出的快捷菜单中单

247

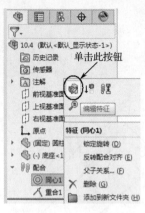

图 10-21 快捷菜单

击"编辑特征"按钮,如图 10-21 所示。

04 系统弹出属性管理器,在其中改变所需选项,如果要替换配合实体,在"替换配合实体"列表框中删除原来实体后,重新选择实体。

05 单击属性管理器中的"确定"按钮 ✓,完成配合关系的重新定义。

7. SmartMates 配合方式

SmartMates 是 SolidWorks 提供的一种智能装配,是一种快速的装配方式。利用该装配方式,只要选择需配合的两个对象,系统就会自动进行配合定位。

在向装配体文件中插入零件时,也可以直接添加装配关系。

下面将通过实例介绍智能装配的操作方法。

操作步骤

01 单击菜单栏中的"文件"→"新建"命令,或者单击快速访问工具栏中的"新建"按钮,创建一个装配体文件。

02 单击"插入零部件"属性管理器中的"浏览"按钮,系统弹出如图 10-22 所示的"打开"对话框,双击选择"X:\源文件\ch10\10.5 底座",插入已绘制的名为"底座"的零件,并调节视图中零件的方向。

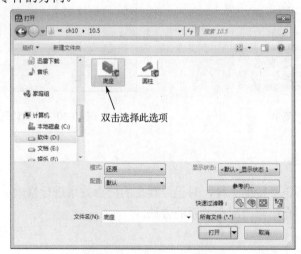

图 10-22 "打开"对话框

03 单击菜单栏中的"文件"→"打开"命令,选择"X:\源文件\ch10\10.5 圆柱",打开名为"圆柱"的文件,并调节视图中零件的方向。

04 单击菜单栏中的"窗口"→"横向平铺"命令,将窗口设置为横向平铺方式,两个文件的横向平铺窗口如图 10-23 所示。

05 在"圆柱"零件窗口中,单击如图 10-23 所示的边线 1,然后按住鼠标左键拖动零件至装配体文件中,装配体的预览效果如图 10-24 所示。

图 10-23　两个文件的横向平铺窗口

06 在如图 10-24 所示的边线 2 附近移动鼠标,当指针变为 时,智能装配完成,然后松开鼠标,装配后的图形如图 10-25 所示。

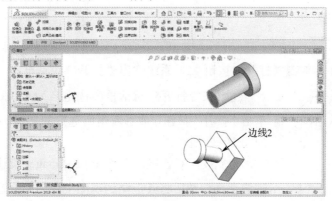

图 10-24　预览效果

07 双击装配体文件 FeatureManager 设计树中的"配合"选项,可以看到添加的配合关系,如图 10-26 所示。

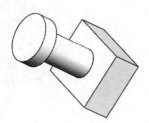

图 10-25　配合的图形

图 10-26　FeatureManager 设计树

> 专家提示：在拖动零件到装配体文件的过程中，可能存在几个可能的装配位置，此时需要移动光标选择需要的装配位置。使用 SmartMates 命令进行智能配合时系统需要安装 SolidWorks Toolbox 工具箱，如果安装系统时没有安装该工具箱，则该命令不能使用。

10.4 零件的复制、阵列与镜像

在同一个装配体中可能存在多个相同的零件，在装配时用户可以不必重复插入这些零件，而是利用复制、阵列或者镜像的方法，快速完成具有规律性的零件的插入和装配。

1. 零件的复制

SolidWorks 可以复制已经在装配体文件中存在的零部件。下面将通过实例介绍零件的复制方法。

操作步骤

01 打开文件。单击"打开"按钮 ，系统弹出"打开"对话框。

02 在"打开"对话框中选定名为"10.6"的文件，然后单击"打开"按钮，或者双击所选定的文件，即打开所选文件，如图 10-27 所示。

03 按住 Ctrl 键，在 FeatureManager 设计树中选择需要复制的圆环，然后将其拖动到视图中合适的位置，复制的装配体如图 10-28 所示，复制后的 FeatureManager 设计树如图 10-29 所示。

图 10-27 源文件

04 添加相应的配合关系，配合后的装配体如图 10-30 所示。

图 10-28 复制后的装配体　　图 10-29 复制后的 FeatureManager 设计树　　图 10-30 配合后的装配体

2. 零件的阵列

零件的阵列分为线性阵列和圆周阵列。如果装配体中具有相同的零件，并且这些零件按照线性或者圆周的方式排列，可以使用线性阵列或圆周阵列命令进行操作。

下面将通过实例介绍零件的阵列方法。

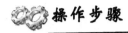

01 新建文件。选择菜单栏中的"文件"→"新建"命令，系统将打开"新建 SOLIDWORKS 文件"对话框，在弹出的对话框中选择"装配体"类型，创建一个装配体文件。

02 选择菜单栏中的"插入"→"零部件"→"现有零件/装配体"命令，选择"X:\源文件\ch10\10.7 底座.SLDPRT\"，插入已绘制的名为"底座"的文件，并调整视图中零件的方向，如图10-31所示。

03 选择菜单栏中的"插入"→"零部件"→"现有零件/装配体"命令，选择"X:\源文件\ch10\10.7 圆柱.SLDPRT\"，插入已绘制的名为"圆柱"的文件，其圆柱零件如图10-32所示，并调整视图中零件的方向，如图10-33所示。

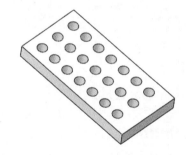  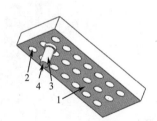

图10-31 底座　　　　图10-32 圆柱体　　　　图10-33 插入圆柱后的装配体

04 单击"装配体"功能区中的"配合"按钮，或者选择"插入"→"配合"命令，系统弹出"配合"属性管理器。

05 将如图10-33所示的平面1和平面4添加为"重合"配合关系，将孔面2和圆柱面3添加为"同轴心"配合关系，注意其配合方向，然后单击属性管理器中的"确定"按钮，即完成配合添加，并调整视图中装配体的方向，如图10-34所示。

06 单击"装配体"功能区中的"线性零部件阵列"按钮，或者选择菜单栏中的"插入"→"零部件阵列"→"线性阵列"命令，系统弹出"线性阵列"属性管理器。

07 单击"要阵列的零部件"列表框，并选择如图10-34所示的圆柱；单击"方向1"选项组的"阵列方向"列表框，并选择如图10-34所示的边线1，注意设置阵列的方向；单击"方向2"选项组的"阵列方向"列表框，并选择如图10-34所示的边线2，注意设置阵列的方向。

08 其他设置如图10-35所示，在"方向1"选项组中输入尺寸间距25，实例数为7；

在"方向2"选项组中输入尺寸间距30,实例数为3;其预览效果如图10-36所示。

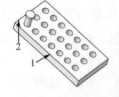 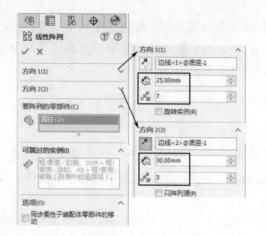

图 10-34 配合后的效果   图 10-35 "线性阵列"属性管理器   图 10-36 预览效果

09 单击属性管理器中的"确定"按钮 ✓,即完成零件的线性阵列,如图10-37所示,此时 FeatureManager 设计树如图10-38所示。

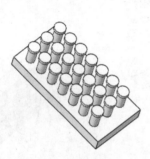 

图 10-37 线性阵列   图 10-38 FeatureManager 设计树

3. 零件的镜像

装配体环境中的镜像操作与零件设计环境中的镜像操作类似。在装配体环境中,有相同且对称的零部件时,可以使用镜像零部件操作来完成。下面将通过实例介绍零件的镜像方法。

操作步骤

01 新建文件。选择菜单栏中的"文件"→"新建"命令,系统将打开"新建SOLIDWORKS 文件"对话框,在弹出的对话框中选择"装配体"类型,创建一个装配体文件。

02 选择菜单栏中的"插入"→"零部件"→"现有零件/装配体"命令,选择"X:\源文件\ch10\10.8 底座.SLDPRT\",插入已绘制的名为"底座"的文件,并调整视图中零件的方向，如图 10-39 所示。

03 选择菜单栏中的"插入"→"零部件"→"现有零件/装配体"命令，选择"X:\源文件\ch10\10.8 圆柱.SLDPRT\"，插入已绘制的名为"圆柱"的文件，其圆柱零件如图 10-40 所示，并调整视图中零件的方向，如图 10-41 所示。

04 单击"装配体"功能区中的"配合"按钮 ⌘，或者选择"插入"→"配合"命令，系统弹出"配合"属性管理器。

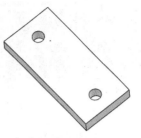

图 10-39　源文件

05 将如图 10-41 所示的平面 1 和平面 3 添加为"重合"配合关系，将孔面 2 和圆柱面 4 添加为"同轴心"配合关系，注意其配合方向，然后单击属性管理器中的"确定"按钮 ✓，即完成配合添加，并调整视图中装配体的方向，如图 10-42 所示。

 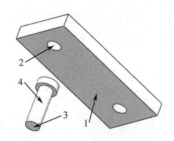 

图 10-40　圆柱零件　　　图 10-41　插入圆柱后的装配体　　　图 10-42　配合后的效果

图 10-43　"镜像零部件"属性管理器

06 单击"装配体"功能区中的"镜像零部件"按钮 ⌘，或者选择菜单栏中的"插入"→"镜像零部件"命令，系统弹出"镜像零部件"属性管理器，如图 10-43 所示。

07 在"镜像零部件"属性管理器中，选择底座的右视基准面为镜像基准面；单击"要镜像的零部件"列表框，并选择如图 10-44 所示的圆柱，其"镜像零部件"属性管理器如图 10-43 所示。

08 预览效果如图 10-44 所示，单击属性管理器中的"确定"按钮 ✓，即完成零件的镜像，如图 10-45 所示，此时 FeatureManager 设计树如图 10-46 所示。

 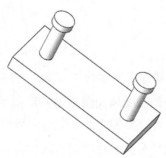 

图 10-44　预览效果　　　图 10-45　配合后的效果　　　图 10-46　FeatureManager 设计树

> 专家提示：镜像操作不但可以对称地镜像原零部件，而且还可以反方向镜像零部件，希望读者能够熟练。

10.5　装配体的检查

装配体检查主要包括碰撞测试、动态间隙、体积干涉检查和装配体统计等，用来检查装配体各个零部件装配后装配的正确性、装配信息等。

1．碰撞测试

在 SolidWorks 装配体环境中，移动或者旋转零部件时，提供了检查其与其他零部件的碰撞情况的功能。在进行碰撞测试时，零件必须做适当的配合，但是不能完全限制配合，否则零件无法移动。下面将通过实例介绍碰撞测试的方法。

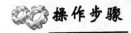

01 打开文件。单击"打开"按钮，系统弹出"打开"对话框。

02 在"打开"对话框中，选择"X:\源文件\ch10\ch10.9 碰撞测试\10.9.SLDPRT"，然后单击"打开"按钮，或者双击所选定的文件，即打开所选文件，如图 10-47 所示。

03 单击"装配体"功能区中的"移动零部件"按钮，系统弹出如图 10-48 所示的"移动零部件"属性管理器。

04 选择"选项"选项组中的"碰撞检查"和"所有零部件之间"选项，勾选"碰撞时停止"复选框，则碰撞时零件会停止运动；勾选"高级选项"选项组中的"高亮显示面"复选框和"声音"复选框，则碰撞时零件会亮显并且计算机发出碰撞的声音，其设置如图 10-48 所示。

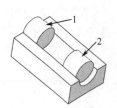

图 10-47　源文件

图 10-48　"移动零部件"属性管理器

05 拖动如图 10-47 所示的零件 2 向零件 1 移动，在碰撞零件 1 时，零件 2 会停止运动，并且零件 2 会亮显，碰撞时的装配体如图 10-49 所示。

06 在"移动零部件"属性管理器的"选项"选项组中选择"物理动力学"和"所有零部件之间"选项，用"敏感度"工具条可以调节施加的力；勾选"高级选项"选项组中的"高亮显示面"和"声音"复选框,则碰撞时零件会亮显并且计算机会发出碰撞的声音,其设置如图 10-50 所示。

07 拖动如图 10-47 所示的零件 2 向零件 1 移动,在碰撞零件 1 时,零件 1 和 2 会以给定的力一起向前运动,物理动力学检查时的装配体如图 10-51 所示。

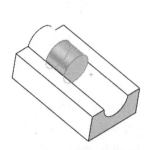 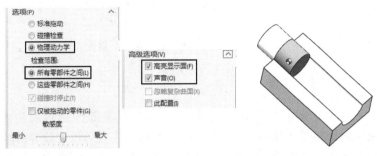

图 10-49 碰撞时的状态　　　图 10-50 物理动力碰撞设置　　　图 10-51 物理动力碰撞时的状态

> **专家提示**:物理动力学是碰撞检查中的一个选项,选择"物理动力学"单选项时,等同于向被撞零部件施加一个碰撞力。

2. 动态间隙

动态间隙用于在零部件移动过程中,动态显示两个零部件间的距离。
下面将通过实例介绍应用动态间隙的方法。

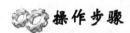

01 打开文件。单击"打开"按钮 ,系统弹出"打开"对话框。

02 在"打开"对话框中,选择"X:\源文件\ch10\ch10.10 碰撞测试\10.10.SLDPRT",然后单击"打开"按钮,或者双击所选定的文件,即打开所选文件,如图 10-52 所示。

03 单击"装配体"功能区中的"移动零部件"按钮 ,系统弹出"移动零部件"属性管理器。

04 勾选"动态间隙"复选框,在"检查间隙范围"列表框中选择如图 10-52 所示的零件 1 和零件 2,然后单击"恢复拖动"按钮,在指定间隙停止距离中输入 25,"移动零部件"属性管理器设置如图 10-53 所示。

05 拖动如图 10-52 所示的零件 2 移动,则两个零件之间的距离会实时地改变,动态间隙显示如图 10-54 所示。

> **专家提示**:动态间隙设置时,在"指定间隙停止" 文本框中输入的值,用于确定两零件之间停止的距离,当两零件之间的距离为该值时,零件就会停止运动。

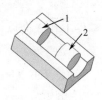
图 10-52 源文件

图 10-53 "移动零部件"属性管理器

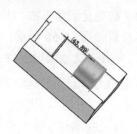
图 10-54 动态间隙时的状态

3. 体积干涉检查

在一个复杂的装配体文件中,直接判别零部件是否发生干涉是件困难的事情。SolidWorks 提供了体积干涉检查工具,利用该工具可以比较容易地在零部件之间进行干涉检查,并且可以查看发生干涉的体积。下面将通过实例介绍进行体积干涉检查的方法。

操作步骤

01 打开文件。单击"打开"按钮,系统弹出"打开"对话框。

02 在"打开"对话框中,选择"X:\源文件\ch10\10.11",然后单击"打开"按钮,或者双击所选定的文件,即打开所选文件,如图 10-55 所示。

03 单击菜单栏中的"工具"→"评估"→"干涉检查"命令,系统弹出"干涉检查"属性管理器,勾选"视重合为干涉"复选框,单击"计算"按钮,如图 10-56 所示。

04 干涉检查结果出现在"结果"列表框中,如图 10-57 所示,在"结果"列表框中,不但显示干涉的体积,而且还显示干涉的数量以及干涉的个数等信息,此时绘图区的效果如图 10-58 所示。

图 10-57 干涉检查结果

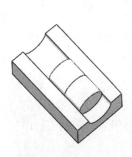
图 10-55 源文件

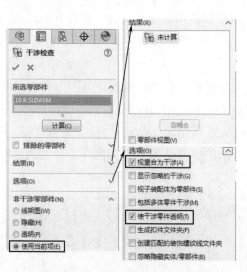
图 10-56 "干涉检查"属性管理器

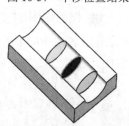
图 10-58 绘图区效果

4．装配体统计

SolidWorks 提供了对装配体进行统计报告的功能，即装配体统计。通过装配体统计，可以生成一个装配体文件的统计资料。下面将通过实例介绍装配体统计的方法。

操作步骤

01 打开文件。单击"打开"按钮，系统弹出"打开"对话框。

02 在"打开"对话框中，选择"X:\源文件\ch10\10.12 茶壶.SLDPRT\"，然后单击"打开"按钮，或者双击所选定的文件，即打开所选文件，如图 10-59 所示，装配体的 FeatureManager 设计树如图 10-60 所示。

图 10-59　源文件

图 10-60　FeatureManager 设计树

03 选择菜单栏中的"工具"→"评估"→"性能评估"命令，系统弹出如图 10-61 所示的"性能评估"对话框。

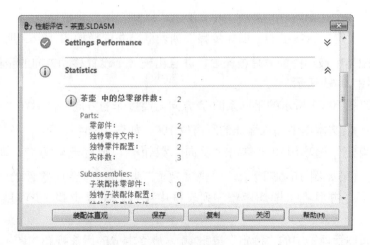

图 10-61　"性能评估"对话框

04 单击对话框中的"关闭"按钮，关闭该对话框。

在"性能评估"对话框中,可以查看装配体文件的统计资料,对话框中各个项目的含义如下:

- ☑ 零件:统计的零件数包括装配体中所有的零件,无论是否被压缩,但是被压缩的子装配体的零部件不包括在统计中。
- ☑ 子装配体:统计装配体文件中包括的子装配体个数。
- ☑ 还原零部件:统计装配体文件处于还原状态的零部件个数。
- ☑ 压缩零部件:统计装配体文件处于压缩状态的零部件个数。
- ☑ 顶层配合数:统计最高层装配体文件中所包含的配合关系个数。

10.6 创建爆炸视图

在零部件装配体完成后,为了在制造、维修及销售中,直观地分析各个零部件之间的相互关系,可以将装配图按照零部件的配合条件来产生爆炸视图。装配体爆炸后,用户不可以对装配体添加新的配合关系。下面将具体介绍创建爆炸视图的方法。

1. 生成爆炸视图

爆炸视图可以很形象地反映装配体中各个零部件的配合关系,常被称为系统立体图。爆炸视图通常用于介绍零件的组装流程、仪器的操作手册及产品使用说明书中。

下面将通过实例介绍生成爆炸视图的方法。

操作步骤

01 打开文件。单击"打开"按钮,系统弹出"打开"对话框。

02 在"打开"对话框中,选择"X:\源文件\ch10\10.12 茶壶.SLDPRT\",然后单击"打开"按钮,或者双击所选定的文件,即打开所选文件,如图10-59所示。

03 单击"装配体"功能区中的"爆炸视图"按钮,或者选择菜单栏中的"插入"→"爆炸视图"命令,系统弹出如图10-62所示"爆炸"属性管理器。

04 单击"设定"选项组的"爆炸步骤"列表框,并选择如图10-63所示的"壶身"零件,此时装配体中被选中的零件被亮显,并且出现一个设置移动方向的坐标,选择零件后的装配体如图10-63所示。

05 单击如图10-63所示的坐标系的Y方向为要爆炸的方向,然后在"设定"选项组的"爆炸距离"文本框中输入爆炸的距离值100,如图10-64所示。

06 在"设定"选项组中,单击"反向"按钮,反轻爆炸方向,单击"应用"按钮,其预览效果如图10-65所示。单击"完成"按钮,即完成零件的爆炸,其视图如图10-66所示,并且在"爆炸步骤"列表框中生成"爆炸步骤1"项目,如图10-67所示。

07 单击属性管理器中的"确定"按钮,最终生成的爆炸视图如图10-68所示,共有1个爆炸步骤。

第 10 章　装配设计

图 10-62　"爆炸"属性管理器

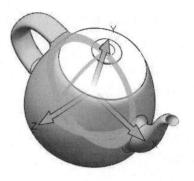

图 10-63　选择零件后的装配体

图 10-64　"设定"选项组的设置

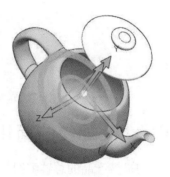

图 10-65　预览效果

图 10-66　完成的爆炸效果

图 10-67　生成的爆炸步骤 1 项目

图 10-68　最终的爆炸视图

专家提示：在生成爆炸视图时，建议将每一个零件在每一个方向上的爆炸设置为一个爆炸步骤，即如果一个零件需要在 3 个方向上爆炸，建议使用 3 个爆炸步骤，这样可以很方便地修改爆炸视图。

2．编辑爆炸视图

装配体爆炸后，可以利用"爆炸"属性管理器进行编辑，也可以添加新的爆炸步骤。

259

下面将通过实例介绍编辑爆炸视图的方法。

操作步骤

01 装配体爆炸后，单击"爆炸步骤"列表框中的"爆炸步骤1"，此时"爆炸步骤1"的爆炸设置显示在"设定"选项组中。

02 修改"设定"选项组中的距离参数，或者拖动视图中要爆炸的零部件，然后单击"完成"，即可完成对爆炸视图的修改。

03 在"爆炸步骤1"的右键快捷菜单中单击"删除"命令，如图10-69所示，该爆炸步骤就会被删除，零部件恢复爆炸前的配合状态，删除爆炸步骤1后的视图如图10-70所示。

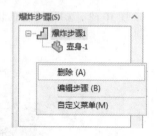

图 10-69　选择"删除"选项　　　　　　图 10-70　删除爆炸步骤后的视图

10.7　装配体的简化

在实际设计过程中，一个完整的机械产品的总装配图是很复杂的，通常有许多的零件组成。SolidWorks 提供了多种简化的手段，通常通过改变零部件的显示属性以及改变零部件的压缩状态来简化复杂的装配体。SolidWorks 中的零部件有4种状态。

- ☑ 还原：零部件以正常方式显示，装入零部件所有的设计信息。
- ☑ 隐藏：仅隐藏所选零部件在装配图中的显示。
- ☑ 压缩：装配体中的零部件不被显示，并且可以减少工作时装入和计算的数据量。
- ☑ 轻化：装配体中的零部件处于轻化状态，只占用部分内存资源。

1．零部件显示状态的切换

通过设置装配体文件中零部件的显示状态，可以将装配体文件中暂时不需要修改的零部件隐藏起来。零部件的显示和隐藏不影响零部件的本身，只是改变其在装配体中的显示状态。

切换零部件显示状态的常用方法有 3 种。

① 快捷菜单方式。在 FeatureManager 设计树或者绘图区中，单击要隐藏的零部件，在弹出的左键快捷菜单中单击"隐藏零部件"按钮，如图10-71所示。如果要显示隐藏的零部件，则右击绘图区，在弹出的右键快捷菜单中单击"隐藏/显示树项目"命令，如图10-72所示。

图 10-71　左键快捷菜单　　　　　图 10-72　右键快捷菜单

② 工具栏方式。在 FeatureManager 设计树或者绘图区中，选择需要隐藏或者显示的零部件，然后单击"装配体"功能区中的"隐藏/显示零部件"按钮，即可实现零部件的隐藏和显示状态的切换。

③ 菜单方式。在 FeatureManager 设计树或者绘图区中，选择需要隐藏的零部件，然后单击菜单栏中的"编辑"→"显示"→"当前显示状态"菜单命令，将所选的零部件切换到所需的显示状态。

2．零部件压缩状态的切换

在某段设计时间内，可以将某些零部件设置为压缩状态，这样可以减少工作时装入和计算的数据量，装配体的显示和重建会更快，可以更有效地利用系统资源。

装配体零部件共有还原、压缩和轻化 3 种压缩状态，下面将具体介绍。

（1）还原

还原是使装配体的零部件处于正常显示状态，还原的零部件会完全装入内存，可以使用所有功能并可以完全访问。

常用设置还原状态的操作步骤是使用左键快捷菜单，其操作步骤如下。

操作步骤

01 在 FeatureManager 设计树中，单击被轻化或者压缩的零件，系统弹出左键快捷菜单，单击"解除压缩"按钮。

02 在 FeatureManager 设计树中，右击被轻化的零件，在系统弹出的右键快捷菜单中单击"设定为还原"命令，则所选的零部件将处于正常的显示状态。

（2）压缩

压缩命令可以使零部件暂时从装配体中消失。处于压缩状态的零部件不再装入内存，所以装入速度、重建模型速度及显示性能均有提高，减少了装配体的复杂程度，提高了计算机的运行速度。

被压缩的零部件不等同于该零部件被删除，它的相关数据仍然保存在内存中，只是不参与运算而已，它可以通过设置很方便地调入装配体中。

被压缩零部件包含的配合关系也被压缩。因此，装配体中的零部件位置可能变为欠定义。当恢复零部件显示时，配合关系可能会发生矛盾，因此在生成模型时，要小心使用压缩状态。

设置压缩状态的操作步骤是使用右键快捷菜单，在 FeatureManager 设计树或者绘图区中，右击需要压缩的零件，在系统弹出的右键快捷菜单中单击"压缩"按钮 ↓，则选择的零部件将处于压缩状态。

（3）轻化

当零部件为轻化状态时，只有部分零部件模型数据装入内存，其余的模型数据根据需要装入，这样可以显著提高装配体的性能。使用轻化的零部件装入装配体比使用完全还原的零部件装入同一装配体的速度更快。因为需要计算的数据比较少，包含轻化零部件的装配体重建速度也更快。

设置轻化状态的操作步骤是使用右键快捷菜单，在 FeatureManager 设计树或者绘图区中，右击需要轻化的零件，在系统弹出的右键快捷菜单中单击"设定为轻化"命令，则所选零部件将处于轻化的显示状态。

本章小结

本章介绍了装配设计的相关知识，具体内容包括熟悉装配设计基础知识，装配体基本操作，定位零部件，零件的复制、阵列与镜像，装配体检查，创建爆炸视图，装配体的简化方法。

在实际的装配过程中，会使用到两种装配方法：自底向上装配和自顶向下装配，用户应该灵活应用这两种方法。

第 11 章 工程图设计

在 SolidWorks 中,可以根据设计好的三维模型来关联地进行其工程图设计。若关联的三维模型发生设计变更,那么相应的二维工程图也会自动变更。

本章主要介绍的内容包括工程图制作环境、定义图纸格式、插入基本视图、编辑视图、注解的标注和导出 CAD 工程图。

Chapter
11
工程图设计

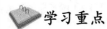

学习重点

☑ 工程图制作环境

☑ 定义图纸的格式

☑ 插入基本视图

☑ 编辑视图

☑ 注解的标注

☑ 导出 CAD 工程图的方法

11.1 工程图制作环境

默认情况下，SolidWorks 系统在工程图和零件或者装配体三维模型之间提供全相关的功能，全相关意味着无论什么时候修改零件或者装配体的三维模型，所有相关的工程视图将自动更新，以反映零件或装配体的形状和尺寸变化；反之，当在一个工程图中修改一个零件或装配体尺寸时，系统也将自动地将相关的其他工程视图及三维零件或者装配体中的相应尺寸加以更新。

SolidWorks 系统提供了多种类型的图形文件输出格式，包括最常用的 DWG 和 DXF 格式以及其他几种常用的标准格式。

工程图包含一个或者多个零件、装配体生成的视图。在生成工程图之前，必须先保存与它有关的零件或者装配体的三维模型。下面将介绍创建工程图的方法。

操作步骤

01 单击工具栏中的"新建"按钮，或者单击菜单栏中的"文件"→"新建"命令，在弹出的"新建 SOLIDWORKS 文件"对话框中选择"工程图"类型，如图 11-1 所示。

02 单击对话框中的"确定"按钮，系统弹出如图 11-2 所示的"SOLIDWORKS"对话框，单击对话框中的"取消"按钮，系统弹出如图 10-3 所示的"SOLIDWORKS"对话框，单击"确定"按钮，此时系统显示"新建 SOLIDWORKS 文件"对话框。

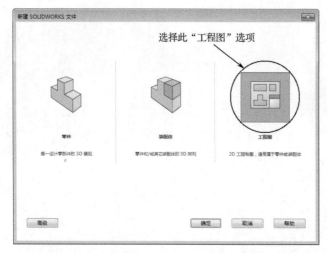

图 11-1 "新建 SOLIDWORKS 文件"对话框

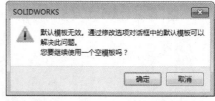

图 11-2 "SOLIDWORKS"对话框 1

图 11-3 "SOLIDWORKS"对话框 2

第 11 章 工程图设计

03 单击"新建 SOLIDWORKS 文件"对话框中的"确定"按钮，即完成对新建对话框的定义，系统进入工程图建模环境，如图 11-4 所示，即进入工程图编辑状态。

工程图窗口中也包括 FeatureManager 设计树，它与零件和装配体窗口中的 FeatureManager 设计树相似，包括项目层次关系的清单。每张图纸有一个图标，每张图纸下有图纸格式和每个视图的图标。

项目图标旁边的符号表示它包含的相关项目，单击它将展开所有项目并显示其内容。工程图窗口如图 11-4 所示。

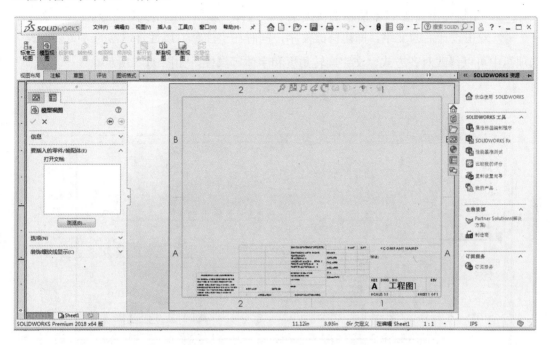

图 11-4 工程图窗口

标准视图包括视图中显示的零件和装配体的特征清单。派生的视图（如局部视图或剖面视图）包含不同的特定视图项目（如局部视图图标、剖切线等）。

工程图窗口的顶部和左侧有标尺，标尺会报告图纸中光标指针的位置。单击菜单栏中的"视图"→"标尺"命令，可以打开或关闭标尺。

如果要放大视图，右击 FeatureManager 设计树中的视图名称，在弹出的快捷菜单中单击"放大所选范围"命令。

用户可以在 FeatureManager 设计树中重新排列工程图文件的顺序，在绘图区拖动工程图到指定的位置。

工程图文件的扩展名为".slddrw"。新工程图使用所插入的第一个模型的名称自动命名。保存工程图时，模型名称作为默认文件名出现在"另存为"对话框中，并带有扩展名".slddrw"。

11.2 定义图纸的格式

SolidWorks 提供的图纸格式不符合任何标准，用户可以自定义工程图纸格式以符合本单位的标准格式。

1. 定义图纸格式

下面将介绍定义工程图格式的方法。

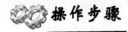

01 右击工程图纸上的空白区域，或者单击 FeatureManager 设计树中的"图纸格式"图标，系统弹出如图 11-6 所示的快捷菜单，选择"编辑图纸格式"命令。

02 双击设计后的文字，即可修改文字，同时在"注释"属性管理器的"文字格式"选项组中可以修改对齐方式、文字旋转角度和字体等属性，如图 11-5 所示。

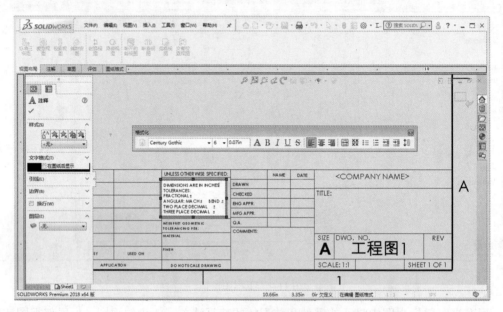

图 11-5 "注释"属性管理器

03 如果要移动线条或者文字，单击该项目后将其拖动到新的位置。

04 如果要添加线条，则单击"草图"功能区中的"直线"按钮，然后绘制线条。

05 在 FeatureManager 设计树中右击"图纸"图标，系统弹出如图 11-7 所示的快捷菜单，选择"属性"命令，系统弹出如图 11-8 所示的"图纸属性"对话框。

其设置如下：

- ☑ 在"名称"文本框中输入图纸的标题。
- ☑ 在"比例"文本框中指定图纸上所有视图的默认比例。
- ☑ 在"标准图纸大小"列表框中选择一种标准纸张（如 A4、B5 等）。如果选择"自定义图纸大小"选项，则在下面的"宽度"和"高度"文本框中指定纸张的大小。
- ☑ 单击"浏览"按钮，可以使用其他图纸格式。
- ☑ 在"投影类型"选项组中可以选择"第一视角"或"第三视角"选项。
- ☑ 在"下一视图标号"文本框中指定下一个视图要使用的英文字母代号。
- ☑ 在"下一基准标号"文本框中指定下一个基准标号要使用的英文字母代号。

图 11-6 选择"编辑图纸格式"命令

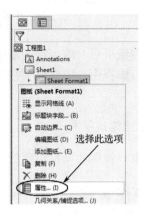

图 11-7 选择"属性"命令

图 11-8 "图纸属性"对话框

☑ 如果图纸上显示了多个三维模型文件,在"使用模型中此处显示的自定义属性值"下拉列表框中选择一个视图,工程图将使用该视图包含模型的自定义属性。

06 单击"应用更改"按钮,关闭"图纸属性"对话框。

2. 保存图纸格式

下面将介绍保存图纸格式的方法。

操作步骤

01 单击菜单栏中的"文件"→"保存图纸格式"命令,系统弹出"保存图纸格式"对话框。

02 在对话框里,系统自动打开到 SOLIDWORKS 默认的图纸格式保存的文件夹,在"文件名"处输入工程图模板名称,单击"保存"。

11.3 插入基本视图

新建图纸页后,即可在图纸中插入各种需要的视图。插入的视图类型有基本视图、标准视图、投影视图、局部放大视图、剖视图、半剖视图、旋转剖视图、断开视图和局部剖视图等。

1. 新建常规视图

创建常规视图的操作步骤如下。

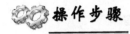

01 打开文件。单击"打开"按钮 ,系统弹出"打开"对话框。

02 在"打开"对话框中选定名为"rongqigai"的文件,然后单击"打开"按钮,或者双击所选文件,即打开所选文件,如图 11-9 所示。

03 选择菜单栏中的"文件"→"新建"命令,系统将打开"新建 SOLIDWORKS 文件"对话框,在弹出的对话框中选择"工程图"类型。

04 系统打开如图 11-10 所示的工程图窗口,双击如图 11-11 所示的"模型视图"属性管理器中的"要插入的零件/装配体"选项中的"rongqigai"文件。

图 11-9 源文件

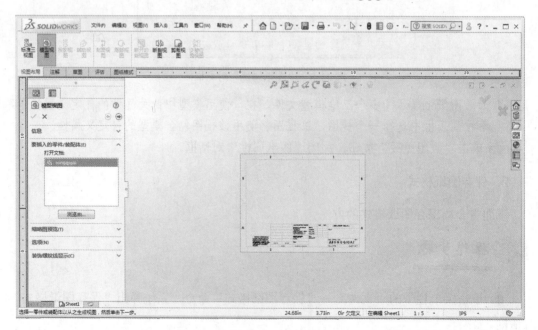

图 11-10 工程图窗口

05 此时"模型视图"属性管理器如图 11-12 所示,此时图纸图框如图 11-13 所示,其各个设置均可在此属性管理器中设置，在"方向"选项组中选择"前视"选项，如图 11-14 所示。

图 11-11　"模型视图"属性管理器　　图 11-12　属性管理器设置　　　　图 11-13　图纸图框

06 在"显示样式"选项组中选择"消除隐藏线"选项，在"比例"选项组中选择"使用图纸比例"选项，在"尺寸类型"选项组中选择"投影"选项，如图 11-15 所示，其它设置默认。

07 在图纸中适当位置单击确认，生成主（前）视图，此时的图纸图框如图 11-16 所示。

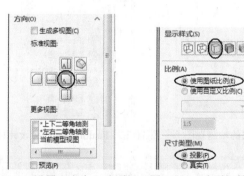 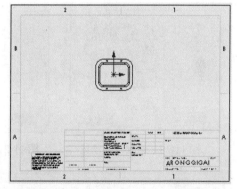

图 11-14　设置"方向"选项组　　图 11-15　选项组的设置　　　图 11-16　生成的主（前）视图

2．创建投影视图

创建投影视图的操作步骤如下。
（1）创建投影视图方法 1

操作步骤

01 单击选中上一节创建的主（前）视图，然后单击"视图布局"功能区中的"投影视图"按钮，移动鼠标到主（前）视图的下方。

02 此时"模型视图"属性管理器为默认设置，其"选项"选项组如图11-17所示，在工程图框中生成俯（上）视图预览，如图11-18所示，单击确认，即生成俯（上）视图。

03 单击选中主（前）视图，然后单击"视图布局"功能区中的"投影视图"按钮，移动鼠标到主（前）视图的右侧。

04 此时"模型视图"属性管理器为默认设置，在工程图框中生成左（侧）视图预览，如图11-19所示，单击确认，即生成左（侧）视图。

  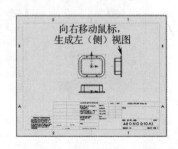

图 11-17　"选项"选项组　　图 11-18　俯（上）视图预览　　图 11-19　左（侧）视图预览

05 向下45°移动鼠标，生成轴测视图预览，此时的图纸图框如图11-20所示，在合适的位置单击确认，即生成轴测视图，如图11-21所示，此时FeatureManager设计树如图11-22所示。

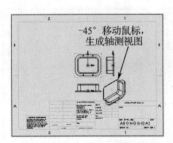 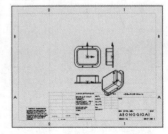 

图 11-20　轴测视图预览　　图 11-21　生成的轴测视图　　图 11-22　FeatureManager 设计树

 专家提示：视图放置方式为主视图的上方为仰（下）视图，下方为俯（上）视图，右边为左（侧）视图。

（2）创建投影视图方法2

01 按照上一节的方法创建主（前）视图。

02 单击选中创建的主（前）视图，然后在空白处单击鼠标右键弹出如图11-23所示的快捷菜单。

03 选择"投影视图"选项后，然后拖动鼠标右移，生成左（侧）视图预览，此时的图纸图框如图 11-24 所示，单击确认，即生成左（侧）视图。

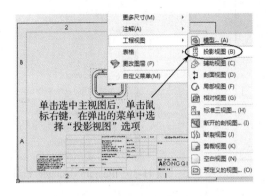

图 11-23　选择"投影视图"选项

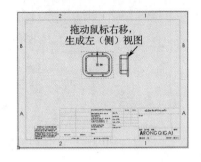

图 11-24　左（侧）视图预览

04 单击选中主（前）视图，然后在空白处单击鼠标右键，弹出如图 11-25 所示的快捷菜单。

05 选择"投影视图"选项后，拖动图中的鼠标下移，生成俯（上）视图预览，此时"选项"选项组如图 11-26 所示，图纸图框如图 11-27 所示，单击确认，即生成俯（上）视图。

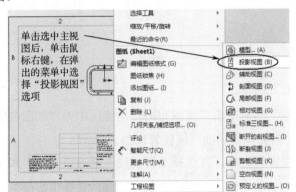

图 11-25　选择"投影视图"选项

图 11-26　"选项"选项组

06 向下 45°移动鼠标，生成轴测视图预览，此时的图纸图框如图 11-28 所示，单击确认，即生成轴测视图，如图 11-29 所示，此时 FeatureManager 设计树如图 11-30 所示。

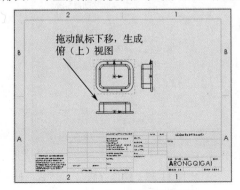

图 11-27　俯（上）视图预览

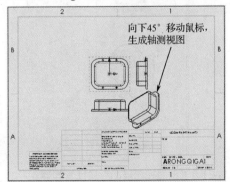

图 11-28　轴测视图预览

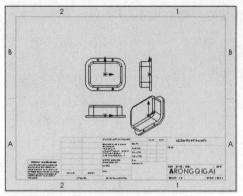

图 11-29　生成的轴测视图

图 11-30　FeatureManager 设计树

> **提示**
>
> 在设计工作中，常用的还是第一种方法，这种方法相对比较快，易操作掌握！

3. 创建剖面视图

剖面视图在视图类型中属于第三层，因此剖面视图的创建必须搭配其他视图。

创建剖面视图的操作步骤如下。

操作步骤

01 按照第一节的方法创建主（前）视图。

02 单击选中创建的主（前）视图，然后单击"视图布局"功能区中的"剖面视图"按钮，系统弹出如图 11-31 所示的"剖面视图辅助"属性管理器。

03 选择属性管理器中的"剖面视图"选项，并选择"切割线"选项组中的"水平"选项，然后移动鼠标至图中合适位置，并单击确定，出现黑色点画线，并弹出快捷菜单，如图 11-32 所示。

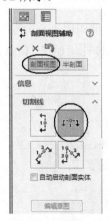

图 11-31　"剖面视图辅助"属性管理器

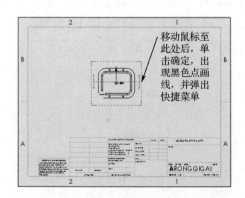

图 11-32　操作方法

04 单击选择快捷菜单中的"确定"按钮 ✓，移动鼠标到主（前）视图的下方，此时"剖面视图 B-B"属性管理器为默认设置，如图 11-33 所示，在工程图框中生成剖面视图预览，如图 11-34 所示，单击确认，即生成剖面视图，如图 11-35 所示。

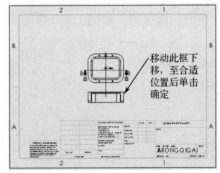
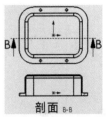

图 11-33　"剖面视图 B-B"属性管理器　　　图 11-34　剖面视图预览　　　图 11-35　生成的剖面视图

4．创建局部视图

局部视图是只显示-封闭区域内的模型的视图。

创建局部视图的操作步骤如下。

操作步骤

01 按照第一节的方法创建主（前）视图。

02 单击选中创建的主（前）视图，然后单击"视图布局"功能区中的"局部视图"按钮 ⒶⒶ，系统弹出如图 11-36 所示的"局部视图"属性管理器。

03 单击如图 11-37 所示的一处确定圆心，然后拖动鼠标至合适位置后单击确认，此时"局部视图"属性管理器的设置如图 11-38 所示。

图 11-36　"局部视图"属性管理器

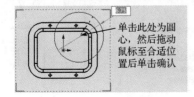

图 11-37　操作方法　　　　　　　图 11-38　"局部视图"属性管理器

04 选择"局部视图图标"选项组中的"依照标准"选项,并选择"圆"选项;勾选"局部视图"选项组中的"钉住位置"选项;选择"比例"选项组中的"使用自定义比例"选项,并设置比例为2:5;选择"尺寸类型"为"投影"选项。

05 移动鼠标到主(前)视图的侧方,在工程图框中生成局部视图预览,如图 11-39 所示,单击确认,即生成局部视图,如图 11-40 所示。

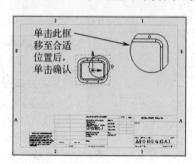
图 11-39 局部视图预览

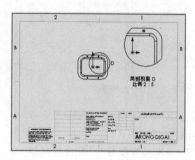
图 11-40 生成的局部视图

5. 创建辅助视图

创建辅助视图的操作步骤如下。

操作步骤

01 打开文件。单击"打开"按钮,系统弹出"打开"对话框。

02 在"打开"对话框中选定名为"fuzhushitu"的文件,然后单击"打开"按钮,或者双击所选定的文件,即打开所选文件。

03 按照前面的操作方法,创建常规视图,如图 11-41 所示。单击选中所创建的主(前)视图,然后单击"视图布局"功能区中的"辅助视图"按钮,系统弹出如图 11-42 所示的"辅助视图"属性管理器。

04 单击选择如图 11-43 所示的边线,然后侧向拖动鼠标,此时"辅助视图"属性管理器如图 11-44 所示。

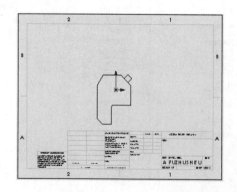
图 11-41 创建的常规视图

图 11-42 "辅助视图"属性管理器

图 11-43 选择的边线

05 选择属性管理器中的"显示样式"选项组中的"消除隐藏线"选项;选择"比例"选项组中的"使用父关系比例"选项,然后移动鼠标至合适位置,在工程图框中生成辅助视图预览,如图 11-45 所示,单击确认,即生成辅助视图,如图 11-46 所示。

  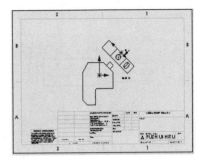

图 11-44　"辅助视图"属性管理器　　图 11-45　生成辅助视图预览　　图 11-46　生成的辅助视图

6. 创建断裂视图

SOLIDWORKS 的断裂视图工具可以将较长零件打断并缩短画出,并使剩余的两个部分靠近在指定的距离之内。

创建断裂视图的操作步骤如下。

操作步骤

01 打开文件。单击"打开"按钮，系统弹出"打开"对话框。

02 在"打开"对话框中选定名为"zhou"的文件,然后单击"打开"按钮,或者双击所选定的文件,即打开所选文件。

03 按照前面的操作方法,创建常规视图,如图 11-47 所示。单击选中所创建的主(前)视图,然后单击"视图布局"功能区中的"断裂视图"按钮，系统弹出如图 11-48 所示的"断裂视图"属性管理器。

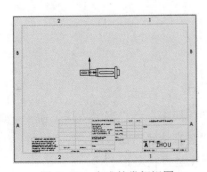 

图 11-47　生成的常规视图　　　　图 11-48　"断裂视图"属性管理器

04 选择属性管理器中的"断裂视图设置"选项组中的"添加竖直折断线"选项，并选择"折断线样式"中的"曲线切断"选项。

05 如图11-49所示，移动鼠标至合适位置A处，并单击确认折断点，然后移动至B处，并单击确认折断点，按下Esc键，退出折断点的创建，即生成断裂视图，如图11-50所示。

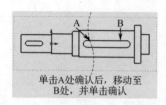

图11-49 操作方法

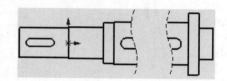

图11-50 生成的断裂视图

11.4 编辑视图

有时，用户需要调整视图的位置和角度以及显示和隐藏等，SolidWorks提供了这些功能，此外，SolidWorks还可以更改工程图中的线型、线条颜色等。

1. 移动和旋转视图

光标指针移到视图边界上时，可以拖动该视图。如果移动的视图与其他视图没有对齐或约束关系，可以拖动它到任意的位置。

如果视图与其他视图之间有对齐或约束关系，若要任意移动视图，其操作方法如下。

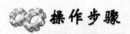

01 单击选中要移动的视图。

02 单击菜单栏中的"工具"→"对齐工程图视图"→"解除对齐关系"命令。

03 单击该视图，即可以拖动它到任意的位置。

SolidWorks提供了两种旋转视图的方法，一种是以所选边线旋转视图，一种是绕视图中心点以任意角度旋转视图。

（1）以边线旋转视图

01 在工程图中选择一条直线。

02 单击菜单栏中的"工具"→"对齐工程图视图"→"水平边线"命令，或者单击菜单栏中的"工具"→"对齐工程图视图"→"竖直边线"命令。

03 此时视图会旋转，直到所选边线为水平或竖直状态。

（2）绕中心点旋转视图

操作步骤

01 选中要旋转的工程视图。

02 单击快捷菜单中的"旋转"按钮 ，系统弹出如图 11-51 所示的"旋转工程视图"对话框。

图 11-51　"旋转工程视图"对话框

03 使用以下方法旋转视图。
☑ 在"旋转工程视图"对话框的"工程视图角度"文本框中输入要旋转的角度。
☑ 使用鼠标直接旋转视图。

04 如果在"旋转工程视图"对话框中勾选了"相关视图反映新的方向"复选框，则与该视图相关的视图将随着该视图的旋转做相应的旋转。

05 如果勾选了"随视图旋转中心符号线"复选框，则中心线符号线将随视图一起旋转。

2．显示和隐藏

在编辑工程图时，可以使用"隐藏视图"命令来隐藏一个视图。隐藏视图后，可以使用"显示视图"命令再次显示该视图。当用户隐藏了具有从属视图（如局部视图、剖面或者辅助视图等）的父视图时，可以选择是否一并隐藏这些从属视图。再次显示父视图或者其中一个从属视图时，同样可以选择是否显示相关的其他视图。

下面将介绍隐藏或显示视图的方法。

操作步骤

01 在 FeatureManager 设计树或绘图区中右击要隐藏的视图。

02 在弹出的快捷菜单中单击"隐藏"命令，如果该视图有从属视图（局部视图、剖面视图等），则系统弹出如图 11-52 所示的"SOLIDWORKS"对话框。

03 单击"是"按钮，将会隐藏其从属视图；单击"否"按钮，将只隐藏该视图。此时，视图被隐藏起来。当光标移到该视图的位置时，将只显示该视图的边界。

04 如果要查看工程图中隐藏视图的位置，但不显示它们，则选择菜单栏中的"视图"→"隐藏/显示"→"被隐藏的视图"命令，此时被隐藏的视图将显示如图 11-53 所示的形状。

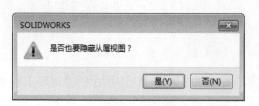

图 11-52 "SOLIDWORKS" 对话框

图 11-53 被隐藏的视图

05 如果要再次显示被隐藏的视图,则右击被隐藏的视图,在弹出的快捷菜单中选择"显示视图"命令。

3. 更改零部件的线型

在装配体中为了区别不同的零部件,可以改变每一个零部件边线的线型。

下面将介绍改变边线线型的方法。

操作步骤

01 在工程图中右击要改变线型的视图。

02 在弹出的快捷菜单中单击"零部件线型"命令,系统弹出如图 11-54 所示的"零部件线型"对话框。

图 11-54 "零部件线型"对话框

03 取消对"使用文件默认值"复选框的勾选,并选择一个边线类型,在对应的"线条样式"和"线粗"下拉列表框中选择线条样式和线条粗细。

04 重复步骤 3,直到为所有边线类型设定线型。

05 如果点选"工程视图"选项组中的"从选择"单选按钮,则会将此边线类型设定应用到该视图和它的从属视图中。

06 如果点选"所有视图"单选按钮,则将此边线类型设定应用到该零部件的所有视图。

07 如果零部件在图层中,可以从"图层"下拉列表框中改变零部件边线的图层。

08 单击"确定"按钮,关闭对话框,应用边线类型设定。

4. 图层

图层是一种管理素材的方法,可以将图层看作是重叠在一起的透明塑料纸,假如某一图层上没有任何可视元素,就可以透过该图层看到下一层的图像。SolidWorks 还可以隐藏图层,或者将图像从一个图层上移动到另外一个图层。

下面将介绍建立图层的方法。

操作步骤

01 选择菜单栏中的"视图"→"工具栏"→"图层"命令,系统打开如图 11-55 所示的"图层"工具栏。

02 单击"图层属性"按钮 ,系统打开"图层"对话框。

03 单击"图层"对话框中的"新建"按钮,系统则在对话框中建立一个新的图层,如图 11-56 所示。

04 在"名称"选项中指定图层的名称,双击"说明"选项,然后输入该图层的说明文字。

05 在"开关"选项中有一个灯泡图标,若要隐藏该图层,则双击该图标,灯泡变为灰色,图层上所有实体都被隐藏起来。要重新打开图层,再次双击该灯泡图标。

06 如果要指定图层上实体的线条颜色,单击"颜色"选项,在弹出的"颜色"对话框中选择颜色,如图 11-57 所示。

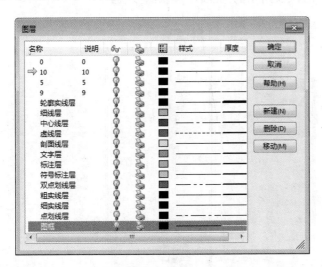

图 11-56 "图层"对话框

图 11-55 "图层"工具栏

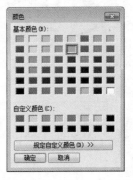

图 11-57 "颜色"对话框

07 如果要指定图层上实体的线条样式或者厚度,则单击"样式"或"厚度"选项,然后从弹出的清单中选择想要的样式或厚度。

08 如果建立了多个图层，可以使用"移动"按钮来重新排列图层的顺序，单击"确定"按钮，关闭该对话框。

建立了多个图层后，只要在"图层"工具栏的"图层"下拉列表框中选择图层，就可以导航到任意的图层。

11.5　注解的标注

如果在三维零件模型或者装配体中添加了尺寸、注释或符号，则在三维模型转换为二维工程图纸的过程中，系统会将这些尺寸、注释等一起添加到图纸中。在工程图中，用户可以添加必要的参考尺寸、注解等，这些注解和参考尺寸不会影响零件或者装配体文件。

默认情况下，插入的尺寸显示为黑色，包括零件或装配体文件中显示为蓝色的尺寸（如拉伸深度），参考尺寸显示为灰色，并带有括号。

1．注释

为了更好地说明工程图，有时要用到注释，注释包括简单的文字、符号或者超文本链接。下面将介绍添加注释的方法。

操作步骤

01 打开文件。单击"打开"按钮，系统弹出"打开"对话框。

02 在"打开"对话框中选定名为"11.1"的文件，然后单击"打开"按钮，或者双击所选定的文件，即打开所选文件，打开的工程图如图 11-58 所示。

03 单击"注解"功能区中的"注释"按钮 A，或者单击菜单栏中的"插入"→"注解"→"注释"命令，系统弹出如图 11-59 所示的"注释"属性管理器。

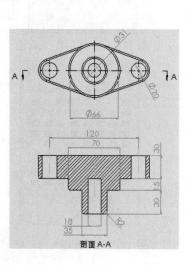

图 11-58　打开的工程图

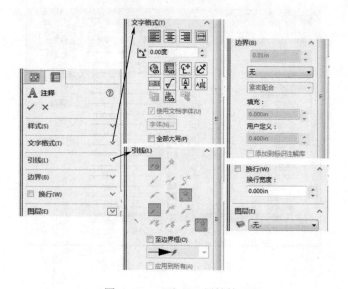

图 11-59　"注释"属性管理器

04 在"引线"选项组中选择引导注释的引线和箭头类型；在"文字格式"选项组中设置注释文字的格式。

05 拖动光标指针到要注释的位置，在绘图区添加注释文字，如图 11-60 所示，单击属性管理器中的"确定"按钮 ✓，即完成注释特征的创建。

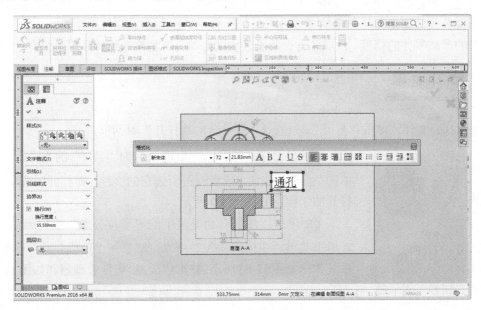

图 11-60 添加注释文字

2．表面粗糙度

表面粗糙度符号用来表示加工表面上的微观几何形状特性，它对于机械零件表面的耐磨性、疲劳强度、配合性能、密封性、流体阻力以及外观质量等都有很大的影响。

下面将介绍插入表面粗糙度的方法。

操作步骤

01 打开文件。单击"打开"按钮 ，系统弹出"打开"对话框。

02 在"打开"对话框中选定名为"11.1"的文件，然后单击"打开"按钮，或者双击所选定的文件，即打开所选文件，打开的工程图如图 11-58 所示。

03 单击"注解"功能区中的"表面粗糙度"按钮 ，或者单击菜单栏中的"插入"→"注解"→"表面粗糙度"命令，系统弹出如图 11-61 所示的"表面粗糙度"属性管理器。

04 在绘图区中单击，以放置表面粗糙度符号，

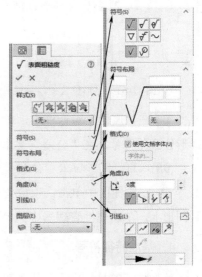

图 11-61 "表面粗糙度"属性管理器

可以不关闭属性管理器，添加多个表面粗糙度符号到图形上，单击属性管理器中的"确定"按钮 ✓，即完成表面粗糙度特征的创建。

3. 形位公差

形位公差是机械加工工业中一项非常重要的参考项目，尤其在精密机械和仪表的加工中，形位公差是评定产品质量的重要技术指标。它对于在高速、高压、高温、重载等条件下工作的产品零件的精度、性能和寿命等有较大的影响。下面将介绍标注形位公差的方法。

操作步骤

01 打开文件。单击"打开"按钮 ，系统弹出"打开"对话框。

02 在"打开"对话框中选定名为"11.2"的文件，然后单击"打开"按钮，或者双击所选定的文件，即打开所选文件，打开的工程图如图 11-62 所示。

03 单击"注解"功能区中的"形位公差"按钮 ，或者单击菜单栏中的"插入"→"注解"→"形位公差"命令，系统弹出如图 11-63 所示的"形位公差"属性管理器和如图 11-64 所示的"属性"对话框。

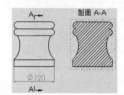

图 11-62　打开的工程图

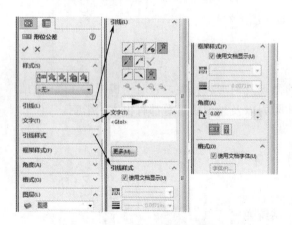

图 11-63　"形位公差"属性管理器

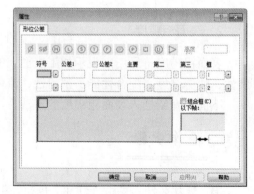

图 11-64　"属性"对话框

04 在"属性"对话框中，单击"符号"文本框右侧的下拉按钮，在弹出的列表中选择形位公差符号，在"公差"文本框中输入形位公差值。

05 设置好的形位公差会在"属性"对话框中显示。

06 在绘图区中单击，以放置形位公差。可以不关闭属性管理器，添加多个形位公差到图形上，单击属性管理器中的"确定"按钮 ✓，即完成形位公差特征的创建。

4. 基准特征符号

基准特征符号用来表示模型平面或者参考基准面。

下面将介绍插入基准特征符号的方法。

操作步骤

01 打开文件。单击"打开"按钮，系统弹出"打开"对话框。

02 在"打开"对话框中选定名为"11.3"的文件，然后单击"打开"按钮，或者双击所选定的文件，即打开所选文件，打开的工程图如图 11-65 所示。

03 单击"注解"功能区中的"基准特征符号"按钮，或者单击菜单栏中的"插入"→"注解"→"基准特征符号"命令，系统弹出如图 11-66 所示的"基准特征"属性管理器，在其中进行基准特征符号样式的设置。

04 在绘图区中单击，以放置基准特征符号。可以不关闭属性管理器，添加多个形位公差到图形上，单击属性管理器中的"确定"按钮，即完成基准特征符号的创建。

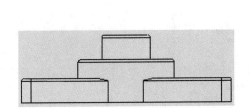

图 11-65 打开的工程图

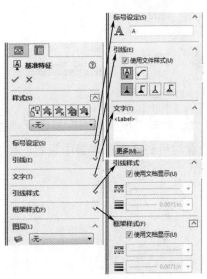

图 11-66 "基准特征"属性管理器

11.6 导出 CAD 工程图的方法

在实际的工程图设计过程中，有的时候需要根据 CAD 工程图纸来加工工件，那么在 SolidWorks 中所生成的工件如何来转换成需要的 CAD 工程图纸呢？导出 CAD 工程图的操作方法如下。

操作步骤

01 打开文件。单击"打开"按钮，系统弹出"打开"对话框；

02 在"打开"对话框中选定名为"dc"的文件，然后单击"打开"按钮，或者双击所选定的文件，即打开所选文件，如图 11-67 所示；

03 选择菜单栏中的"文件"→"新建"命令，系统将打开"新建 SOLIDWORKS 文件"对话框，在弹出的对话框中选择"工程图"类型。

04 系统打开如图 11-68 所示的工程图窗口，在如图 11-69 所示的"模型视图"属性管理器中的"要插入的零件/装配体"选项中，双击打开文档处的"dc"文件。

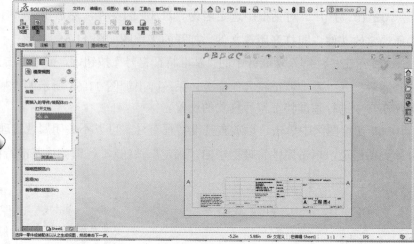

图 11-67 源文件　　　　　　　　　　图 11-68 工程图窗口

05 此时"模型视图"属性管理器如图 11-70 所示，图纸图框如图 11-71 所示，其各个设置均可在属性管理器中设置，在"方向"选项组中选择"前视"选项，如图 11-72 所示。

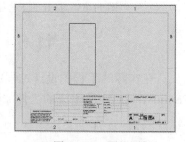

图 11-69 "模型视图"属性管理器　　图 11-70 属性管理器设置　　图 11-71 图纸图框

06 如图 11-73 所示，在"显示样式"选项组中选择"消除隐藏线"选项；在"比例"选项组中选择"使用图纸比例"选项；在"尺寸类型"选项组中选择"投影"选项，其他设置默认。

07 在图纸中的适当位置单击确认，生成主（前）视图，此时的图纸图框如图 11-74 所示。

  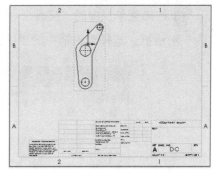

图 11-72　"方向"选项组　　图 11-73　选项组的设置　　图 11-74　生成的主（前）视图

08 创建投影视图。

单击选中创建的主（前）视图，然后单击"视图布局"功能区中的"投影视图"按钮，移动鼠标到主（前）视图的下方。

09 此时"模型视图"属性管理器为默认设置，其"选项"选项组如图 11-75 所示，在工程图框中生成俯（上）视图预览，如图 11-76 所示，单击确认，即生成俯（上）视图。

10 单击选中主（前）视图，然后单击"视图布局"功能区中的"投影视图"按钮，移动鼠标到主（前）视图的右侧。

11 此时"模型视图"属性管理器为默认设置，在工程图框中生成左（侧）视图预览，如图 11-77 所示，单击确认，即生成左（侧）视图。

 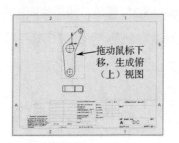 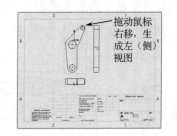

图 11-75　"选项"选项组　　图 11-76　俯（上）视图预览　　图 11-77　左（侧）视图预览

12 向下 45°移动鼠标，生成轴测视图预览，此时的图纸图框如图 11-78 所示，单击确认，即生成轴测视图，如图 11-79 所示，此时 FeatureManager 设计树如图 11-80 所示。

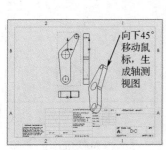 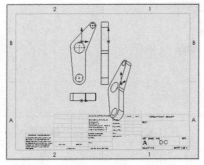 

图 11-78　轴测视图预览　　图 11-79　生成的轴测视图　　图 11-80　FeatureManager 设计树

13 选择菜单栏中的"文件"→"另存为"命令，系统将打开如图 11-81 所示的"另存为"对话框，选择对话框中的"保存类型"为"Dwg（*.dwg）"选项。

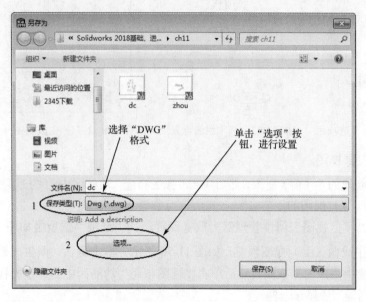

图 11-81 "另存为"对话框

14 单击对话框中的"选项"按钮，系统弹出如图 11-82 所示的"系统选项"对话框，选择对话框中的版本类型为"R2000-2002"选项，然后按照图中的设置进行设置。

图 11-82 "系统选项"对话框

15 单击"系统选项"对话框中的"确定"按钮，再单击"另存为"对话框中的"保存"按钮，即可转成 CAD 图，如图 11-83 所示。

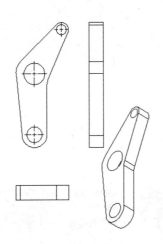

图 11-83　转成的 CAD 图

本章小结

　　本章主要介绍了工程图的创建。重点讲述了二维视图的创建方法，包括新建常规视图、投影视图、辅助视图、局部视图、剖视图等操作方法。在介绍这些方法的时候举出了简单的实例。通过对这些基本操作方法的讲解，使读者能掌握工程图创建的操作方法，这在以后的设计中经常需要用到。

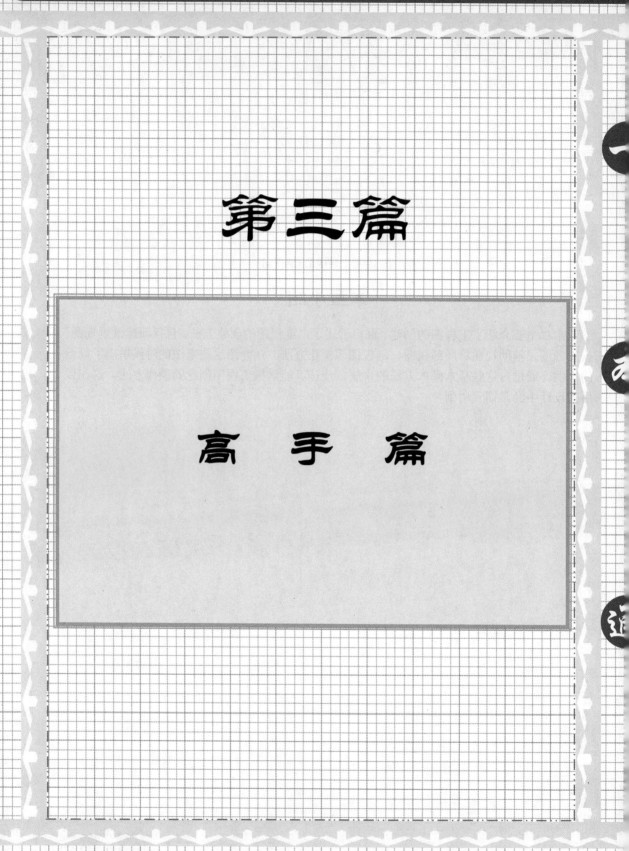

第 12 章 高手实训——简单实体和工程图设计

本章主要通过具体的实例来讲解 SolidWorks 绘图的操作方法，包括机座、剃须刀盖、容器盖、按钮、六角头螺栓、六角螺母、蝶形螺母、阶梯轴、带键槽轴和工程图等实测实例，使读者能够基本了解和掌握 SolidWorks 相关的操作技巧。

Chapter

12

高手实训——
简单实体和
工程图设计

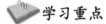 学习重点

- ☑ 熟悉 SolidWorks 操作环境
- ☑ 掌握新建文件的方法
- ☑ 掌握文件管理的方法
- ☑ 掌握基本的二维草图绘制方法（第 2 章内容）
- ☑ 掌握实体特征设计的方法（第 5 章内容）
- ☑ 掌握放置特征的方法（第 6 章内容）
- ☑ 掌握特征的编辑与管理方法（第 7 章内容）
- ☑ 掌握工程图的创建方法（第 11 章内容）

12.1 机座的绘制

以如图 12-1 所示机座为例，具体介绍其绘制方法。

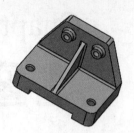 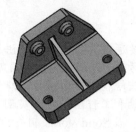

图 12-1 机座

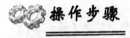

01 启动桌面上的"SolidWorks 2018"程序，界面如图 1-1 所示。

02 新建文件。

新建文件详见第 1 章中的 1.2 节。

03 保存文件。

保存文件详见第 1 章中的 1.2 节。

单击快速访问工具栏中的"保存"按钮，系统打开如图 12-2 所示的"另存为"对话框，设定保存文件的名称为"机座"。

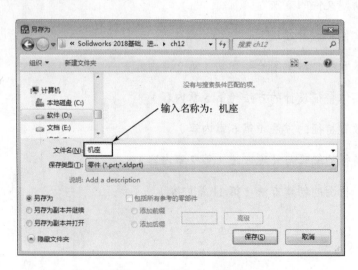

图 12-2 "另存为"对话框

04 创建拉伸特征 1。

创建拉伸特征详见第 5 章中的 5.6 节。

单击"特征"功能区中的"拉伸凸台/基体"按钮，选择上视基准面作为草绘平面，然后绘制如图 12-3 所示的图形，草图绘制完成后，退出草图绘制界面。

输入拉伸深度160，其预览效果如图12-4所示，单击属性管理器中的"确定"按钮 ，即完成拉伸特征的创建，如图12-5所示。

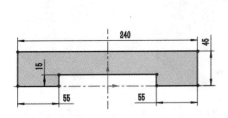  

图12-3　草绘的图元1　　　　图12-4　拉伸特征预览1　　　图12-5　创建的拉伸特征1

05 创建拉伸特征2。

单击"特征"功能区中的"拉伸凸台/基体"按钮 ，选择如图12-6所示的平面作为草绘平面，单击"视图定向"快捷菜单中的"正视于"按钮 ，然后绘制如图12-7所示的图形，草图绘制完成后，退出草图绘制界面。

输入拉伸深度30，并在"方向1"选项组中勾选"合并结果"选项，其预览效果如图12-8所示，单击属性管理器中的"确定"按钮 ，即完成拉伸特征的创建，如图12-9所示。

 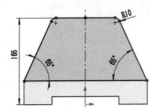 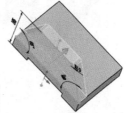 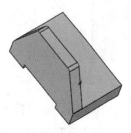

图12-6　选择的草绘平面1　图12-7　草绘的图元2　　图12-8　拉伸特征预览2　图12-9　创建的拉伸特征2

> **技巧要点**
>
> 在创建拉伸特征时，应该注意其选择的草绘平面，有时候根据需要还得创建基准平面，并注意其选择的视图方向。

06 创建拉伸特征3。

单击"特征"功能区中的"拉伸凸台/基体"按钮 ，选择如图12-10所示的平面作为草绘平面，单击"视图定向"快捷菜单中的"正视于"按钮 ，然后绘制如图12-11所示的图形，草图绘制完成后，退出草图绘制界面。

输入拉伸深度15，并在"方向1"选项组中勾选"合并结果"选项，其预览效果如图12-12所示，单击属性管理器中的"确定"按钮 ，即完成拉伸特征的创建，如图12-13所示。

07 创建筋特征。

创建筋特征详见第6章中的6.7节。

单击"特征"功能区中的"筋"按钮 ，选择右视基准面作为草绘平面，然后绘制如

图 12-14 所示的图形，草图绘制完成后，退出草图绘制界面。

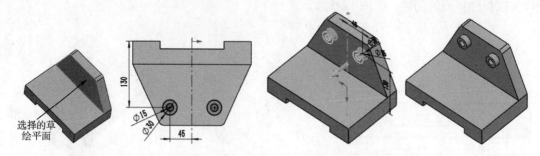

图 12-10　选择的草绘平面 2　图 12-11　草绘的图元 3　图 12-12　拉伸特征预览 3　图 12-13　创建的拉伸特征 3

修改筋厚度值为 10，其预览效果如图 12-15 所示，其属性管理器设置如图 12-16 所示，单击属性管理器中的"确定"按钮，即完成筋特征的创建，如图 12-17 所示。

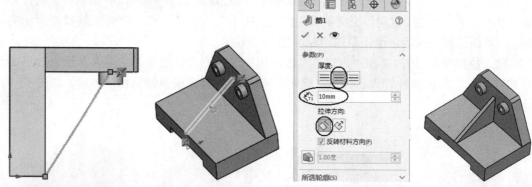

图 12-14　草绘的直线　　图 12-15　筋特征预览　　图 12-16　"筋"属性管理器　　图 12-17　创建的筋特征

08 创建圆角特征 1。

创建圆角特征详见第 6 章中的 6.1 节。

单击"特征"功能区中的"圆角"按钮，单击属性管理器中的"圆角类型"选项下的"恒定大小圆角"按钮，修改半径大小为 20。

单击选择如图 12-18 所示的边，单击"圆角"属性管理器中的"确定"按钮，即完成圆角特征的创建，如图 12-19 所示。

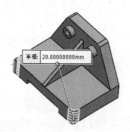　　　　

图 12-18　选择圆角边 1　　　　　　　图 12-19　创建的圆角特征 1

09 创建圆角 2。

单击"特征"功能区中的"圆角"按钮，单击属性管理器中的"圆角类型"选项下的"恒定大小圆角"按钮，修改半径大小为5。

单击选择如图12-20所示的边，单击"圆角"属性管理器中的"确定"按钮，即完成圆角特征的创建，如图12-21所示。

图12-20 选择的圆角边2　　　　　图12-21 创建的圆角特征2

10 创建圆角特征3。

单击"特征"功能区中的"圆角"按钮，单击属性管理器中的"圆角类型"选项下的"恒定大小圆角"按钮，修改半径大小为5。

单击选择如图12-22所示的边，单击"圆角"属性管理器中的"确定"按钮，即完成圆角特征的创建，如图12-23所示。

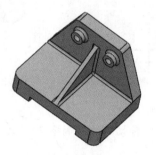

图12-22 选择的圆角边3　　　　　图12-23 创建的圆角特征3

11 创建基准面。

创建基准面特征详见第5章中的5.2节。

单击"特征"功能区中"参考几何体"选项下的"基准面"按钮，系统弹出"基准面"属性管理器。单击"第一参考"下的列表框，然后单击上视基准面，输入偏移距离40，其"基准面"属性管理器设置如图12-24所示。

其预览效果如图12-25所示，单击"基准面"属性管理器中的"确定"按钮，即完成基准面的创建，如图12-26所示。

> **技巧要点**
>
> 在创建基准面时，注意选择的参考类型，选择偏移的话，需要输入偏移的距离及选择偏移方向。

12 创建旋转切除特征。

创建旋转切除特征详见第5章中的5.7节。

单击"特征"功能区中的"旋转切除"按钮，选择创建的基准面1作为草绘平面，然后绘制如图12-27所示的图形，草图绘制完成后，退出草图绘制界面。

293

 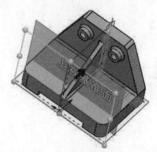 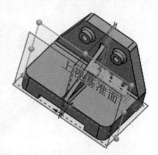

图12-24 "基准面"属性管理器　　图12-25 创建的基准面预览效果　　图12-26 创建的基准面

其预览效果如图12-28所示，单击属性管理器中的"确定"按钮 ✓，即完成旋转切除特征的创建，如图12-29所示。

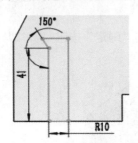 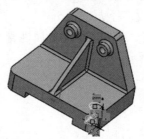 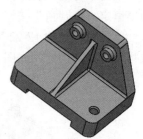

图12-27 草绘的图元　　　　　图12-28 旋转切除预览效果　　　图12-29 创建的旋转切除特征

技巧要点

在旋转切除材料特征时，注意选择的参考参数，这里选择的旋转轴为绘制的直线。

13 创建镜像特征。

创建镜像特征详见第6章中的6.13节。

单击"特征"功能区中的"镜像"按钮，然后单击"镜像面/基准面"选项组下的列表框，选择右视基准面，单击"要镜像的特征"选项组下的列表框，选择刚刚创建的旋转切除特征，其"镜像"属性管理器如图12-30所示。

其预览效果如图12-31所示，单击属性管理器中的"确定"按钮 ✓，即完成镜像特征的创建，如图12-32所示。

 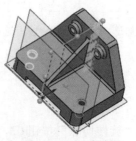 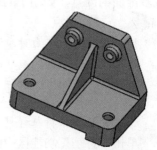

图12-30 "镜像"属性管理器　　　图12-31 预览效果　　　图12-32 创建的镜像特征

12.2 剃须刀盖的绘制

以如图 12-33 所示剃须刀盖为例，具体介绍其绘制方法。

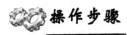

01 启动桌面上的"SolidWorks 2018"程序，界面如图 1-1 所示。

02 新建文件。

新建文件详见第 1 章中的 1.2 节。

03 保存文件。

保存文件详见第 1 章中的 1.2 节。

单击"保存"按钮，系统打开如图 12-2 所示的"另存为"对话框，设定保存文件的名称为"剃须刀盖"。

04 创建拉伸特征 1。

图 12-33 剃须刀盖

创建拉伸特征详见第 5 章中的 5.6 节。

单击"特征"功能区中的"拉伸凸台/基体"按钮，选择上视基准面作为草绘平面，然后绘制如图 12-34 所示的图形，草图绘制完成后，退出草图绘制界面。

输入拉伸深度 15，其预览效果如图 12-35 所示，单击属性管理器中的"确定"按钮，即完成拉伸特征的创建，如图 12-36 所示。

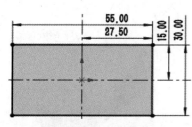

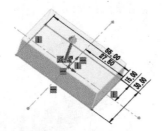

图 12-34　草绘的图元　　　　　图 12-35　预览效果　　　　　图 12-36　生成的拉伸特征

05 创建拔模特征。

创建拔模特征详见第 6 章中的 6.4 节。

单击"特征"功能区中的"拔模"按钮，并选择"DraftXpert"选项，单击选择长方体的顶部作为拔模方向，接着分别单击选择长方体的四个侧面作为拔模面，如图 12-37 所示。

将角度值修改为 2，然后按 Enter 键，其"DraftXpert"属性管理器的设置如图 12-38 所示，单击属性管理器中的"确定"按钮，即完成拔模特征的创建，如图 12-39 所示。

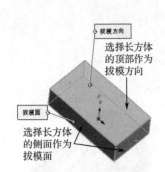

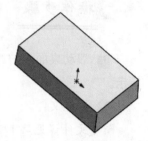

图 12-37 选择的对象　　　图 12-38 "DraftXpert"属性管理器　　　图 12-39 生成的拔模特征

06 创建圆角特征 1。

创建圆角特征详见第 6 章中的 6.1 节。

单击"特征"功能区中的"圆角"按钮，单击属性管理器中的"圆角类型"选项下的"恒定大小圆角"按钮，修改半径大小为 15。

单击选择如图 12-40 所示的边，单击"圆角"属性管理器中的"确定"按钮，即完成圆角特征的创建，如图 12-41 所示。

07 创建拉伸特征 2。

单击"特征"功能区中的"拉伸凸台/基体"按钮，选择如图 12-42 所示的平面作为草绘平面，单击"视图定向"快捷菜单中的"正视于"按钮，然后绘制如图 12-43 所示的图形，草图绘制完成后，退出草图绘制界面。

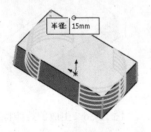
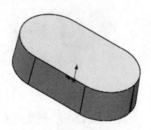
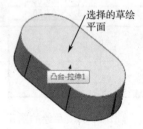

图 12-40 选择圆角边 1　　　图 12-41 创建的圆角特征 1　　　图 12-42 选择的草绘平面

输入拉伸深度 2，并在"方向 1"选项中勾选"合并结果"选项，其预览效果如图 12-44 所示，单击属性管理器中的"确定"按钮，即完成拉伸特征的创建，如图 12-45 所示。

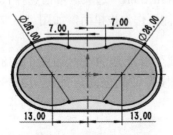
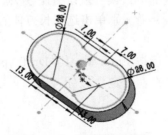
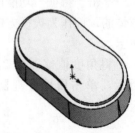

图 12-43 草绘的图元　　　图 12-44 拉伸特征预览　　　图 12-45 创建的拉伸特征

08 创建抽壳特征。

创建抽壳特征详见第 6 章中的 6.5 节。

单击"特征"功能区中的"抽壳"按钮，单击选择如图 12-46 所示的面作为移除的面，将厚度值修改为 1.5，然后按 Enter 键，其预览效果如图 12-46 所示。

其"抽壳"属性管理器如图 12-47 所示，单击属性管理器中的"确定"按钮，即完成抽壳特征的创建，如图 12-48 所示。

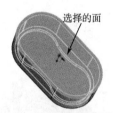  

图 12-46　移除的面及预览效果　　　图 12-47　"抽壳"属性管理器　　　图 12-48　创建的抽壳特征

09 创建圆角特征 2。

单击"特征"功能区中的"圆角"按钮，单击属性管理器中的"圆角类型"选项下的"恒定大小圆角"按钮，修改半径大小为 1。

单击选择如图 12-49 所示的边，单击"圆角"属性管理器中的"确定"按钮，即完成圆角特征的创建，如图 12-50 所示。

10 创建圆角特征 3。

单击"特征"功能区中的"圆角"按钮，单击属性管理器中的"圆角类型"选项下的"恒定大小圆角"按钮，修改半径大小为 1.5。

单击选择如图 12-51 所示的边，单击"圆角"属性管理器中的"确定"按钮，即完成圆角特征的创建，如图 12-52 所示。

 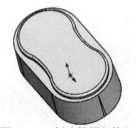 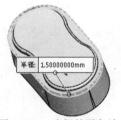

图 12-49　选择的圆角 2 边　　　图 12-50　创建的圆角特征 2　　　图 12-51　选择的圆角边 3

11 创建拉伸切除特征。

创建拉伸切除特征详见第 5 章中的 5.6 节。

单击"特征"功能区中的"拉伸切除"按钮，选择右视基准面作为草绘平面，然后绘制如图 12-53 所示的图形，草图绘制完成后，退出草图绘制界面。

选择"两侧对称"选项，拉伸值修改为 60，其预览效果如图 12-54 所示，单击属性管理器中的"确定"按钮，即完成拉伸切除特征的创建，如图 12-55 所示。

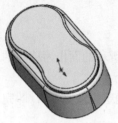
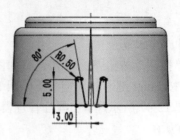
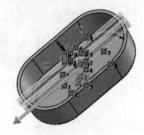

图 12-52　创建的圆角特征 3　　图 12-53　草绘的图元　　图 12-54　预览效果 3

12 创建圆角特征 4。

单击"特征"功能区中的"圆角"按钮，单击属性管理器中的"圆角类型"选项下的"恒定大小圆角"按钮，修改半径大小为 1。

单击选择如图 12-56 所示的边，单击"圆角"属性管理器中的"确定"按钮，即完成圆角特征的创建，如图 12-57 所示。

图 12-55　创建的拉伸切除特征　　图 12-56　选择的圆角边 4　　图 12-57　创建的圆角特征 4

13 创建倒角特征。

创建倒角特征详见第 6 章中的 6.2 节。

单击"特征"功能区中的"倒角"按钮，选择属性管理器中的"倒角类型"选项下的"距离-距离"选项，选择"倒角参数"为"非对称"选项，且设置距离 1 为 1、距离 2 为 2，其属性管理器设置如图 12-58 所示。

单击如图 12-59 所示的边，单击"倒角"属性管理器中的"确定"按钮，即完成倒角特征的创建，如图 12-60 所示。

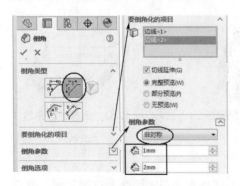

图 12-58　"倒角"属性管理器　　图 12-59　选择的倒角边　　图 12-60　创建的倒角特征

14 创建拉伸特征 3。

单击"特征"功能区中的"拉伸凸台/基体"按钮，选择前视基准面作为草绘平面，然后绘制如图 12-61 所示的图形，草图绘制完成后，退出草图绘制界面。

如图 12-62 所示，选择"两侧对称"选项，拉伸值修改为 2，单击"拔模开/关"按钮，输入拔模角度值 1，并在"方向 1"选项中勾选"合并结果"选项，预览效果如图 12-63 所示，单击属性管理器中的"确定"按钮，即完成拉伸特征的创建，如图 12-64 所示。

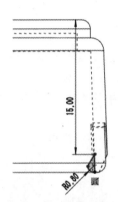
图 12-61 绘制的图元

图 12-62 "凸台-拉伸"属性管理器

图 12-63 预览效果

图 12-64 创建的拉伸特征

15 创建镜像特征。

创建镜像特征详见第 6 章中的 6.13 节。

单击"特征"功能区中的"镜像"按钮，在"镜像"属性管理器中，单击"镜像面/基准面"选项组下的列表框，然后选择右视基准面；单击"要镜像的特征"选项组下的列表框，选择刚刚创建的拉伸特征。

其"镜像"属性管理器如图 12-65 所示，预览效果如图 12-66 所示，单击属性管理器中的"确定"按钮，即完成镜像特征的创建，如图 12-67 所示。

图 12-65 "镜像"属性管理器

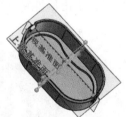
图 12-66 镜像特征的预览效果

图 12-67 创建的镜像特征

12.3 容器盖的绘制

以如图 12-68 所示容器盖为例，具体介绍其绘制方法。

操作步骤

01 启动桌面上的"SolidWorks 2018"程序，界面如图 1-1 所示。

02 新建文件。

新建文件详见第 1 章中的 1.2 节。

03 保存文件。

保存文件详见第 1 章中的 1.2 节。

单击"保存"按钮 ，系统打开如图 12-2 所示的"另存为"对话框，设定保存文件的名称为"容器盖"。

04 创建拉伸特征。

创建拉伸特征详见第 5 章中的 5.6 节。

单击"特征"功能区中的"拉伸凸台/基体"按钮 ，选择前视基准面作为草绘平面，然后绘制如图 12-69 所示的图形（直径为 95 的圆），草图绘制完成后，退出草图绘制界面。

输入拉伸深度 50，其预览效果如图 12-70 所示，单击属性管理器中的"确定"按钮 ，即完成拉伸特征的创建，如图 12-71 所示。

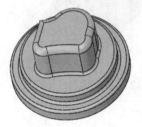
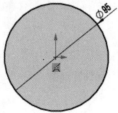

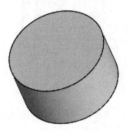

图 12-68　容器盖　　图 12-69　草绘的圆　　图 12-70　预览拉伸效果　　图 12-71　生成的拉伸特征

05 创建旋转切除特征。

创建旋转切除特征详见第 5 章中的 5.7 节。

单击"特征"功能区中的"旋转切除"按钮 ，选择右视基准面作为草绘平面，单击"视图定向"快捷菜单中的"正视于"按钮 ，然后绘制如图 12-72 所示的图形，草图绘制完成后，退出草图绘制界面。

其预览效果如图 12-73 所示，单击属性管理器中的"确定"按钮 ，即完成旋转切除特征的创建，如图 12-74 所示。

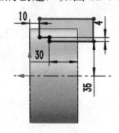

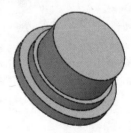

图 12-72　草绘的图元　　图 12-73　预览旋转切除效果　　图 12-74　生成的旋转切除特征

06 创建拉伸切除特征。

创建拉伸切除特征详见第 5 章中的 5.6 节。

单击"特征"功能区中的"拉伸切除"按钮 ，选择如图 12-75 所示的平面作为草绘平面，单击"视图定向"快捷菜单中的"正视于"按钮 ，然后绘制如图 12-76 所示的图形，草图绘制完成后，退出草图绘制界面。

第 12 章 高手实训——简单实体和工程图设计

输入拉伸深度 30，并勾选"反侧切除"选项，其属性管理器设置如图 12-77 所示，其预览效果如图 12-78 所示，单击属性管理器中的"确定"按钮 ✓，即完成拉伸切除特征的创建，如图 12-79 所示。

图 12-75　选择的草绘平面

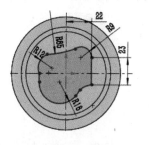

图 12-76　草绘的图元

图 12-77　"切除-拉伸"属性管理器

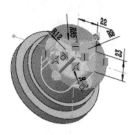

图 12-78　预览效果

图 12-79　完成的拉伸切除特征

07 创建圆角特征 1。

创建圆角特征详见第 6 章中的 6.1 节。

单击"特征"功能区中的"圆角"按钮，单击属性管理器中的"圆角类型"选项下的"恒定大小圆角"按钮，修改半径大小为 5。

单击选择如图 12-80 所示的边，单击"圆角"属性管理器中的"确定"按钮 ✓，即完成圆角特征的创建，如图 12-81 所示。

图 12-80　选择的圆角边 1

08 创建圆角特征 2。

单击"特征"功能区中的"圆角"按钮，单击属性管理器中的"圆角类型"选项下的"恒定大小圆角"按钮，修改半径大小为 2。

单击选择如图 12-82 所示的边，单击"圆角"属性管理器中的"确定"按钮 ✓，即完成圆角特征的创建，如图 12-83 所示。

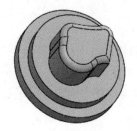

图 12-81　完成的圆角特征 1

图 12-82　选择的圆角边 2

图 12-83　完成的圆角特征 2

09 创建抽壳特征。

创建抽壳特征详见第 6 章中的 6.5 节。

单击"特征"功能区中的"抽壳"按钮，单击选择如图 12-84 所示的面作为要移除的面，将厚度值修改为 2，然后按 Enter 键，其预览效果如图 12-84 所示。

其"抽壳"属性管理器如图 12-85 所示，单击属性管理器中的"确定"按钮，即完成抽壳特征的创建，如图 12-86 所示。

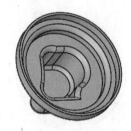

图 12-84 选择的面　　　　图 12-85 "抽壳"属性管理器　　　　图 12-86 完成的抽壳特征

12.4　按钮的绘制

以如图 12-87 所示按钮为例，具体介绍其绘制方法。

操作步骤

01 启动桌面上的"SolidWorks 2018"程序，界面如图 1-1 所示。

02 新建文件。

新建文件详见第 1 章中的 1.2 节。

03 保存文件。

保存文件详见第 1 章中的 1.2 节。

单击"保存"按钮，系统打开如图 12-2 所示的"另存为"对话框，设定保存文件的名称为"按钮"。

04 创建拉伸特征 1。

创建拉伸特征详见第 5 章中的 5.6 节。

单击"特征"功能区中的"拉伸凸台/基体"按钮，选择前视基准面作为草绘平面，然后绘制如图 12-88 所示的图形，草图绘制完成后，退出草图绘制界面。

输入拉伸深度 5，其预览效果如图 12-89 所示，单击属性管理器中的"确定"按钮，即完成拉伸特征的创建，如图 12-90 所示。

 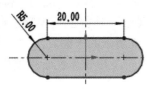 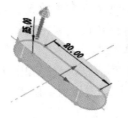 

图 12-87 按钮　　　图 12-88 草绘的图元　　　图 12-89 预览效果　　　图 12-90 完成的拉伸特征

05 创建圆角特征。

创建圆角特征详见第 6 章中的 6.1 节。

单击"特征"功能区中的"圆角"按钮，单击属性管理器中的"圆角类型"选项下的"恒定大小圆角"按钮，修改半径大小为 1。

单击选择如图 12-91 所示的边，单击"圆角"属性管理器中的"确定"按钮，即完成圆角特征的创建，如图 12-92 所示。

图 12-91 选择的边　　　　　　　　图 12-92 完成的圆角特征

06 创建基准轴。

创建基准轴特征详见第 5 章中的 5.3 节。

单击"特征"功能区中的"参考几何体"选项下的"基准轴"按钮，单击选择如图 12-93 所示的面，其"基准轴"属性管理器设置如图 12-94 所示，单击属性管理器中的"确定"按钮，即完成基准轴的创建，如图 12-95 所示。

 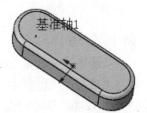

图 12-93 选择的面　　　图 12-94 "基准轴"属性管理器　　　图 12-95 创建的基准轴

07 创建基准面。

创建基准面特征详见第 5 章中的 5.2 节。

单击"特征"功能区中的"参考几何体"选项下的"基准面"按钮，系统弹出"基准面"属性管理器。单击"第一参考"下的列表框，选择上一步骤创建的基准轴作为参考，单击"第二参考"下的列表框，选择如图 12-96 所示的平面。

其"基准面"属性管理器设置如图 12-97 所示，单击属性管理器中的"确定"按钮，即完成基准面的创建，如图 12-98 所示。

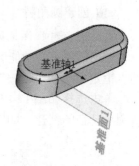

图 12-96　选择的参考面　　　图 12-97　"基准轴"属性管理器　　　图 12-98　创建的基准面

08 创建旋转特征。

创建旋转特征详见第 5 章中的 5.7 节。

单击"特征"功能区中的"旋转凸台/基体"按钮，选择创建的基准面 1 作为草绘平面，然后绘制如图 12-99 所示的图形，草图绘制完成后，退出草图绘制界面。

旋转轴为绘制的水平直线，旋转角度为 360°，并在"方向 1"选项中勾选"合并结果"选项，其预览效果如图 12-100 所示，单击属性管理器中的"确定"按钮，即完成旋转特征的创建，如图 12-101 所示。

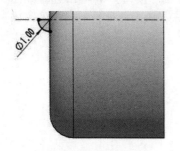

图 12-99　草绘的图元　　　图 12-100　预览效果　　　图 12-101　创建的旋转特征

09 创建草绘图元。

创建草绘图元详见第 2 章中的 2.2 节。

单击"草图"功能区中的"草图绘制"按钮，单击选择如图 12-102 所示的面，然后绘制如图 12-103 所示的图元。

10 创建阵列特征。

创建阵列特征详见第 6 章中的 6.12 节。

第 12 章 高手实训——简单实体和工程图设计

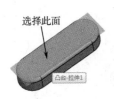

图 12-102　选择的草绘平面

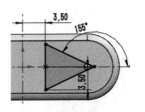

图 12-103　草绘的图元

单击"特征"功能区中的"填充阵列"按钮，单击"填充边界"选项下的列表框，然后单击选择步骤 9 绘制的草图，选择阵列布局为"方形"按钮，在"环间距"文本框中输入间距值 2，并选择"目标间距"选项；在"实例间距"文本框中输入距离 2；在"边距"文本框中输入距离 0；单击"阵列方向"列表框，选择如图 12-104 所示的直线。

单击"特征和面"选项组的"要阵列的特征"列表框，并单击选择创建的旋转特征，其"填充阵列"属性管理器如图 12-105 所示，单击属性管理器中的"确定"按钮，即完成填充阵列特征的创建，如图 12-106 所示。

图 12-104　选择的方向参考　　图 12-105　"填充阵列"属性管理器　　图 12-106　完成的填充阵列特征

11 创建镜像特征 1。

创建镜像特征详见第 6 章中的 6.13 节。

单击"特征"功能区中的"镜像"按钮，单击"镜像面/基准面"选项组下的列表框，然后选择右视基准面；单击"要镜像的实体"选项组下的列表框，选择刚刚创建的阵列特征。

其预览效果如图 12-107 所示，单击属性管理器中的"确定"按钮，即完成镜像特征的创建，如图 12-108 所示。

12 创建旋转切除特征 1。

创建旋转切除特征详见第 5 章中的 5.7 节。

单击"特征"功能区中的"旋转切除"按钮，选择右视基准面作为草绘平面，单击"视图定向"快捷菜单中的"正视于"按钮，然后绘制如图 12-109 所示的图形，草图绘

305

制完成后，退出草图绘制界面。

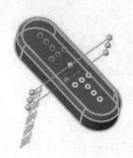 

图 12-107　镜像特征预览效果　　　　　　图 12-108　完成的镜像特征

其预览效果如图 12-110 所示，单击属性管理器中的"确定"按钮 ✓，即完成旋转切除特征的创建，如图 12-111 所示。

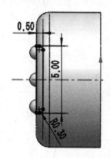 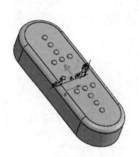 

图 12-109　草绘的图元　　图 12-110　预览旋转切除效果 1　　图 12-111　完成的旋转切除特征 1

13 创建旋转切除特征 2。

单击"特征"功能区中的"旋转切除"按钮 ，选择步骤 7 创建的基准面 1 作为草绘平面，然后绘制如图 12-112 所示的图形，草图绘制完成后，退出草图绘制界面。

其预览效果如图 12-113 所示，单击属性管理器中的"确定"按钮 ✓，即完成旋转切除特征的创建，如图 12-114 所示。

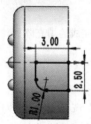  

图 12-112　草绘的图元　　图 12-113　预览旋转切除效果 2　　图 12-114　完成的旋转切除特征 2

14 创建镜像特征 2。

单击"特征"功能区中的"镜像"按钮 ，单击"镜像面/基准面"选项组下的列表框，然后选择右视基准面；在"要镜像的实体"选项组中，选择步骤 13 创建的旋转切除特征。

其"镜像"属性管理器如图 12-115 所示，预览效果如图 12-116 所示，单击属性管理器中的"确定"按钮 ✓，即完成镜像实体的创建，如图 12-117 所示。

图 12-115 "镜像"属性管理器　　图 12-116 预览效果　　图 12-117 完成的镜像特征

15 创建拉伸特征 2。

单击"特征"功能区中的"拉伸凸台/基体"按钮,选择如图 12-118 所示的平面作为草绘平面,然后绘制如图 12-119 所示的图形,草图绘制完成后,退出草图绘制界面。

输入拉伸深度 2,并在"方向 1"选项中勾选"合并结果"选项,其预览效果如图 12-120 所示,单击属性管理器中的"确定"按钮,即完成拉伸特征的创建,如图 12-121 所示。

图 12-118 选择的草绘平面

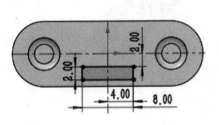  

图 12-119 草绘的图元　　图 12-120 预览效果　　图 12-121 完成的拉伸特征 2

16 创建拉伸特征 3。

创建拉伸特征详见第 5 章中的 5.6

单击"特征"功能区中的"拉伸凸台/基体"按钮,选择如图 12-122 所示的平面作为草绘平面,然后绘制如图 12-123 所示的图形,草图绘制完成后,退出草图绘制界面。

输入拉伸深度 2,并在"方向 1"选项中勾选"合并结果"选项,其预览效果如图 12-124 所示,单击属性管理器中的"确定"按钮,即完成拉伸特征的创建,如图 12-125 所示。

图 12-122 选择的草绘平面

17 创建拉伸特征 4。

单击"特征"功能区中的"拉伸凸台/基体"按钮,选择如图 12-126 所示的平面作为草绘平面,然后绘制如图 12-127 所示的图形,草图绘制完成后,退出草图绘制界面。

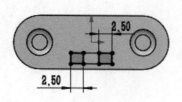

图 12-123　草绘的图元

图 12-124　预览效果

图 12-125　完成的拉伸特征 3

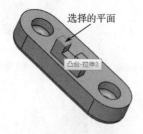

图 12-126　选择的草绘平面

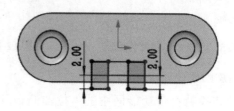

图 12-127　草绘的图元

输入拉伸深度 2，并在"方向 1"选项中勾选"合并结果"选项，其预览效果如图 12-128 所示，单击属性管理器中的"确定"按钮✔，即完成拉伸特征的创建，如图 12-129 所示。

图 12-128　预览效果

图 12-129　完成的拉伸特征 4

18 创建拉伸特征 5。

单击"特征"功能区中的"拉伸凸台/基体"按钮，选择如图 12-130 所示的平面作为草绘平面，然后绘制如图 12-131 所示的图形，草图绘制完成后，退出草图绘制界面。

图 12-130　选择的草绘平面

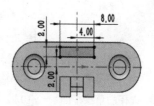

图 12-131　草绘的图元

输入拉伸深度 3，并在"方向 1"选项中勾选"合并结果"选项，其预览效果如图 12-132 所示，单击属性管理器中的"确定"按钮✔，即完成拉伸特征的创建，如图 12-133 所示。

19 创建拉伸特征 6。

单击"特征"功能区中的"拉伸凸台/基体"按钮,选择如图 12-134 所示的平面作为草绘平面,然后绘制如图 12-135 所示的图形,草图绘制完成后,退出草图绘制界面。

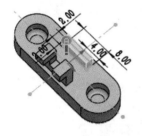

图 12-132　预览效果　　　图 12-133　完成的拉伸特征 5　　　图 12-134　选择的草绘平面

输入拉伸深度 2,并在"方向 1"选项中勾选"合并结果"选项,其预览效果如图 12-136 所示,单击属性管理器中的"确定"按钮,即完成拉伸特征的创建,如图 12-137 所示。

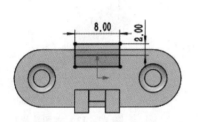
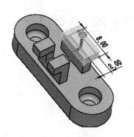
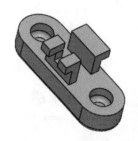

图 12-135　草绘的图元　　　图 12-136　预览效果　　　图 12-137　完成的拉伸特征 6

⭐20 创建倒角特征 1。

创建倒角特征详见第 6 章中的 6.2 节。

单击"特征"功能区中的"倒角"按钮,选择属性管理器中的"倒角类型"选项下的"角度距离"选项,设置距离为 2、角度为 45,其属性管理器设置如图 12-138 所示。

单击如图 12-139 所示的边,单击"倒角"属性管理器中的"确定"按钮,即完成倒角特征的创建,如图 12-140 所示。

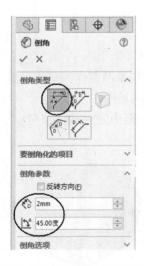

图 12-138　"倒角"属性管理器　　图 12-139　选择倒角边及其预览效果　　图 12-140　完成的倒角特征 1

309

21 创建倒角特征 2。

单击"特征"功能区中的"倒角"按钮，选择属性管理器中的"倒角类型"选项下的"角度距离"选项，设置距离为 1，角度为 45。

单击如图 12-141 所示的边，单击"倒角"属性管理器中的"确定"按钮，即完成倒角特征的创建，如图 12-142 所示。

图 12-141　选择倒角边及其预览效果

图 12-142　完成的倒角特征 2

12.5　六角头螺栓的绘制

以如图 12-143 所示六角头螺栓为例，具体介绍其绘制方法。

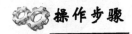

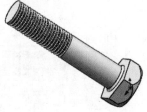
图 12-143　六角头螺栓

01 启动桌面上的"SolidWorks 2018"程序，界面如图 1-1 所示。

02 新建文件。

新建文件详见第 1 章中的 1.2 节。

03 保存文件。

保存文件详见第 1 章中的 1.2 节。

单击"保存"按钮，系统打开如图 12-2 所示的"另存为"对话框，设定保存文件的名称为"六角头螺栓"。

04 创建拉伸特征 1。

创建拉伸特征详见第 5 章中的 5.6 节。

单击"特征"功能区中的"拉伸凸台/基体"按钮，选择前视基准面作为草绘平面，然后绘制如图 12-144 所示的图形，草图绘制完成后，退出草图绘制界面。

输入拉伸深度 4.2，其预览效果如图 12-145 所示，单击属性管理器中的"确定"按钮，即完成拉伸特征的创建，如图 12-146 所示。

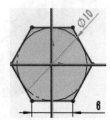
图 12-144　草绘的图元

图 12-145　预览效果

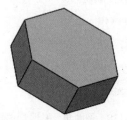
图 12-146　生成的拉伸特征 1

05 创建拉伸特征 2。

单击"特征"功能区中的"拉伸凸台/基体"按钮 ，选择拉伸特征的底面作为草绘平面，然后绘制如图 12-147 所示的图形，草图绘制完成后，退出草图绘制界面。

输入拉伸深度 30，并在"方向 1"选项中勾选"合并结果"选项，其预览效果如图 12-148 所示，单击属性管理器中的"确定"按钮 ✓，即完成拉伸特征的创建，如图 12-149 所示。

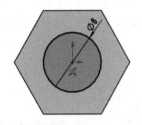  

图 12-147　草绘的图元　　　图 12-148　预览效果　　　图 12-149　生成的拉伸特征 2

06 创建螺纹特征。

选择菜单栏中的"插入"→"特征"→"螺纹线"命令，系统弹出如图 12-150 所示的"螺纹线"属性管理器。

选择如图 12-151 所示的圆柱体边线作为螺纹线位置的起点，给定深度为 15，在"规格"选项组下的"类型"选项中选择 Inch Die；在"尺寸"选项中选择#8-36；在"螺纹线方法"选项中选择"剪切螺纹线"选项；在"螺纹选项"选项组中选择"右旋螺纹"选项；其设置如图 12-150 所示，预览效果如图 12-51 所示。

单击属性管理器中的"确定"按钮 ✓，即完成螺纹特征的创建，如图 12-152 所示。

 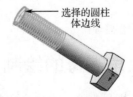

图 12-150　"螺纹线"属性管理器　　图 12-151　设置螺纹线及其预览效果　　图 12-152　完成的螺纹特征

07 创建圆角特征。

创建圆角特征详见第 6 章中的 6.1 节。

单击"特征"功能区中的"圆角"按钮 ，单击属性管理器中的"圆角类型"选项下的"恒定大小圆角"按钮，修改半径大小为 0.5。

单击选择如图 12-153 所示的边，单击"圆角"属性管理器中的"确定"按钮，即完成圆角特征的创建，如图 12-154 所示。

08 创建旋转切除特征。

创建旋转切除特征详见第 5 章中的 5.7 节。

单击"特征"功能区中的"旋转切除"按钮，选择右视基准面作为草绘平面，单击"视图定向"快捷菜单中的"正视于"按钮，然后绘制如图 12-155 所示的图形，草图绘制完成后，退出草图绘制界面。

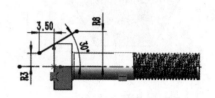

图 12-153　选择的圆角边　　图 12-154　完成的圆角特征　　图 12-155　草绘的图元

选择属性管理器中的"薄壁特征"选项，并输入尺寸值 10，其"切除-旋转-薄壁"属性管理器如图 12-156 所示，预览效果如图 12-157 所示，单击属性管理器中的"确定"按钮，即完成旋转切除特征的创建，如图 12-158 所示。

图 12-156　"切除-旋转-薄壁"属性管理器　　图 12-157　预览效果　　图 12-158　完成的旋转切除特征

12.6　六角螺母的绘制

以如图 12-159 所示六角螺母为例，具体介绍其绘制方法。

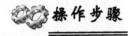

01 启动桌面上的"SolidWorks 2018"程序，界面如图 1-1 所示。

图 12-159　六角螺母

02 新建文件。

新建文件详见第 1 章中的 1.2 节。

03 保存文件。

保存文件详见第 1 章中的 1.2 节。

单击"保存"按钮 🖫，系统打开如图 12-2 所示的"另存为"对话框，设定保存文件的名称为"六角螺母"。

04 创建拉伸特征。

创建拉伸特征详见第 5 章中的 5.6 节。

单击"特征"功能区中的"拉伸凸台/基体"按钮 🗔，选择前视基准面作为草绘平面，然后绘制如图 12-160 所示的图形，草图绘制完成后，退出草图绘制界面。

输入拉伸深度 15，其预览效果如图 12-161 所示，单击属性管理器中的"确定"按钮 ✓，即完成拉伸特征的创建，如图 12-162 所示。

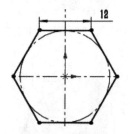
图 12-160　草绘的图元

图 12-161　预览效果

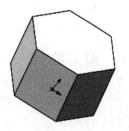
图 12-162　完成的拉伸特征

05 创建旋转切除特征 1。

创建旋转切除特征详见第 5 章中的 5.7 节。

单击"特征"功能区中的"旋转切除"按钮 🗐，选择上视基准面作为草绘平面，单击"视图定向"快捷菜单中的"正视于"按钮 ↧，然后绘制如图 12-163 所示的图形，草图绘制完成后，退出草图绘制界面。

其"切除-旋转"属性管理器设置如图 12-164 所示，预览效果如图 12-165 所示，单击属性管理器中的"确定"按钮 ✓，即完成旋转切除特征的创建，如图 12-166 所示。

图 12-163　草绘的图元　　图 12-164　"切除-旋转"属性管理器　　图 12-165　预览效果

图 12-166　完成的旋转切除特征 1

06 创建旋转切除特征2。

单击"特征"功能区中的"旋转切除"按钮，选择上视基准面作为草绘平面，单击"视图定向"快捷菜单中的"正视于"按钮，然后绘制如图12-167所示的图形，草图绘制完成后，退出草图绘制界面。

选择如图12-168所示的中心线为旋转轴，单击属性管理器中的"确定"按钮，即完成旋转切除特征的创建，如图12-169所示。

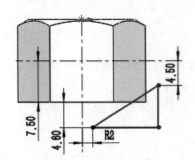
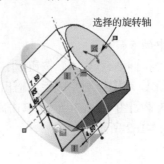
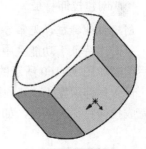

图 12-167 草绘的图元　　图 12-168 选择的旋转轴　　图 12-169 完成的旋转切除特征2

07 创建拉伸切除特征。

创建拉伸切除特征详见第5章中的5.6节。

单击"特征"功能区中的"拉伸切除"按钮，选择如图12-170所示的平面作为草绘平面，单击"视图定向"快捷菜单中的"正视于"按钮，然后绘制如图12-171所示的图形，草图绘制完成后，退出草图绘制界面。

输入拉伸深度20，其预览效果如图12-172所示，单击属性管理器中的"确定"按钮，即完成拉伸切除特征的创建，如图12-173所示。

图 12-170 选择的草绘平面

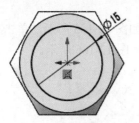
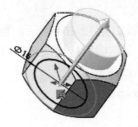
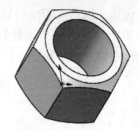

图 12-171 草绘的图元　　图 12-172 预览效果　　图 12-173 完成的拉伸切除特征

08 创建倒角特征。

创建倒角特征详见第6章中的6.2节。

单击"特征"功能区中的"倒角"按钮，选择属性管理器中的"倒角类型"选项下的"角度距离"选项，设置距离为1，角度为45°，其属性管理器设置如图12-174所示。

单击如图12-175所示的边，单击"倒角"属性管理器中的"确定"按钮，即完成倒角特征的创建，如图12-176所示。

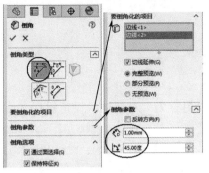

图 12-174 "倒角"属性管理器　　图 12-175 选择的边　　图 12-176 完成的倒角特征

09 创建螺纹特征。

选择菜单栏中的"插入"→"特征"→"螺纹线"命令，系统弹出"螺纹线"属性管理器。

选择如图 12-177 所示的圆柱体边线作为螺纹线位置的起点，设置给定深度为 12；在"规格"选项组下的"类型"选项中选择"Inch Die"；在"尺寸"选项中选择"0.2500-20"；在"螺纹线方法"中选择"拉伸螺纹线"选项；在"螺纹选项"选项组中选择"右旋螺纹"选项，如图 12-178 所示。

单击属性管理器中的"确定"按钮 ✓，即完成螺纹特征的创建，如图 12-179 所示。

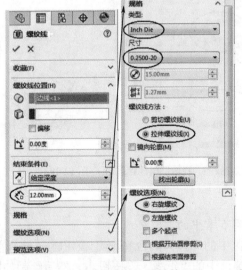

图 12-177 选择的圆柱体边线　　图 12-178 "螺纹线"属性管理器　　图 12-179 完成的螺纹特征

12.7 蝶形螺母的绘制

以如图 12-180 所示蝶形螺母为例，具体介绍其绘制方法。

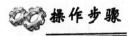

图 12-180 蝶形螺母

01 启动桌面上的"SolidWorks 2018"程序，界面如图 1-1 所示。

02 新建文件。

新建文件详见第1章中的1.2节。

03 保存文件。

保存文件详见第1章中的1.2节。

单击"保存"按钮,系统打开如图12-2所示的"另存为"对话框,设定保存文件的名称为"蝶形螺母"。

04 创建旋转特征。

创建旋转特征详见第5章中的5.7节。

单击"特征"功能区中的"旋转凸台/基体"按钮,选择前视基准面作为草绘平面,单击"视图定向"快捷菜单中的"正视于"按钮,然后绘制如图12-181所示的图形,草图绘制完成后,退出草图绘制界面。

其"旋转"属性管理器如图12-182所示,旋转中心为草图中绘制的中心线,预览效果如图12-183所示,单击属性管理器中的"确定"按钮,即完成旋转特征的创建,如图12-184所示。

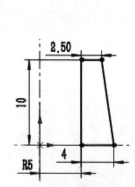

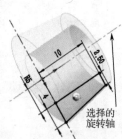

图12-181 草绘的图元　　图12-182 "旋转"属性管理器　　图12-183 预览效果　　图12-184 完成的旋转特征

05 创建拉伸特征。

创建拉伸特征详见第5章中的5.6节。

单击"特征"功能区中的"拉伸凸台/基体"按钮,选择前视基准面作为草绘平面,单击"视图定向"快捷菜单中的"正视于"按钮,然后绘制如图12-185所示的图形,草图绘制完成后,退出草图绘制界面。

选择属性管理器中的"两侧对称"选项,输入拉伸深度4,并在"方向1"选项中勾选"合并结果"选项,其预览效果如图12-186所示,单击属性管理器中的"确定"按钮,即完成拉伸特征的创建,如图12-187所示。

06 创建圆角特征1。

创建圆角特征详见第6章中的6.1节。

单击"特征"功能区中的"圆角"按钮,单击属性管理器中的"圆角类型"选项下的"恒定大小圆角"按钮,修改半径大小为5。

第 12 章 高手实训——简单实体和工程图设计

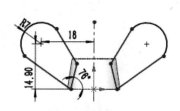

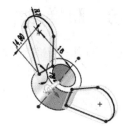

图 12-185 草绘的图元　　　　图 12-186 预览效果　　　　图 12-187 完成的拉伸特征

单击选择如图 12-188 所示的边，单击"圆角"属性管理器中的"确定"按钮 ，即完成圆角特征的创建，如图 12-189 所示。

07 创建圆角特征 2。

单击"特征"功能区中的"圆角"按钮 ，单击属性管理器中的"圆角类型"选项下的"恒定大小圆角"按钮 ，修改半径大小为 0.7。

单击选择如图 12-190 所示的边，单击"圆角"属性管理器中的"确定"按钮 ，即完成圆角特征的创建，如图 12-191 所示。

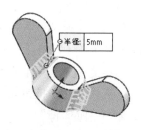

图 12-188 选择的圆角边 1

图 12-189 完成的圆角特征 1　　图 12-190 选择的圆角边 2　　图 12-191 完成的圆角特征 2

08 创建圆角特征 3。

单击"特征"功能区中的"圆角"按钮 ，单击属性管理器中的"圆角类型"选项下的"恒定大小圆角"按钮 ，修改半径大小为 0.7。

单击选择如图 12-192 所示的边，单击"圆角"属性管理器中的"确定"按钮 ，即完成圆角特征的创建，如图 12-193 所示。

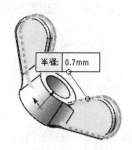

图 12-192 选择的圆角边 3　　　　图 12-193 完成的圆角特征 3

12.8 阶梯轴的绘制

以如图 12-194 所示阶梯轴为例，具体介绍其绘制方法。

操作步骤

01 启动桌面上的"SolidWorks 2018"程序，界面如图 1-1 所示。

02 新建文件。

新建文件详见第 1 章中的 1.2 节。

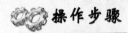

图 12-194 阶梯轴

03 保存文件。

保存文件详见第 1 章中的 1.2 节。

单击"保存"按钮 ，系统打开如图 12-2 所示的"另存为"对话框，设定保存文件的名称为"阶梯轴"。

04 创建拉伸特征 1。

创建拉伸特征详见第 5 章中的 5.6 节。

单击"特征"功能区中的"拉伸凸台/基体"按钮 ，选择前视基准面作为草绘平面，然后绘制如图 12-195 所示的图形，草图绘制完成后，退出草图绘制界面。

输入拉伸深度 150，其预览效果如图 12-196 所示，单击属性管理器中的"确定"按钮 ，即完成拉伸特征的创建，如图 12-197 所示。

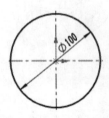  

图 12-195 草绘的图元　　　图 12-196 预览效果　　　图 12-197 完成的拉伸特征 1

05 创建拉伸特征 2。

单击"特征"功能区中的"拉伸凸台/基体"按钮 ，选择如图 12-198 所示的平面作为草绘平面，然后绘制如图 12-199 所示的图形，草图绘制完成后，退出草图绘制界面。

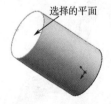 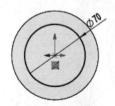

图 12-198 选择的草绘平面　　　图 12-199 草绘的图元

输入拉伸深度 60，并在"方向 1"选项中勾选"合并结果"选项，其预览效果如图 12-200 所示，单击属性管理器中的"确定"按钮 ，即完成拉伸特征的创建，如图 12-201 所示。

图 12-200　预览效果　　　　　　　　图 12-201　完成的拉伸特征 2

06 创建拉伸特征 3。

单击"特征"功能区中的"拉伸凸台/基体"按钮，选择如图 12-202 所示的平面作为草绘平面，然后绘制如图 12-203 所示的图形，草图绘制完成后，退出草图绘制界面。

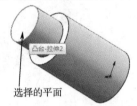
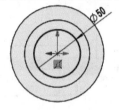

图 12-202　选择的草绘平面　　　　　　图 12-203　草绘的图元

输入拉伸深度 120，并在"方向 1"选项中勾选"合并结果"选项，其预览效果如图 12-204 所示，单击属性管理器中的"确定"按钮，即完成拉伸特征的创建，如图 12-205 所示。

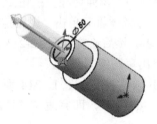

图 12-204　预览效果　　　　　　　　图 12-205　完成的拉伸特征 3

07 创建旋转切除特征 1。

创建旋转切除特征详见第 5 章中的 5.7 节。

单击"特征"功能区中的"旋转切除"按钮，选择右视基准面作为草绘平面，单击"视图定向"快捷菜单中的"正视于"按钮，然后绘制如图 12-206 所示的图形，草图绘制完成后，退出草图绘制界面。

选择绘制的中心线为旋转轴，预览效果如图 12-207 所示，单击属性管理器中的"确定"按钮，即完成旋转切除特征的创建，如图 12-208 所示。

08 创建旋转切除特征 2。

单击"特征"功能区中的"旋转切除"按钮，选择右视基准面作为草绘平面，单击"视图定向"快捷菜单中的"正视于"按钮，然后绘制如图 12-209 所示的图形，草图绘制完成后，退出草图绘制界面。

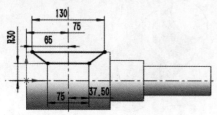  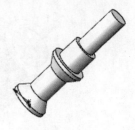

图 12-206　草绘的图元　　　图 12-207　预览效果　　图 12-208　完成的旋转切除特征 1

选择绘制的中心线为旋转轴，预览效果如图 12-210 所示，单击属性管理器中的"确定"按钮 ✓，即完成旋转切除特征的创建，如图 12-211 所示。

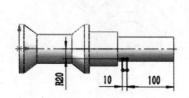 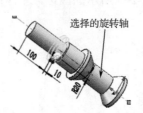 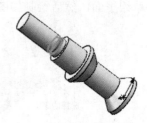

图 12-209　草绘的图元　　　图 12-210　预览效果　　图 12-211　完成的旋转切除特征 2

09 创建拉伸切除特征。

创建拉伸切除特征详见第 5 章中的 5.6 节。

图 12-212　选择的草绘平面

单击"特征"功能区中的"拉伸切除"按钮 ▣，选择如图 12-212 所示的平面作为草绘平面，单击"视图定向"快捷菜单中的"正视于"按钮 ↧，然后绘制如图 12-213 所示的图形，草图绘制完成后，退出草图绘制界面。

输入拉伸深度 20，其预览效果如图 12-214 所示，单击属性管理器中的"确定"按钮 ✓，即完成拉伸切除特征的创建，如图 12-215 所示。

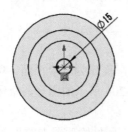  

图 12-213　草绘的图元　　　图 12-214　预览效果　　图 12-215　完成的拉伸切除特征

10 创建倒角特征。

创建倒角特征详见第 6 章中的 6.2 节。

单击"特征"功能区中的"倒角"按钮 ◈，选择属性管理器中的"倒角类型"选项下的"角度距离"选项，设置距离为 2、角度为 45°。

单击如图 12-216 所示的边，单击"倒角"属性管理器中的"确定"按钮 ✓，即完成倒角特征的创建，如图 12-217 所示。

图 12-216　选择的倒角边

图 12-217　完成的阶梯轴

12.9　键槽轴的绘制

以如图 12-218 所示键槽轴为例，具体介绍其绘制方法。

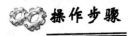

图 12-218　键槽轴

01 启动桌面上的"SolidWorks 2018"程序，界面如图 1-1 所示。

02 新建文件。

新建文件详见第 1 章中的 1.2 节。

03 保存文件。

保存文件详见第 1 章中的 1.2 节。

单击"保存"按钮 ，系统打开如图 12-2 所示的"另存为"对话框，设定保存文件的名称为"键槽轴"。

04 创建旋转特征。

创建旋转特征详见第 5 章中的 5.7 节。

单击"特征"功能区中的"旋转凸台/基体"按钮 ，选择前视基准面作为草绘平面，单击"视图定向"快捷菜单中的"正视于"按钮 ，然后绘制如图 12-219 所示的图形，草图绘制完成后，退出草图绘制界面。

其"旋转"属性管理器如图 12-220 所示，设置旋转轴为绘制的中心线，预览效果如图 12-221 所示，单击属性管理器中的"确定"按钮 ，即完成旋转特征的创建，如图 12-222 所示。

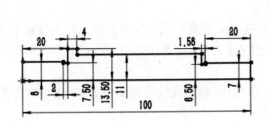

图 12-219　草绘的图元

图 12-220　"旋转"属性管理器

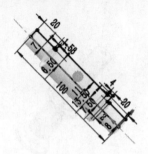

图 12-221 预览效果

图 12-222 完成的旋转特征

05 创建基准面。

创建基准面特征详见第 5 章中的 5.2 节。

单击"特征"功能区中的"参考几何体"选项下的"基准面"按钮,系统弹出"基准面"属性管理器。单击"第一参考"下的列表框,然后单击前视基准面,输入偏移距离 5mm,其"基准面"属性管理器设置如图 12-223 所示。

其预览效果如图 12-224 所示,单击"基准面"属性管理器中的"确定"按钮,即完成基准面的创建,如图 12-225 所示。

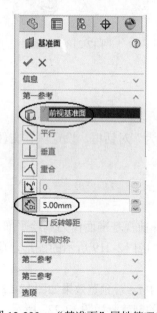

图 12-223 "基准面"属性管理器

图 12-224 预览效果

图 12-225 完成的基准面

06 创建拉伸切除特征。

创建拉伸切除特征详见第 5 章中的 5.6 节。

单击"特征"功能区中的"拉伸切除"按钮,选择刚刚创建的基准面作为草绘平面,单击"视图定向"快捷菜单中的"正视于"按钮,然后绘制如图 12-226 所示的图形,草图绘制完成后,退出草图绘制界面。

输入拉伸深度 20,其预览效果如图 12-227 所示,单击属性管理器中的"确定"按钮,即完成拉伸切除特征的创建,如图 12-228 所示。

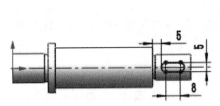
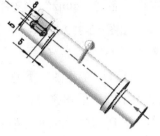

图 12-226　草绘的图元　　　图 12-227　预览效果　　　图 12-228　完成的拉伸切除特征

07 创建倒角特征。

创建倒角特征详见第 6 章中的 6.2 节。

单击"特征"功能区中的"倒角"按钮，选择属性管理器中的"倒角类型"选项下的"角度距离"选项，设置距离为 1.5，角度为 45°，其属性管理器设置如图 12-229 所示。

单击如图 12-230 所示的边，单击"倒角"属性管理器中的"确定"按钮，即完成倒角特征的创建，如图 12-231 所示。

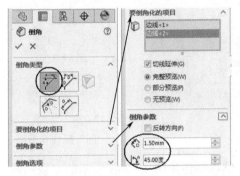

图 12-229　"倒角"属性管理器　　　图 12-230　选择倒角边 4　　　图 12-231　完成的倒角特征

12.10　工程图的创建

以如图 12-232 所示的零件为例，具体介绍创建其工程图的方法。

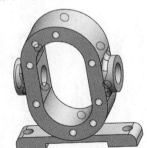

图 12-232　零件图

操作步骤

01 打开文件。单击"打开"按钮，系统弹出"打开"对话框；

02 在"打开"对话框中选定名为"clbjz"的文件,然后单击"打开"按钮,或者双击所选文件,即打开所选文件,如图 12-232 所示;

03 选择菜单栏中的"文件"→"新建"命令,系统将打开"新建 SOLIDWORKS 文件"对话框,在弹出的对话框中选择"工程图"类型。

04 系统打开如图 12-233 所示的工程图窗口,单击"视图布局"功能区中的"标准三视图"按钮,双击如图 12-234 所示的"标准三视图"属性管理器中,"要插入的零件/装配体"选项中打开文档里的"clbjz"文件。

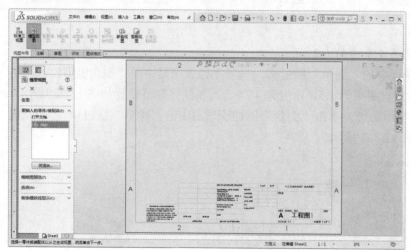

图 12-233 工程图窗口

图 12-234 "标准三视图"属性管理器

05 此时图纸中生成三视图如图 12-235 所示,然后按住如图 12-236 所示的主视图图框,将其选定后,视图周围会出现线框,并且鼠标指针变成"✥",将其拖动至合适位置,拖动后的效果如图 12-237 所示。

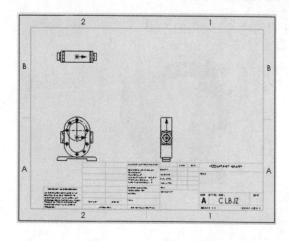

图 12-235 生成的三视图

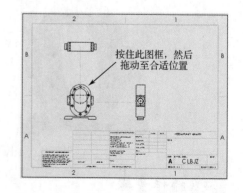

图 12-236 拖动主视图

06 按住如图 12-237 所示的侧视图图框,将其选定后,视图周围会出现线框,并且鼠标指针变成"✥",此时可将其拖动至合适位置,拖动后的效果如图 12-238 所示。

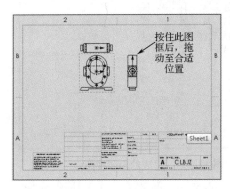

图 12-237 拖动的效果 1

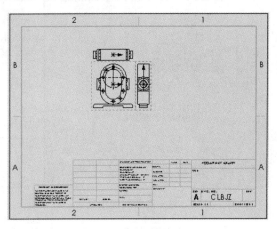

图 12-238 拖动的效果 2

07 单击选中创建的侧视图,然后单击"视图布局"功能区中的"剖面视图"按钮↕,系统弹出如图 12-239 所示的"剖面视图辅助"属性管理器。

08 选择属性管理器中的"剖面视图"选项,并选择"切割线"选项组中的"竖直"选项,然后移动鼠标至合适位置,并单击确定,如图 12-240 所示,此时图中出现黑色点画线,并弹出快捷菜单。

09 单击选择快捷菜单中的"确定"按钮✓,移动鼠标到主视图的左方,此时"剖面视图 A-A"属性管理器为默认设置,如图 12-241 所示;工程图框中生成剖面视图预览,如图 12-242 所示,单击确认,即生成剖面视图,如图 12-243 所示。

图 12-239 "剖面视图辅助"属性管理器

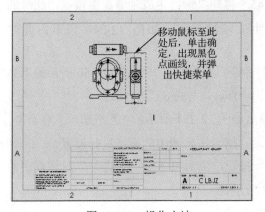

图 12-240 操作方法

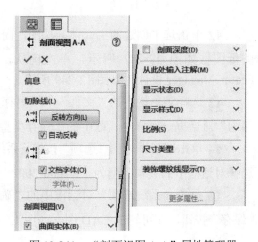

图 12-241 "剖面视图 A-A"属性管理器

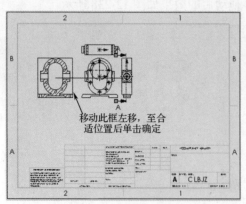

图 12-242　剖面视图预览

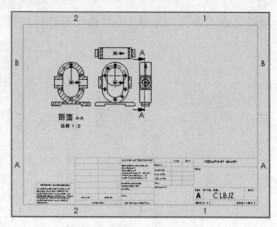

图 12-243　生成的剖面视图

10 单击选中创建的主（前）视图，然后单击"视图布局"功能区中的"投影视图"按钮，移动鼠标到主（前）视图的下方。

11 此时"模型视图"属性管理器为默认设置，其"选项"选项组如图 12-244 所示，在工程图框中生成俯（上）视图预览，如图 12-245 所示，单击确认，即生成俯（上）视图，如图 12-246 所示。

图 12-244　"选项"选项组

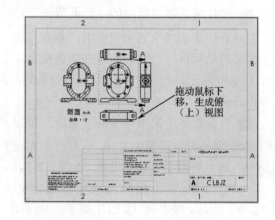

图 12-245　俯（上）视图预览

12 单击选中创建的主（前）视图，向下 45°移动鼠标，生成轴测视图预览，此时的图纸图框如图 12-247 所示，单击确认，即生成轴测视图，如图 12-248 所示，此时 FeatureManager 设计树如图 12-249 所示。

13 选择菜单栏中的"文件"→"另存为"命令，系统将打开如图 12-250 所示的"另存为"对话框，选择对话框中的"保存类型"为"Dwg（*.dwg）"选项。

14 单击对话框中的"选项"按钮，系统弹出如图 12-251 所示的"系统选项"对话框，选择对话框中的版本类型为"R2000-2002"选项，然后按照图中的设置进行设置。

15 单击"系统选项"对话框中的"确定"按钮，然后再单击"另存为"对话框中的"保存"按钮，即可转成 CAD 图，如图 12-252 所示。

第 12 章　高手实训——简单实体和工程图设计

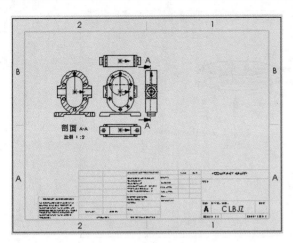

图 12-246　生成的俯（上）视图

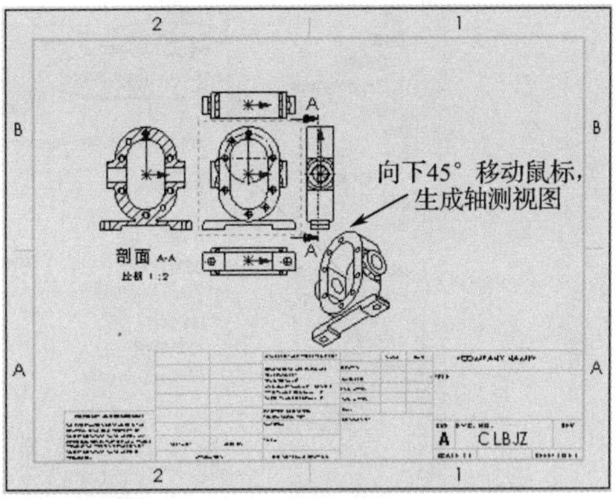

图 12-247　轴测视图预览

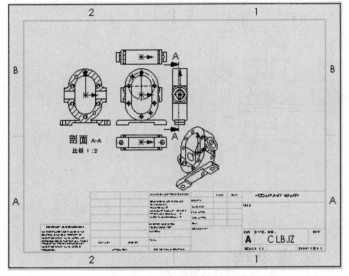

图 12-248　生成的轴测视图

图 12-249　FeatureManager 设计树

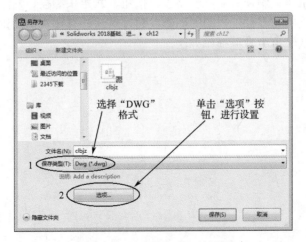

图 12-250　"另存为"对话框

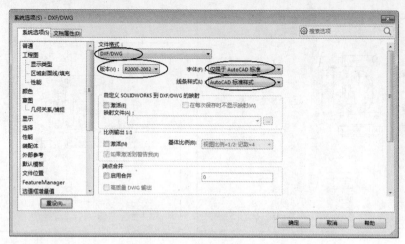

图 12-251 "系统选项"对话框

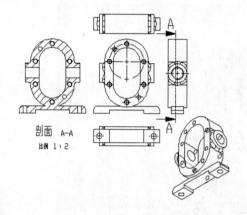

图 12-252 转成的 CAD 图

本章小结

　　本章主要讲了机座、剃须刀盖、容器盖、按钮、六角头螺栓、六角螺母、蝶形螺母、阶梯轴、键槽轴的绘制和零件工程图的创建。通过对这些具体实例的讲解，使读者能够真正学会相关技巧，从练习中掌握操作方法。

第 13 章 高手实训——复杂零件设计

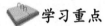

本章主要通过具体的实例来讲解 SolidWorks 零件设计的操作方法,具体包括茶杯、三通阀门、喇叭、齿轮、圆锥齿轮、齿轮轴和盘心齿轮的绘制,使读者能够基本了解和掌握 SolidWorks 复杂零件设计相关的技能。

Chapter 13
高手实训——复杂零件设计

学习重点

- ☑ 熟悉 SolidWorks 2018 操作环境
- ☑ 掌握新建文件的方法
- ☑ 掌握文件管理的方法
- ☑ 掌握基本的二维草图绘制方法(第 2 章内容)
- ☑ 掌握实体特征设计的方法(第 5 章内容)
- ☑ 掌握放置特征的方法(第 6 章内容)
- ☑ 掌握特征的编辑与管理方法(第 7 章内容)

13.1 茶杯的绘制

以如图 13-1 所示的茶杯为例，具体介绍其绘制方法。

图 13-1　茶杯

操作步骤

01 启动桌面上的"SolidWorks 2018"程序，界面如图 13-1 所示。

02 新建文件。

新建文件详见第 1 章中的 1.2 节。

03 保存文件。

保存文件详见第 1 章中的 1.2 节。

单击"保存"按钮，系统打开"另存为"对话框，设定保存文件的名称为"茶杯"。

04 创建拉伸特征。

创建拉伸特征详见第 5 章中的 5.6 节。

单击"特征"功能区中的"拉伸凸台/基体"按钮，选择前视基准面作为草绘平面，然后绘制如图 13-2 所示的图形，草图绘制完成后，退出草图绘制界面。

输入拉伸深度 5，其预览效果如图 13-3 所示，单击属性管理器中的"确定"按钮，即完成拉伸特征的创建，如图 13-4 所示。

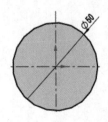 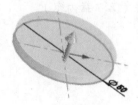 

图 13-2　草绘的图元　　　图 13-3　预览效果　　　图 13-4　完成的拉伸特征

05 创建旋转特征。

创建旋转特征详见第 5 章中的 5.7 节。

单击"特征"功能区中的"旋转凸台/基体"按钮，选择上视基准面作为草绘平面，单击"视图定向"快捷菜单中的"正视于"按钮，然后绘制如图 13-5 所示的图形，草图绘制完成后，退出草图绘制界面。

其"旋转"属性管理器如图 13-6 所示，旋转中心为绘制的中心线，并在"方向"选项中勾选"合并结果"选项，预览效果如图 13-7 所示，单击属性管理器中的"确定"按钮 ✓，即完成旋转特征的创建，如图 13-8 所示。

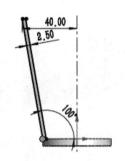

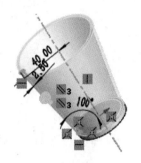

图 13-5　草绘的图元　　　　图 13-6　"旋转"属性管理器　　　　图 13-7　预览效果

06 创建草图。

选择上视基准面作为草绘平面，单击"视图定向"快捷菜单中的"正视于"按钮 ↥，然后绘制如图 13-9 所示的图形，草图绘制完成后，退出草图绘制界面。

07 创建基准面。

创建基准面特征详见第 5 章中的 5.2 节。

单击"特征"功能区中的"参考几何体"选项下的"基准面"按钮，系统弹出"基准面"属性管理器。单击"第一参考"下的列表框，然后单击右视基准面；单击"第二参考"下的列表框，然后单击如图 13-10 所示的参考点。

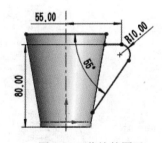
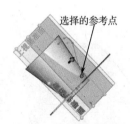

图 13-8　完成的旋转特征　　　　图 13-9　草绘的图元　　　　图 13-10　选择的参考点

其"基准面"属性管理器设置如图 13-11 所示，单击"基准面"属性管理器中的"确定"按钮 ✓，即完成基准面的创建，如图 13-12 所示。

> **技巧要点**
>
> 在创建基准面时，要注意选择的参考类型，如选择参考点及面的话，要注意选择的参考方式。

08 创建草图。

选择创建的基准面作为草绘平面,单击"视图定向"快捷菜单中的"正视于"按钮，然后绘制如图 13-13 所示的图形,草图绘制完成后,退出草图绘制界面。

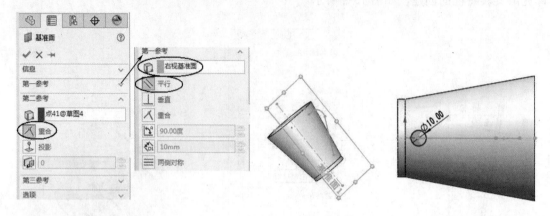

图 13-11 "基准面"属性管理器　　图 13-12 完成的基准面　　图 13-13 草绘的图元

09 创建扫描特征。

创建扫描特征详见第 5 章中的 5.8 节。

单击"特征"功能区中的"扫描"按钮，选择属性管理器中的"轮廓和路径"选项组下的"草图轮廓"选项,并单击"轮廓"选项框,然后选择如图 13-14 所示的圆;单击"路径"选项框,选择如图 13-14 所示的路径线,其属性管理器如图 13-15 所示。

选择"选项"选项组下的"随路径变化"选项,薄壁厚度为 1.5mm,其预览效果如图 13-14 所示,单击属性管理器中的"确定"按钮，即完成扫描特征的创建,如图 13-16 所示。

图 13-14 选择的特征　　图 13-15 "扫描"属性管理器　　图 13-16 完成的扫描特征

13.2 三通阀门的绘制

以如图 13-17 所示的三通阀门为例,具体介绍其绘制方法。

图 13-17　三通阀门

操作步骤

01 启动桌面上的"SolidWorks 2018"程序，界面如图 1-1 所示。

02 新建文件。

新建文件详见第 1 章中的 1.2 节。

03 保存文件。

保存文件详见第 1 章中的 1.2 节。

单击"保存"按钮 ，系统打开"另存为"对话框，设定保存文件的名称为"三通阀门"。

04 创建拉伸特征 1。

创建拉伸特征详见第 5 章中的 5.6 节。

单击"特征"功能区中的"拉伸凸台/基体"按钮 ，选择前视基准面作为草绘平面，然后绘制如图 13-18 所示的图形，草图绘制完成后，退出草图绘制界面。

输入拉伸深度 26，其预览效果如图 13-19 所示，单击属性管理器中的"确定"按钮 ，即完成拉伸特征的创建，如图 13-20 所示。

05 创建拉伸特征 2。

单击"特征"功能区中的"拉伸凸台/基体"按钮 ，选择上视基准面作为草绘平面，然后绘制如图 13-21 所示的图形，草图绘制完成后，退出草图绘制界面。

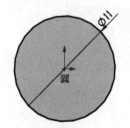   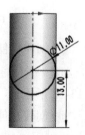

图 13-18　草绘的图元　　图 13-19　预览效果　　图 13-20　完成的拉伸特征　　图 13-21　草绘的图元

输入拉伸深度 13，并在"方向"选项组中勾选"合并结果"选项，其预览效果如图 13-22 所示，单击属性管理器中的"确定"按钮 ，即完成拉伸特征的创建，如图 13-23 所示。

图 13-22 预览效果

图 13-23 完成的拉伸特征

06 创建拉伸特征 3。

单击"特征"功能区中的"拉伸凸台/基体"按钮，选择如图 13-24 所示的平面作为草绘平面，然后绘制如图 13-25 所示的图形，草图绘制完成后，退出草图绘制界面。

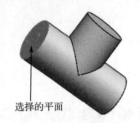

图 13-24 选择的草绘平面

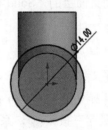

图 13-25 草绘的图元

输入拉伸深度 13，并在"方向"选项组中勾选"合并结果"选项，其预览效果如图 13-26 所示，单击属性管理器中的"确定"按钮，即完成拉伸特征的创建，如图 13-27 所示。

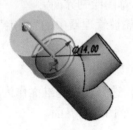

图 13-26 预览效果

图 13-27 生成的拉伸特征 1

07 创建拉伸特征 4。

继续按照前面的操作方法创建拉伸特征，绘制另一个拉伸特征，绘制完后的效果如图 13-28 所示。

08 创建拉伸特征 5。

继续按照前面的操作方法创建拉伸特征，绘制另一个拉伸特征，绘制完后的效果如图 13-29 所示。

09 创建拉伸特征 6。

单击"特征"功能区中的"拉伸凸台/基体"按钮，选择右视基准面作为草绘平面，然后绘制如图 13-30 所示的图形，草图绘制完成后，退出草图绘制界面。

选择"两侧对称"选项，输入拉伸深度 12，并在"方向"选项组中勾选"合并结果"

选项，其预览效果如图 13-31 所示，单击属性管理器中的"确定"按钮 ✓，即完成拉伸特征的创建，如图 13-32 所示。

图 13-28　生成的拉伸特征 2

图 13-29　生成的拉伸特征 3

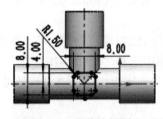

图 13-30　草绘的图元

图 13-31　预览效果

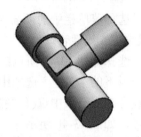

图 13-32　完成的拉伸特征

10 创建拉伸切除特征 1。

创建拉伸切除特征详见第 5 章中的 5.6 节。

单击"特征"功能区中的"拉伸切除"按钮，选择前视基准面作为草绘平面，然后绘制如图 13-33 所示的图形，草图绘制完成后，退出草图绘制界面。

选择"两侧对称"选项，拉伸值修改为 80，并在"方向"选项组中勾选"合并结果"选项，其预览效果如图 13-34 所示，单击属性管理器中的"确定"按钮 ✓，即完成拉伸切除特征的创建，如图 13-35 所示。

图 13-33　草绘的图元

图 13-34　预览效果

图 13-35　完成的拉伸切除特征

11 创建拉伸切除特征 2。

单击"特征"功能区中的"拉伸切除"按钮，选择如图 13-36 所示的面作为草绘平面，然后绘制如图 13-37 所示的图形，草图绘制完成后，退出草图绘制界面。

选择"成形到下一面"选项，选择内壁面作为参考面，其预览效果如图 13-38 所示，单击属性管理器中的"确定"按钮

图 13-36　选择的草绘平面

335

✓,即完成拉伸切除特征的创建,如图13-39所示。

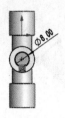
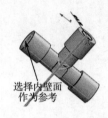

图13-37 草绘的图元　　　　图13-38 预览效果　　　　图13-39 完成的拉伸切除特征

12 创建螺纹特征1。

选择菜单栏中的"插入"→"特征"→"螺纹线"命令,系统弹出如图13-40所示的"螺纹线"属性管理器。

选择如图13-41所示的圆柱体边线作为螺纹线位置的起点,给定深度为10;在"规格"选项组下的"类型"选项中选择"Inch Die";在"尺寸"选项中选择"0.3750-16";在"螺纹线方法"选项中选择"拉伸螺纹线"选项;在"螺纹选项"选项组中选择"右旋螺纹"选项,如图13-40所示。

单击属性管理器中的"确定"按钮✓,即完成螺纹特征的创建,如图13-42所示。

图13-40 "螺纹线"属性管理器　　图13-41 选择的圆柱体边线　　图13-42 完成的螺纹特征1

13 创建螺纹特征2。

按照前面的操作方法继续创建螺纹特征,绘制完后的效果如图13-43所示。

14 创建螺纹特征3。

按照前面的操作方法继续创建螺纹特征,绘制完后的效果如图13-44所示。

第 13 章 高手实训——复杂零件设计

图 13-43 完成的螺纹特征 2　　　　　　　图 13-44 完成的螺纹特征 3

13.3 喇叭的绘制

以如图 13-45 所示的喇叭为例，具体介绍其绘制方法。

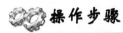

01 启动桌面上的"SolidWorks 2018"程序，界面如图 1-1 所示。

02 新建文件。

新建文件详见第 1 章中的 1.2 节。

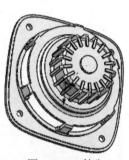

图 13-45 喇叭

03 保存文件。

保存文件详见第 1 章中的 1.2 节。

单击"保存"按钮，系统打开"另存为"对话框，设定保存文件的名称为"喇叭"。

04 创建拉伸特征 1。

创建拉伸特征详见第 5 章中的 5.6 节。

单击"特征"功能区中的"拉伸凸台/基体"按钮，选择前视基准面作为草绘平面，然后绘制如图 13-46 所示的图形，草图绘制完成后，退出草图绘制界面。

输入拉伸深度 3，其预览效果如图 13-47 所示，单击属性管理器中的"确定"按钮，即完成拉伸特征的创建，如图 13-48 所示。

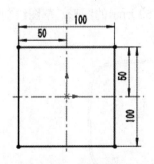

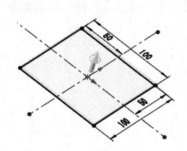

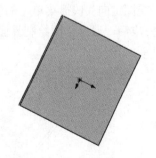

图 13-46 草绘的图元　　　图 13-47 预览效果　　　图 13-48 生成的拉伸特征

05 创建倒圆角特征 1。

337

创建倒圆角特征详见第 6 章中的 6.1 节。

单击"特征"功能区中的"圆角"按钮，单击属性管理器中的"圆角类型"选项下的"恒定大小圆角"按钮，修改圆角半径大小为 50，选择"轮廓"选项组下"圆锥 Rho"选项，其圆锥 Rho 值为 0.7，其设置如图 13-49 所示。

单击选择如图 13-50 所示的边，单击"圆角"属性管理器中的"确定"按钮，即完成倒圆角特征的创建，如图 13-51 所示。

> **专家提示**：在创建倒圆角特征的过程中，这里选择的圆角轮廓为"圆锥 Rho"选项，即选择"使用圆锥横截面进行倒圆角"选项，"倒圆角"的锐度为 0.70。

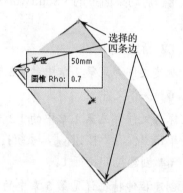

图 13-49　"圆角"属性管理器　　　　　图 13-50　选择的边及预览效果

06 创建拉伸切除特征 1。

创建拉伸切除特征详见第 5 章中的 5.6 节。

单击"特征"功能区中的"拉伸切除"按钮，选择前视基准面作为草绘平面，单击"视图定向"快捷菜单中的"正视于"按钮，然后绘制如图 13-52 所示的图形，草图绘制完成后，退出草图绘制界面。

图 13-51　完成的倒圆角特征　　　　　图 13-52　草绘的图元

输入拉伸深度 1，并选择"反侧切除"选项，其属性管理器设置如图 13-53 所示，其预览效果如图 13-54 所示,单击属性管理器中的"确定"按钮 ✓,即完成拉伸切除特征的创建,如图 13-55 所示。

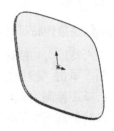

图 13-53 "切除-拉伸"属性管理器　　图 13-54 预览效果　　图 13-55 完成的拉伸切除特征

技巧要点

在创建拉伸切除特征时,要注意选择的类型,这里选择"反侧切除"选项,并注意切除的方向。

07 创建旋转特征。

创建旋转特征详见第 5 章中的 5.7 节。

单击"特征"功能区中的"旋转凸台/基体"按钮 ,选择上视基准面作为草绘平面,然后绘制如图 13-56 所示的图形,草图绘制完成后,退出草图绘制界面。

在"方向"选项组中勾选"合并结果"选项,其预览效果如图 13-57 所示,单击属性管理器中的"确定"按钮 ✓,即完成旋转特征的创建,如图 13-58 所示。

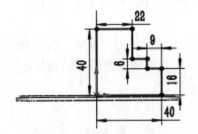

图 13-56 绘制的图元　　图 13-57 预览效果　　图 13-58 创建的旋转特征

08 创建旋转切除特征。

创建旋转切除特征详见第 5 章中的 5.7 节。

单击"特征"功能区中的"旋转切除"按钮 ,选择上视基准面作为草绘平面,单击"视图定向"快捷菜单中的"正视于"按钮 ,然后绘制如图 13-59 所示的图形,草图绘制完成后,退出草图绘制界面。

其预览效果如图 13-60 所示,单击属性管理器中的"确定"按钮 ✓,即完成旋转切除特征的创建，如图13-61所示。

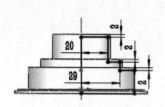
图13-59 绘制的图元

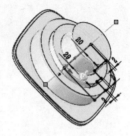
图13-60 预览效果

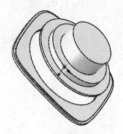
图13-61 创建的旋转切除特征

09 创建拉伸特征2。

单击"特征"功能区中的"拉伸凸台/基体"按钮，选择如图13-62所示的平面作为草绘平面，单击"视图定向"快捷菜单中的"正视于"按钮，然后绘制如图13-63所示的图形，草图绘制完成后，退出草图绘制界面。

输入拉伸深度2，并在"方向"选项组中勾选"合并结果"选项，其预览效果如图13-64所示，单击属性管理器中的"确定"按钮，即完成拉伸特征的创建，如图13-65所示。

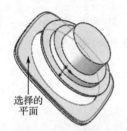
图13-62 选择的草绘平面

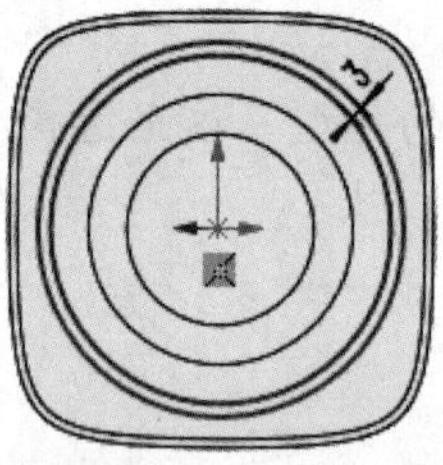

图13-63 草绘的图元

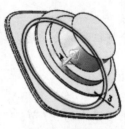
图13-64 预览效果

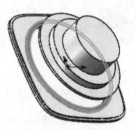
图13-65 完成的拉伸特征

10 创建倒圆角特征2。

单击"特征"功能区中的"圆角"按钮，单击属性管理器中的"圆角类型"选项下的"恒定大小圆角"按钮，修改圆角半径大小为2。

单击选择如图13-66所示的边，单击"圆角"属性管理器中的"确定"按钮，即完成倒圆角特征的创建，如图13-67所示。

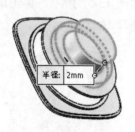
图13-66 选择的边及预览效果

11 创建拉伸特征3。

单击"特征"功能区中的"拉伸凸台/基体"按钮，选择如图13-68所示的平面作为草绘平面，单击"视图定向"快捷菜单中的"正视于"按钮，然后绘制如图13-69所示的图形，草图绘制完成后，退出草图绘制界面。

输入拉伸深度4，并在"方向"选项组中勾选"合并结果"选项，其预览效果如图13-70所示，单击属性管理器中的"确定"按钮，即完成拉伸特征的创建，如图13-71所示。

12 创建拉伸切除特征2。

单击"特征"功能区中的"拉伸切除"按钮，选择如图13-72所示的平面作为草绘平面，单击"视图定向"快捷菜单中的"正视于"按钮，然后绘制如图13-73所示的图形,草图绘制完成后,退出草图绘制界面。

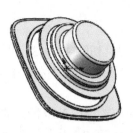
图13-67 完成的倒圆角特征

图13-68 选择的草绘平面

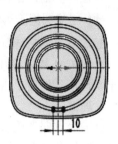
图13-69 草绘的图元

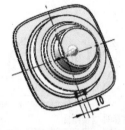
图13-70 预览效果

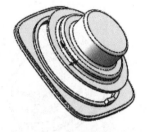
图13-71 完成的拉伸特征

图13-72 选择的草绘平面

输入拉伸深度2,其预览效果如图13-74所示,单击属性管理器中的"确定"按钮,即完成拉伸切除特征的创建,如图13-75所示。

图13-73 草绘的图元

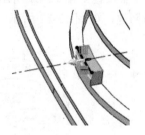
图13-74 预览效果

图13-75 完成的拉伸切除特征

13 创建拉伸特征4。

单击"特征"功能区中的"拉伸凸台/基体"按钮,选择如图13-76所示的平面作为草绘平面,然后绘制如图13-77所示的图形,草图绘制完成后,退出草图绘制界面。

图13-76 选择的草绘平面

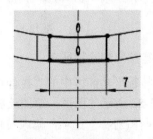
图13-77 草绘的图元

选择"成形到一面"选项,然后选择如图13-78所示的面,并在"方向"选项组中勾选"合并结果"选项,其预览效果如图 13-78 所示,单击属性管理器中的"确定"按钮 ✓,即完成拉伸特征的创建,如图 13-79 所示。

14 创建圆周阵列特征 1。

创建圆周阵列特征详见第 6 章中的 6.12 节。

按住 Ctrl 键,选中"FeatureManager 设计树"中的凸台-拉伸 3、切除-拉伸 3、凸台-拉伸 4 特征,然后单击"特征"功能区中的"圆周阵列"按钮 ,系统弹出"圆周阵列"属性管理器。

单击"方向"选项组下的"反向"按钮 后的列表框,然后单击如图 13-80 所示的中心轴,然后在"方向"选项组的"角度" 文本框中输入角度 60°,在"方向"选项组的"实例数" 文本框中输入特征数 6,其预览效果如图 13-80 所示。

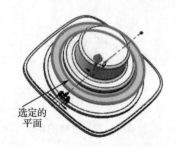
图 13-78 选定的面及预览效果

图 13-79 完成的拉伸特征

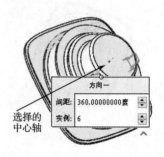
图 13-80 选择的轴及预览效果

其"阵列(圆周)"属性管理器设置如图 13-81 所示,单击属性管理器中的"确定"按钮 ✓,即完成圆周阵列特征的创建,如图 13-82 所示。

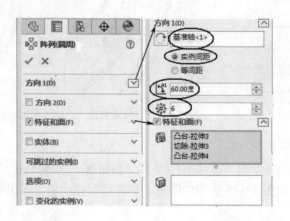
图 13-81 "阵列(圆周)"属性管理器

15 创建拉伸切除特征 3。

单击"特征"功能区中的"拉伸切除"按钮 ,选择前视基准面作为草绘平面,然后绘制如图 13-83 所示的图形,草图绘制完成后,退出草图绘制界面。

选择"两侧对称"选项,修改拉伸值为 20,其预览效果如图 13-84 所示,单击属性管理器中的"确定"按钮 ✓,即完成拉伸切除特征的创建,如图 13-85 所示。

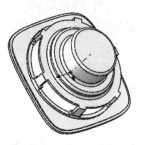

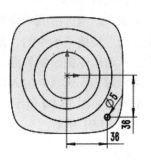

图 13-82　完成的圆周阵列特征　　　　　　　图 13-83　草绘的图元

16 创建圆周阵列特征 2。

选中 "FeatureManager 设计树" 中刚刚创建的拉伸切除特征，然后单击 "特征" 功能区中的 "圆周阵列" 按钮 ，系统弹出 "阵列（圆周）" 属性管理器。

单击 "方向" 选项组下的 "反向" 按钮 后的列表框，然后单击如图 13-86 所示的中心轴，然后在 "方向" 选项组的 "角度" 文本框中输入角度 90°，在 "方向" 选项组的 "实例数" 文本框中输入特征数 4，其预览效果如图 13-86 所示。

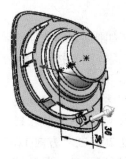

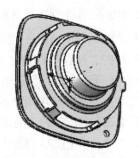

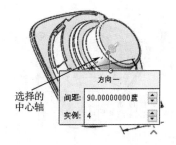

图 13-84　预览效果　　　　图 13-85　完成的拉伸切除特征　　　　图 13-86　选择的轴及预览效果

其 "阵列（圆周）" 属性管理器设置如图 13-87 所示，单击属性管理器中的 "确定" 按钮 ，即完成圆周阵列特征的创建，结果如图 13-88 所示。

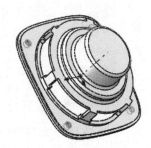

图 13-87　"阵列（圆周）" 属性管理器　　　　图 13-88　完成的圆周阵列特征

17 创建拉伸特征 5。

单击"特征"功能区中的"拉伸凸台/基体"按钮,选择上视基准面作为草绘平面,单击"视图定向"快捷菜单中的"正视于"按钮,然后绘制如图 13-89 所示的图形,草图绘制完成后,退出草图绘制界面。

选择"两侧对称"选项,输入拉伸深度 2,并在"方向"选项组中勾选"合并结果"选项,其预览效果如图 13-90 所示,单击属性管理器中的"确定"按钮,即完成拉伸特征的创建,如图 13-91 所示。

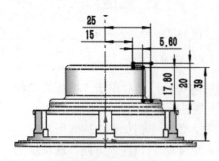
图 13-89 草绘的图元

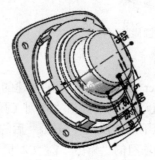
图 13-90 预览效果

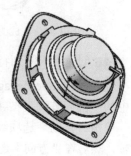
图 13-91 完成的拉伸特征

18 创建圆周阵列特征 3。

选中"FeatureManager 设计树"中刚刚创建的拉伸特征,然后单击"特征"功能区中的"圆周阵列"按钮,系统弹出"阵列(圆周)"属性管理器。

单击"方向 1"选项组下的"反向"按钮后的列表框,然后单击如图 13-92 所示的中心轴,然后在"方向 1"选项组的"角度"文本框中输入角度 20,在"方向 1"选项组的"实例数"文本框中输入特征数 18,其预览效果如图 13-92 所示。

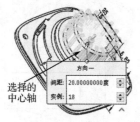
图 13-92 选择的轴及预览效果

其"(阵列)圆周"属性管理器如图 13-93 所示,单击属性管理器中的"确定"按钮,即完成圆周阵列特征的创建,如图 13-94 所示。

图 13-93 "阵列(圆周)"属性管理器

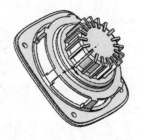
图 13-94 完成的圆周阵列特征

19 创建拉伸特征 6。

单击"特征"功能区中的"拉伸凸台/基体"按钮,选择如图 13-95 所示的平面作为草绘平面,单击"视图定向"快捷菜单中的"正视于"按钮,然后绘制如图 13-96 所示的图形,草图绘制完成后,退出草图绘制界面。

输入拉伸深度 2,并在"方向 1"选项组中勾选"合并结果"选项,其预览效果如图 13-97 所示,单击属性管理器中的"确定"按钮,即完成拉伸特征的创建,如图 13-98 所示。

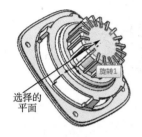 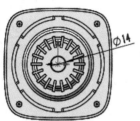  

图 13-95　选择的草绘平面　　图 13-96　草绘的图元　　图 13-97　预览效果　　图 13-98　完成的拉伸特征

20 创建倒圆角特征 3。

单击"特征"功能区中的"圆角"按钮,单击属性管理器中的"圆角类型"选项下的"恒定大小圆角"按钮,修改圆角半径大小为 2.5。

单击选择如图 13-99 所示的边,单击"圆角"属性管理器中的"确定"按钮,即完成倒圆角特征的创建,如图 13-100 所示。

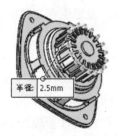 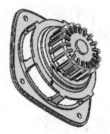

图 13-99　选择的边及预览效果　　　　图 13-100　完成的倒圆角特征

21 创建倒圆角特征 4。

单击"特征"功能区中的"圆角"按钮,单击属性管理器中的"圆角类型"选项下的"恒定大小圆角"按钮,修改圆角半径大小为 1.5。

单击选择如图 13-101 所示的边,单击"圆角"属性管理器中的"确定"按钮,即完成倒圆角特征的创建,如图 13-102 所示。

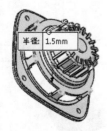 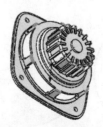

图 13-101　选择的边及预览效果　　　　图 13-102　完成的倒圆角特征

13.4 齿轮的绘制

以如图 13-103 所示的齿轮为例，具体介绍其绘制方法。

图 13-103 齿轮

操作步骤

01 启动桌面上的"SolidWorks 2018"程序，界面如图 1-1 所示。

02 新建文件。

新建文件详见第 1 章中的 1.2 节。

03 保存文件。

保存文件详见第 1 章中的 1.2 节。

单击"保存"按钮，系统打开"另存为"对话框，设定保存文件的名称为"齿轮"。

04 创建拉伸特征 1。

创建拉伸特征详见第 5 章中的 5.6 节。

单击"特征"功能区中的"拉伸凸台/基体"按钮，选择前视基准面作为草绘平面，然后绘制如图 13-104 所示的图形，草图绘制完成后，退出草图绘制界面。

输入拉伸深度 140，其预览效果如图 13-105 所示，单击属性管理器中的"确定"按钮，即完成拉伸特征的创建，如图 13-106 所示。

05 草绘曲线。

单击"草图"功能区中的"草图绘制"按钮，单击选择前视基准面作为草绘平面，单击"草图"功能区中的"圆"按钮，然后绘制如图 13-107 所示的图形，绘制完成后，单击"确定"按钮，即生成草绘曲线。

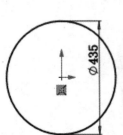

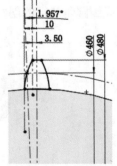

图 13-104 草绘的图元　　图 13-105 预览效果　　图 13-106 完成的拉伸特征　　图 13-107 草绘的图元

06 创建拉伸特征 2。

单击"特征"功能区中的"拉伸凸台/基体"按钮，选择刚刚绘制的草绘曲线，输入拉伸深度 140，并在"方向"选项组中勾选"合并结果"选项，其预览效果如图 13-108 所示，单击属性管理器中的"确定"按钮✔，即完成拉伸特征的创建，如图 13-109 所示。

07 创建阵列特征。

创建阵列特征详见第 6 章中的 6.12 节。

选择刚刚创建的拉伸特征，然后单击"特征"功能区中的"圆周阵列"按钮，单击"方向"选项组下的"反向"按钮后的列表框，单击选择如图 13-110 所示的中心轴，然后在"方向"选项组的"实例数"文本框中输入特征数 46，并勾选"等间距"选项。

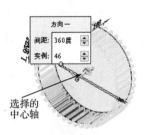

图 13-108　预览效果　　图 13-109　完成的拉伸特征　　图 13-110　选择的轴及预览效果

其"阵列（圆周）"属性管理器如图 13-111 所示，单击属性管理器中的"确定"按钮✔，即完成圆周阵列特征的创建，如图 13-112 所示。

08 创建拉伸切除特征 1。

创建拉伸切除特征详见第 5 章中的 5.6 节。

单击"特征"功能区中的"拉伸切除"按钮，选择前视基准面作为草绘平面，单击"视图定向"快捷菜单中的"正视于"按钮，然后绘制如图 13-113 所示的图形，草图绘制完成后，退出草图绘制界面。

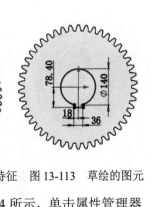

图 13-111　"阵列（圆周）"属性管理器　　图 13-112　创建的圆周阵列特征　　图 13-113　草绘的图元

选择"方向"中的"完全贯穿"选项，其预览效果如图 13-114 所示，单击属性管理器中的"确定"按钮✔，即完成拉伸切除特征的创建，如图 13-115 所示。

347

图 13-114　预览效果　　　　　　　图 13-115　完成的拉伸切除特征

09 创建拉伸切除特征 2。

单击"特征"功能区中的"拉伸切除"按钮，选择如图 13-116 所示的平面作为草绘平面，单击"视图定向"快捷菜单中的"正视于"按钮，然后绘制如图 13-117 所示的图形，草图绘制完成后，退出草图绘制界面。

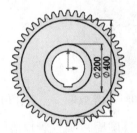

图 13-116　选择的草绘平面　　　　图 13-117　草绘的图元

输入拉伸深度 30，其预览效果如图 13-118 所示，单击属性管理器中的"确定"按钮，即完成拉伸切除特征的创建，如图 13-119 所示。

10 创建基准面。

创建基准面特征详见第 5 章中的 5.2 节。

单击"特征"功能区中的"参考几何体"选项下的"基准面"按钮，系统弹出"基准面"属性管理器。单击"第一参考"下的列表框，然后单击前视基准面，输入偏移距离 70，其"基准面"属性管理器设置如图 13-120 所示。

图 13-118　预览效果　　图 13-119　完成的拉伸切除特征　　图 13-120　"基准面"属性管理器

单击"基准面"属性管理器中的"确定"按钮，即完成基准面的创建，如图 13-121 所示。

11 创建镜像特征。

创建镜像特征详见第 6 章中的 6.13 节。

单击"特征"功能区中的"镜像"按钮，然后单击"镜像面/基准面"选项组下的列表框，选择刚刚创建的基准面 1，在"要镜像的特征"选项组中，选择刚刚创建的拉伸切除特征，其"镜像"属性管理器如图 13-122 所示。

图 13-121　创建的基准面　　　　图 13-122　"镜像"属性管理器

其预览效果如图 13-123 所示，单击属性管理器中的"确定"按钮，即完成镜像特征的创建，如图 13-124 所示。

图 13-123　预览效果　　　　　　图 13-124　完成的镜像特征

13.5　圆锥齿轮的绘制

以如图 13-125 所示的圆锥齿轮为例，具体介绍其绘制方法。

图 13-125　圆锥齿轮

操作步骤

01 启动桌面上的"SolidWorks 2018"程序，界面如图 1-1 所示。

02 新建文件。

新建文件详见第 1 章中的 1.2 节。

03 保存文件。

保存文件详见第 1 章中的 1.2 节。

单击"保存"按钮 ![img], 系统打开"另存为"对话框, 设定保存文件的名称为"圆锥齿轮"。

04 创建旋转特征。

创建旋转特征详见第 5 章中的 5.7 节。

单击"特征"功能区中的"旋转凸台/基体"按钮 ![img], 选择前视基准面作为草绘平面, 单击"视图定向"快捷菜单中的"正视于"按钮 ![img], 然后绘制如图 13-126 所示的图形, 草图绘制完成后, 退出草图绘制界面。

其"旋转"属性管理器如图 13-127 所示, 旋转中心为绘制的竖直中心线, 预览效果如图 13-128 所示, 单击属性管理器中的"确定"按钮 ![img], 即完成旋转特征的创建, 如图 13-129 所示。

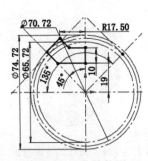

图 13-126 草绘的图元

图 13-127 "旋转"属性管理器

05 创建草绘图元 1。

单击"草图"功能区中的"草图绘制"按钮 ![img], 单击选择上视基准面作为草绘平面, 然后绘制如图 13-130 所示的图元。

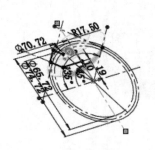

图 13-128 预览效果

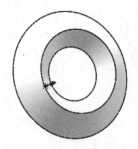

图 13-129 完成的旋转特征

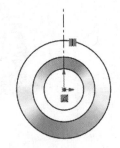

图 13-130 草绘的图元

06 创建基准面。

创建基准面特征详见第 5 章中的 5.2 节。

单击"特征"功能区中的"参考几何体"选项下的"基准面"按钮 ![img], 系统弹出"基准面"属性管理器。单击"第一参考"下的列表框, 选择上视基准面作为参考, 并在"两面夹角"按钮后输入角度45°,勾选"反转等距"选项;单击"第二参考"下的列表框,选择步骤4创建的图元作为参考。

其"基准面"属性管理器设置如图13-131所示,其预览效果如图13-132所示,单击属性管理器中的"确定"按钮,即完成基准面的创建,如图13-133所示。

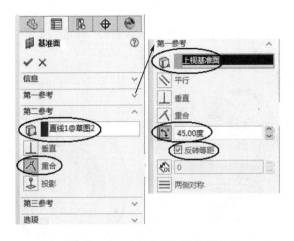

图13-131 "基准面"属性管理器

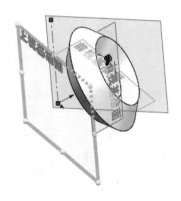

图13-132 预览效果

07 创建草绘图元2。

单击"草图"功能区中的"草图绘制"按钮,单击选择刚刚创建的基准面1作为草绘平面,然后绘制如图13-134所示的图元。

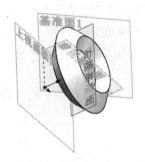

图13-133 创建的基准面

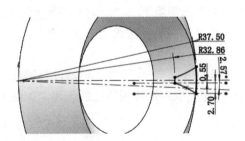

图13-134 草绘的图元

08 创建草绘图元3。

单击"草图"功能区中的"草图绘制"按钮,单击选择前视基准面作为草绘平面,然后绘制如图13-135所示的中心线及点,然后剪裁中心线,最后的效果如图13-136所示。

图13-135 草绘图元的方法

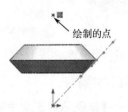

图13-136 草绘的图元

09 创建放样切除特征。

创建放样切除特征详见第 6 章中的 6.11 节。

单击"特征"功能区中的"放样切割"按钮，系统弹出"切除-放样"属性管理器，单击属性管理器中的"轮廓"选项组中的下拉按钮，并单击选择步骤 7、步骤 8 绘制的两个草图，其预览效果如图 13-137 所示。

"切除-放样"属性管理器设置如图 13-138 所示，单击属性管理器中的"确定"按钮，即完成放样切除特征的创建，如图 13-139 所示。

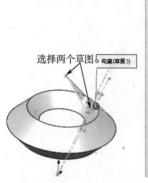
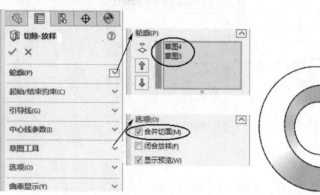

图 13-137 预览效果　　　图 13-138 "切除-放样"属性管理器　　　图 13-139 完成的放样切除特征

10 创建阵列特征。

创建阵列特征详见第 6 章中的 6.12 节。

选择刚刚创建的放样切除特征，然后单击"特征"功能区中的"圆周阵列"按钮，单击"方向"选项组下的"反向"按钮后的列表框，单击选择如图 13-140 所示的中心轴，然后在"方向"选项组的"实例数"文本框中输入特征数 25，并选择"等间距"选项。

其"阵列（圆周）"属性管理器设置如图 13-141 所示，单击属性管理器中的"确定"按钮，即完成圆周阵列特征的创建，如图 13-142 所示。

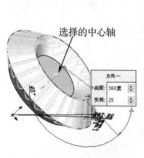

图 13-140 选择的中心轴　　　图 13-141 "阵列（圆周）"属性管理器　　　图 13-142 创建的圆周阵列特征

11 创建拉伸特征。

创建拉伸特征详见第 5 章中的 5.6 节。

单击"特征"功能区中的"拉伸凸台/基体"按钮，选择如图 13-143 所示的平面作为草绘平面，然后绘制如图 13-144 所示的图形，草图绘制完成后，退出草图绘制界面。

图 13-143　选择的草绘平面　　　　　　图 13-144　草绘的图元

输入拉伸深度 3，其预览效果如图 13-145 所示，单击属性管理器中的"确定"按钮，即完成拉伸特征的创建，如图 13-146 所示。

图 13-145　预览效果　　　　　　图 13-146　完成的拉伸特征

12 创建拉伸切除特征。

创建拉伸切除特征详见第 5 章中的 5.6 节。

单击"特征"功能区中的"拉伸切除"按钮，选择如图 13-147 所示的平面作为草绘平面，单击"视图定向"快捷菜单中的"正视于"按钮，然后绘制如图 13-148 所示的图形，草图绘制完成后，退出草图绘制界面。

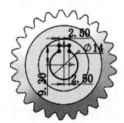

图 13-147　选择的草绘平面　　　　　　图 13-148　草绘的图元

选择"完全贯穿"选项，其属性管理器设置如图 13-149 所示，其预览效果如图 13-150 所示，单击属性管理器中的"确定"按钮，即完成拉伸切除特征的创建，如图 13-151 所示。

图 13-149　"切除-拉伸"属性管理器　　图 13-150　预览效果　　图 13-151　完成的拉伸切除特征

13.6 齿轮轴的绘制

以如图 13-152 所示的齿轮轴为例,具体介绍其绘制方法。

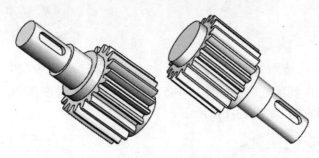

图 13-152 齿轮轴

操作步骤

01 启动桌面上的"SolidWorks 2018"程序,界面如图 1-1 所示。

02 新建文件。

新建文件详见第 1 章中的 1.2 节。

03 保存文件。

保存文件详见第 1 章中的 1.2 节。

单击"保存"按钮 ,系统打开"另存为"对话框,设定保存文件的名称为"齿轮轴"。

04 创建拉伸特征 1。

创建拉伸特征详见第 5 章中的 5.6 节。

单击"特征"功能区中的"拉伸凸台/基体"按钮 ,选择前视基准面作为草绘平面,然后绘制如图 13-153 所示的图形,草图绘制完成后,退出草图绘制界面。

输入拉伸深度 24,其预览效果如图 13-154 所示,单击属性管理器中的"确定"按钮 ,即完成拉伸特征的创建,如图 13-155 所示。

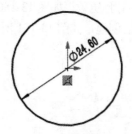

图 13-153 草绘的图元

图 13-154 预览效果

图 13-155 完成的拉伸特征

05 创建拉伸特征 2。

单击"特征"功能区中的"拉伸凸台/基体"按钮 ,选择前视基准面作为草绘平面,然后绘制如图 13-156 所示的图形,草图绘制完成后,退出草图绘制界面。

输入拉伸深度24,并在"方向"选项组中勾选"合并结果"选项,其预览效果如图13-157所示,单击属性管理器中的"确定"按钮 ✓ ,即完成拉伸特征的创建,如图13-158所示。

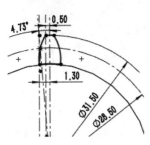

图13-156 草绘的图元　　　图13-157 预览效果　　　图13-158 完成的拉伸特征

06 创建阵列特征。

创建阵列特征详见第6章中的6.12节。

选择步骤5创建的拉伸特征,然后单击"特征"功能区中的"圆周阵列"按钮,单击"方向1"选项下的"反向"按钮后的列表框,单击选择如图13-159所示的中心轴,然后在"方向1"选项组的"实例数"文本框中输入特征数19,并勾选"等间距"选项。

其"阵列(圆周)"属性管理器如图13-160所示,单击属性管理器中的"确定"按钮 ✓ ,即完成圆周阵列特征的创建,如图13-161所示。

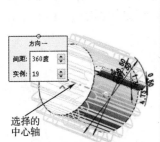

图13-159 选择的中心轴　　图13-160 "阵列(圆周)"属性管理器　　图13-161 创建的圆周阵列特征

07 创建拉伸特征3。

单击"特征"功能区中的"拉伸凸台/基体"按钮,选择如图13-162所示的面作为草绘平面,单击"视图定向"快捷菜单中的"正视于"按钮,然后绘制如图13-163所示的图形,草图绘制完成后,退出草图绘制界面。

输入拉伸深度4,并在"方向"选项中勾选"合并结果"选项,其预览效果如图13-164所示,单击属性管理器中的"确定"按钮 ✓ ,即完成拉伸特征的创建,如图13-165所示。

08 创建拉伸特征4。

单击"特征"功能区中的"拉伸凸台/基体"按钮,选择前视基准面作为草绘平面,单击"视图定向"快捷菜单中的"正视于"按钮,然后绘制如图13-166所示的图形,草图绘制完成后,退出草图绘制界面。

图 13-162　选择的草绘平面　　　图 13-163　草绘的图元　　　图 13-164　预览效果

输入拉伸深度 4，并在"方向"选项组中勾选"合并结果"选项，其预览效果如图 13-167 所示，单击属性管理器中的"确定"按钮 ✓，即完成拉伸特征的创建，如图 13-168 所示。

图 13-165　完成的拉伸特征　　　图 13-166　草绘的图元　　　图 13-167　预览效果

09 创建拉伸特征 5。

单击"特征"功能区中的"拉伸凸台/基体"按钮，选择如图 13-169 所示的面作为草绘平面，单击"视图定向"快捷菜单中的"正视于"按钮 ↧，然后绘制如图 13-170 所示的图形，草图绘制完成后，退出草图绘制界面。

图 13-168　完成的拉伸特征　　　图 13-169　选择的草绘平面　　　图 13-170　草绘的图元

输入拉伸深度 10，并在"方向"选项组中勾选"合并结果"选项，其预览效果如图 13-171 所示，单击属性管理器中的"确定"按钮 ✓，即完成拉伸特征的创建，如图 13-172 所示。

图 13-171　预览效果　　　图 13-172　完成的拉伸特征

第 13 章 高手实训——复杂零件设计

10 创建拉伸特征 6。

单击"特征"功能区中的"拉伸凸台/基体"按钮，选择如图 13-173 所示的面作为草绘平面，单击"视图定向"快捷菜单中的"正视于"按钮，然后绘制如图 13-174 所示的图形，草图绘制完成后，退出草图绘制界面。

输入拉伸深度 20，并在"方向"选项组中勾选"合并结果"选项，其预览效果如图 13-175 所示，单击属性管理器中的"确定"按钮，即完成拉伸特征的创建，如图 13-176 所示。

图 13-173　选择的草绘平面　　图 13-174　草绘的图元　　图 13-175　预览效果　　图 13-176　完成的拉伸特征

11 创建基准平面。

创建基准面特征详见第 5 章中的 5.2 节。

单击"特征"功能区中的"参考几何体"选项下的"基准面"按钮，系统弹出"基准面"属性管理器。单击"第一参考"下的列表框，然后单击上视基准面，然后输入偏移距离 10。

其"基准面"属性管理器设置如图 13-177 所示，其预览效果如图 13-178 所示，单击属性管理器中的"确定"按钮，即完成基准面的创建，如图 13-179 所示。

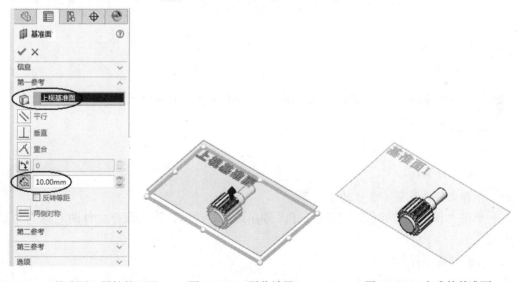

图 13-177　"基准面"属性管理器　　图 13-178　预览效果　　图 13-179　完成的基准面

12 创建拉伸切除特征。

创建拉伸切除特征详见第 5 章中的 5.6 节。

单击"特征"功能区中的"拉伸切除"按钮，选择刚刚创建的基准面 1 作为草绘平面，单击"视图定向"快捷菜单中的"正视于"按钮，然后绘制如图 13-180 所示的图形，草图绘制完成后，退出草图绘制界面。

输入拉伸深度6，其预览效果如图13-181所示，单击属性管理器中的"确定"按钮，即完成拉伸切除特征的创建，如图13-182所示。

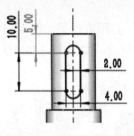 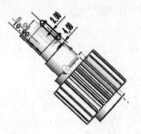 

图13-180　草绘的图元　　　　图13-181　预览效果　　　　图13-182　完成的拉伸切除特征

13.7　盘心齿轮的绘制

以如图13-183所示的盘心齿轮为例，具体介绍其绘制方法。

图13-183　盘心齿轮

操作步骤

01 启动桌面上的"SolidWorks 2018"程序后的界面如图1-1所示。

02 新建文件。

新建文件详见第1章中的1.2节。

03 保存文件。

保存文件详见第1章中的1.2节。

单击"保存"按钮，系统打开"另存为"对话框，设定保存文件的名称为"盘心齿轮"。

04 创建拉伸特征1。

创建拉伸特征详见第5章中的5.6节。

单击"特征"功能区中的"拉伸凸台/基体"按钮，选择前视基准面作为草绘平面，然后绘制如图13-184所示的图形，草图绘制完成后，退出草图绘制界面。

输入拉伸深度2.5，其预览效果如图13-185所示，单击属性管理器中的"确定"按钮，即完成拉伸特征的创建，如图13-186所示。

  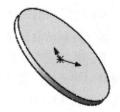

图 13-184　草绘的图元　　　　图 13-185　预览效果　　　　图 13-186　完成的拉伸特征

05 创建草图 1。

选择前视基准面作为草绘面，单击"视图定向"快捷菜单中的"正视于"按钮，然后绘制如图 13-187 所示的图形，草图绘制完成后，退出草图绘制界面。

06 创建基准面。

创建基准面特征详见第 5 章中的 5.2 节。

单击"特征"功能区中的"参考几何体"选项下的"基准面"按钮，系统弹出"基准面"属性管理器。单击"第一参考"下的列表框，选择如图 13-188 所示的点作为参考；单击"第二参考"下的列表框，选择右视基准面作为参考。

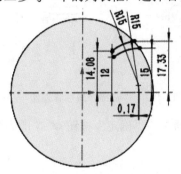 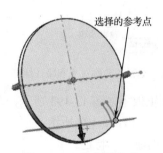

图 13-187　草绘的图元　　　　　　　图 13-188　选择的参考

其"基准面"属性管理器设置如图 13-189 所示，单击属性管理器中的"确定"按钮，即完成基准面的创建。

07 创建草图 2。

选择刚刚创建的基准面作为草绘面，单击"视图定向"快捷菜单中的"正视于"按钮，然后绘制如图 13-190 所示的图形，草图绘制完成后，退出草图绘制界面。

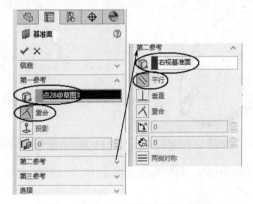 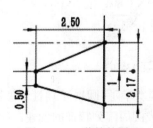

图 13-189　"基准面"属性管理器　　　　图 13-190　草绘的图元

08 创建扫描特征。

创建扫描特征详见第 5 章中的 5.8 节。

单击"特征"功能区中的"扫描"按钮，系统弹出"扫描"属性管理器，选择属性管理器中的"轮廓和路径"选项组下的"草图轮廓"选项，并单击"轮廓"选项框，然后选择如图 13-191 所示的草图；单击"路径"选项框，然后选择如图 13-191 所示的路径线。

选择"双向"按钮，并选择"选项"选项组下的"随路径变化"选项，其属性管理器设置如图 13-192 所示。

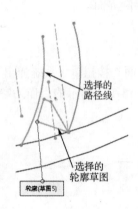

图 13-191 选择的轮廓对象和路径线

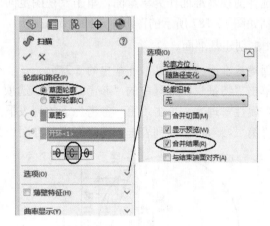

图 13-192 "扫描"属性管理器

其预览效果如图 13-193 所示，单击属性管理器中的"确定"按钮，即完成扫描特征的创建，如图 13-194 所示。

09 创建阵列特征。

创建阵列特征详见第 6 章中的 6.12 节。

选中创建的扫描特征，然后单击"特征"功能区中的"圆周阵列"按钮，单击"方向"选项组下的"反向"按钮后的列表框，然后选择如图 13-195 所示的中心轴，然后在"方向"选项组的"实例数"文本框中输入特征数 45，并勾选"等间距"选项，其预览效果如图 13-195 所示。

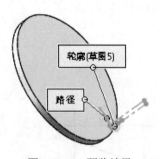

图 13-193 预览效果

图 13-194 完成的扫描特征

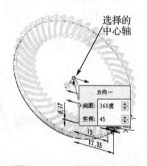

图 13-195 选择的中心轴

其"阵列（圆周）"属性管理器如图 13-196 所示，单击属性管理器中的"确定"按钮，即完成圆周阵列特征的创建，如图 13-197 所示。

第 13 章　高手实训——复杂零件设计

图 13-196　"阵列（圆周）"属性管理器　　　图 13-197　完成的圆周阵列特征

10 创建拉伸切除特征 1。

创建拉伸切除特征详见第 5 章中的 5.6 节。

单击"特征"功能区中的"拉伸切除"按钮 ，选择如图 13-198 所示的平面作为草绘平面，单击"视图定向"快捷菜单中的"正视于"按钮 ，然后绘制如图 13-199 所示的图形，草图绘制完成后，退出草图绘制界面。

输入拉伸深度 10，其预览效果如图 13-200 所示，单击属性管理器中的"确定"按钮 ，即完成拉伸切除特征的创建，如图 13-201 所示。

图 13-198　选择的草绘平面

图 13-199　草绘的图元　　　图 13-200　预览效果　　　图 13-201　完成的拉伸切除特征

11 创建拉伸切除特征 2。

单击"特征"功能区中的"拉伸切除"按钮 ，选择如图 13-202 所示的平面作为草绘平面，然后绘制如图 13-203 所示的图形，草图绘制完成后，退出草图绘制界面。

选择"完全贯穿"选项，并选择"反侧切除"选项，其预览效果如图 13-204 所示，单击属性管理器中的"确定"按钮 ，即完成拉伸切除特征的创建，如图 13-205 所示。

12 创建旋转特征 1。

创建旋转特征详见第 5 章中的 5.7 节。

单击"特征"功能区中的"旋转凸台/基体"按钮 ，选择上视基准面作为草绘平面，然后绘制如图 13-206 所示的图形，草图绘制完成后，退出草图绘制界面。

361

图 13-202 选择的草绘平面

图 13-203 草绘的图元

图 13-204 预览效果

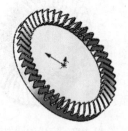
图 13-205 完成的拉伸切除特征

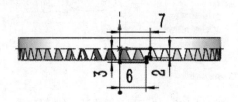
图 13-206 草绘的图元

其预览效果如图 13-207 所示,并在"方向"选项组中勾选"合并结果"选项,单击属性管理器中的"确定"按钮 ✓,即完成旋转特征的创建,如图 13-208 所示。

13 创建拉伸特征 2。

单击"特征"功能区中的"拉伸凸台/基体"按钮,选择如图 13-209 所示的平面作为草绘平面,然后绘制如图 13-210 所示的图形,草图绘制完成后,退出草图绘制界面。

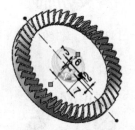
图 13-207 预览效果

图 13-208 完成的旋转特征

图 13-209 选择的草绘平面

输入拉伸深度 2,并在"方向"选项组中勾选"合并结果"选项,其预览效果如图 13-211 所示,单击属性管理器中的"确定"按钮 ✓,即完成拉伸特征的创建,如图 13-212 所示。

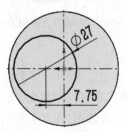
图 13-210 草绘的图元

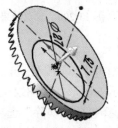
图 13-211 预览效果

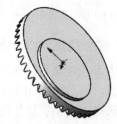
图 13-212 完成的拉伸特征

14 创建拉伸切除特征 3。

单击"特征"功能区中的"拉伸切除"按钮,选择如图 13-213 所示的平面作为草绘平面,然后绘制如图 13-214 所示的图形,草图绘制完成后,退出草图绘制界面。

输入拉伸深度 4，其预览效果如图 13-215 所示，单击属性管理器中的"确定"按钮 ✓，即完成拉伸切除特征的创建，如图 13-216 所示。

图 13-213　选择的草绘平面

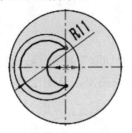

图 13-214　草绘的图元

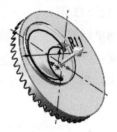

图 13-215　预览效果

15 创建倒圆角特征 1。

创建倒圆角特征详见第 6 章中的 6.1 节。

单击"特征"功能区中的"圆角"按钮 ，单击属性管理器中的"圆角类型"选项下的"恒定大小圆角"按钮 ，修改半径大小为 2。

单击选择如图 13-217 所示的边，单击"圆角"属性管理器中的"确定"按钮 ✓，即完成倒圆角特征的创建，如图 13-218 所示。

图 13-216　完成的拉伸切除特征

图 13-217　选择的边

图 13-218　完成的倒圆角特征

16 创建倒圆角特征 2。

单击"特征"功能区中的"圆角"按钮 ，单击属性管理器中的"圆角类型"选项下的"恒定大小圆角"按钮 ，修改半径大小为 0.5。

单击选择如图 13-219 所示的边，单击"圆角"属性管理器中的"确定"按钮 ✓，即完成倒圆角特征的创建，如图 13-220 所示。

17 创建旋转特征 2。

单击"特征"功能区中的"旋转凸台/基体"按钮 ，选择上视基准面作为草绘平面，然后绘制如图 13-221 所示的图形，草图绘制完成后，退出草图绘制界面。

图 13-219　选择的边

图 13-220　完成的倒圆角特征

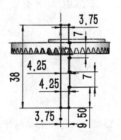

图 13-221　草绘的图元

旋转轴为绘制的直线，在"方向"选项组中勾选"合并结果"选项，其预览效果如图 13-222 所示，单击属性管理器中的"确定"按钮 ✓，即完成旋转特征的创建，如图 13-223 所示。

18 创建拉伸切除特征 4。

单击"特征"功能区中的"拉伸切除"按钮，选择如图 13-224 所示的平面作为草绘平面，然后绘制如图 13-225 所示的图形，草图绘制完成后，退出草图绘制界面。

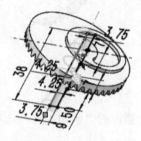
图 13-222　预览效果

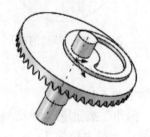
图 13-223　完成的旋转特征

图 13-224　选择的草绘平面

选择"完全贯穿"选项，其预览效果如图 13-226 所示，单击属性管理器中的"确定"按钮 ✓，即完成拉伸切除特征的创建，如图 13-227 所示。

图 13-225　草绘的图元

图 13-226　预览效果

图 13-227　完成的拉伸切除特征

19 创建拉伸切除特征 5。

单击"特征"功能区中的"拉伸切除"按钮，选择如图 13-228 所示的平面作为草绘平面，然后绘制如图 13-229 所示的图形，草图绘制完成后，退出草图绘制界面。

输入拉伸深度 9.5，其预览效果如图 13-230 所示，单击属性管理器中的"确定"按钮 ✓，即完成拉伸切除特征的创建，如图 13-231 所示。

图 13-228　选择的草绘平面

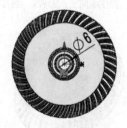
图 13-229　草绘的图元

图 13-230　预览效果

图 13-231　完成的拉伸切除特征

本章小结

本章主要讲了茶杯、三通阀门、喇叭、齿轮、圆锥齿轮、齿轮轴和盘心齿轮的绘制，通过这些具体实例的练习，使读者能够真正学会相关技巧，从练习中掌握操作方法。

第 14 章 高手实训——曲面设计

本章主要通过具体的实例来讲解 SolidWorks 曲面设计的操作方法，包括盖子、上盖、啤酒瓶盖、鼠标外壳、茶壶、轮毂模型等典型的实例，使读者能够基本了解和掌握 SolidWorks 曲面设计相关的技能。

Chapter

14

高手实训——

曲面设计

学习重点

- ☑ 盖子的绘制
- ☑ 上盖的绘制
- ☑ 啤酒瓶盖的绘制
- ☑ 鼠标外壳的绘制
- ☑ 茶壶的绘制
- ☑ 轮毂模型的绘制

14.1 盖子的绘制

以如图 14-1 所示的盖子为例，具体介绍其绘制方法。

图 14-1　盖子

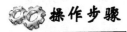

01 启动桌面上的"SolidWorks 2018"程序，界面如图 1-1 所示。

02 新建文件。

新建文件详见第 1 章中的 1.2 节。

03 保存文件。

保存文件详见第 1 章中的 1.2 节。

单击"保存"按钮，系统打开如图 12-2 所示的"另存为"对话框，设定保存文件的名称为"cover"。

04 创建草图。

选择前视基准面作为草绘平面，单击"视图定向"快捷菜单中的"正视于"按钮，然后绘制如图 14-2 所示的图形，草图绘制完成后，退出草图绘制界面。

05 按照同样的方法，绘制出另外一条曲线，草绘平面同样选择前视基准面，绘制的图元与刚才绘制的曲线关于上视基准面对称，绘制完后的效果如图 14-3 所示。

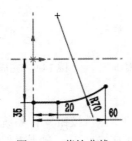
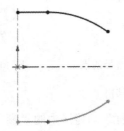

图 14-2　草绘曲线　　　　　　　　图 14-3　草绘另一条曲线

06 创建基准平面。

创建基准面特征详见第 5 章中的 5.2 节。

单击"特征"功能区中的"参考几何体"选项下的"基准面"按钮，系统弹出"基准面"属性管理器。单击"第一参考"下的列表框，然后单击右视基准面；单击"第二参考"下的列表框，然后单击如图 14-4 所示的点。

其"基准面"属性管理器设置如图 14-5 所示,其预览效果如图 14-4 所示,单击"基准面"属性管理器中的"确定"按钮 ✓,即完成基准面的创建,如图 14-6 所示。

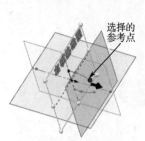
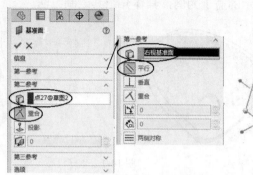
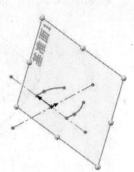

图 14-4　选择的点及预览效果　　图 14-5　"基准面"属性管理器　　图 14-6　完成的基准面

07 创建基准点 1。

创建基准点特征详见第 5 章中的 5.5 节。

单击"特征"功能区中的"参考几何体"选项下的"点"按钮 ⦿,系统弹出"点"属性管理器,单击"在点上"选项,然后单击如图 14-7 所示的点;其"点"属性管理器如图 14-8 所示。

单击"点"属性管理器中的"确定"按钮 ✓,即完成基准点的创建,如图 14-9 所示。

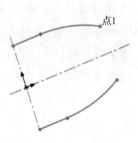

图 14-7　选择的点 1　　　　图 14-8　"点"属性管理器 1　　图 14-9　完成的基准点 1

08 创建基准点 2。

单击"特征"功能区中的"参考几何体"选项下的"点"按钮 ⦿,系统弹出"点"属性管理器,单击"在点上"选项,然后单击如图 14-10 所示的点;其"点"属性管理器如图 14-11 所示。

单击"点"属性管理器中的"确定"按钮 ✓,即完成基准点的创建,如图 14-12 所示。

09 草绘曲线 1。

选择草绘的平面为基准面 1,即步骤 6 中创建的基准平面,绘制如图 14-13 所示的图元。

  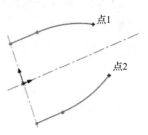

图 14-10　选择的点 2　　　图 14-11　"点"属性管理器 2　　　图 14-12　完成的基准点 2

10 草绘曲线 2。

按照同样的方法草绘曲线，选择前视基准面为草绘平面，绘制如图 14-14 所示的图元。

 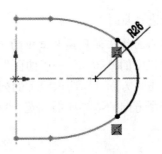

图 14-13　草绘曲线 1　　　　　　图 14-14　草绘曲线 2

11 创建基准点 3。

单击"特征"功能区中的"参考几何体"选项下的"点"按钮，系统弹出"点"属性管理器，单击"在点上"选项，然后单击如图 14-15 所示的点；其"点"属性管理器如图 14-16 所示。

单击"点"属性管理器中的"确定"按钮，即完成基准点的创建，如图 14-17 所示。

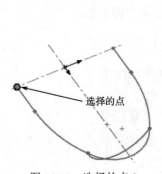  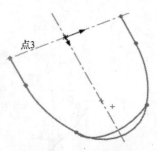

图 14-15　选择的点 3　　　图 14-16　"点"属性管理器 3　　　图 14-17　完成的基准点 3

369

12 创建基准点 4。

单击"特征"功能区中的"参考几何体"选项下的"点"按钮，系统弹出"点"属性管理器，单击"在点上"选项，然后单击如图 14-18 所示的点。

单击"点"属性管理器中的"确定"按钮，即完成基准点的创建，如图 14-19 所示。

13 草绘曲线 3。

选择右视基准面为草绘平面，然后绘制如图 14-20 所示的图元。

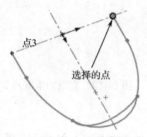 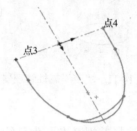 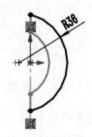

图 14-18　选择的点 4　　　图 14-19　完成的基准点 4　　　图 14-20　草绘曲线 3

14 创建边界曲面 1。

创建边界曲面特征详见第 8 章中的 8.8 节。

选择菜单栏中的"插入"→"曲面"→"边界曲面"命令，系统弹出"边界-曲面"属性管理器，单击"方向 1"选项组下的列表框，然后单击选择如图 14-21 所示的曲线，此时系统显示一个方向的边界曲面预览；单击选择如图 14-22 所示的另外一条曲线，生成边界曲面预览。

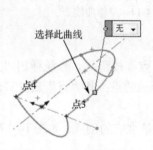 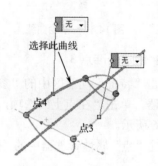

图 14-21　选择的曲线 1　　　　　　　图 14-22　选择的曲线 2

单击"方向 2"选项组下的列表框，然后单击选择如图 14-23 所示的曲线，系统显示边界曲面预览；单击选择如图 14-24 所示的另外一条曲线，生成边界曲面预览。

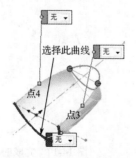 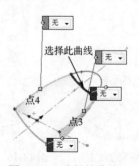

图 14-23　选择的曲线 3　　　　　　　图 14-24　选择的曲线 4

其"边界-曲面"属性管理器设置如图14-25所示,单击属性管理器中的"确定"按钮✓,即完成边界曲面特征的创建,如图14-26所示。

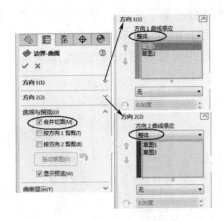
图 14-25　"边界-曲面"属性管理器 1

图 14-26　创建的边界曲面 1

15 创建边界曲面 2。

选择菜单栏中的"插入"→"曲面"→"边界曲面"命令,系统弹出"边界-曲面"属性管理器,单击"方向 1"选项组下的列表框,然后单击选择如图 14-27 所示的曲线,此时系统显示一个方向的边界曲面预览;单击选择如图 14-28 所示的另外一条曲线,生成边界曲面预览。

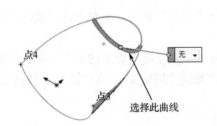
图 14-27　选择的曲线 5

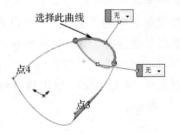
图 14-28　选择的曲线 6

其"边界-曲面"属性管理器设置如图 14-29 所示,单击属性管理器中的"确定"按钮✓,即完成边界曲面特征的创建,如图 14-30 所示。

图 14-29　"边界-曲面"属性管理器 2

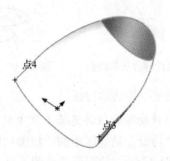
图 14-30　创建的边界曲面 2

16 创建缝合曲面特征。

创建缝合曲面特征详见第 8 章中的 8.10 节。

选择菜单栏中的"插入"→"曲面"→"缝合曲面"命令,系统弹出"缝合曲面"属性管理器,然后单击选择如图 14-31 所示的面 1 和面 2,属性管理器设置如图 14-32 所示,单击属性管理器中的"确定"按钮 ✓,即完成缝合曲面特征的创建,如图 14-33 所示。

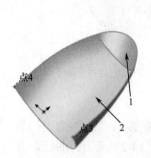  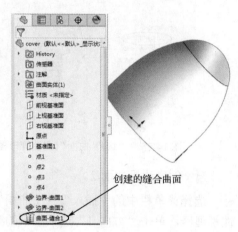

图 14-31 选择曲面   图 14-32 "缝合曲面"属性管理器   图 14-33 创建的缝合曲面

17 创建加厚特征。

选择菜单栏中的"插入"→"凸台/基体"→"加厚"命令,系统弹出"加厚"属性管理器,然后单击选择如图 14-34 所示的面。

选择"加厚侧边 2"按钮 ≡,并输入厚度值 5,并勾选"合并结果"选项,其属性管理器设置如图 14-35 所示,单击属性管理器中的"确定"按钮 ✓,即完成加厚特征的创建,如图 14-36 所示。

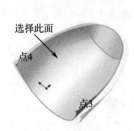  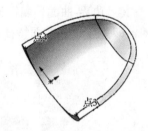

图 14-34 选择缝合后的曲面   图 14-35 "加厚"属性管理器   图 14-36 创建的加厚曲面特征

18 创建拉伸切除特征。

创建拉伸切除特征详见第 5 章中的 5.6 节。

单击"特征"功能区中的"拉伸切除"按钮 ⓕ,选择前视基准面作为草绘平面,然后绘制如图 14-37 所示的图形,草图绘制完成后,退出草图绘制界面。

输入拉伸值为40，其预览效果如图14-38所示，单击属性管理器中的"确定"按钮✓，即完成拉伸切除特征的创建，如图14-39所示。

图 14-37　草绘的图元　　　　图 14-38　预览效果　　　　图 14-39　创建的拉伸切除特征

19 创建圆角特征1。

创建圆角特征详见第6章中的6.1节。

单击"特征"功能区中的"圆角"按钮，再单击属性管理器中的"圆角类型"选项下的"恒定大小圆角"按钮，修改圆角半径大小为10。

单击选择如图14-40所示的边，单击"圆角"属性管理器中的"确定"按钮✓，即完成圆角特征的创建，如图14-41所示。

图 14-40　选择的圆角边1　　　　　图 14-41　创建的圆角特征1

20 创建圆角特征2。

单击"特征"功能区中的"圆角"按钮，再单击属性管理器中的"圆角类型"选项下的"恒定大小圆角"按钮，修改圆角半径大小为1.5。

单击选择如图14-42所示的边，单击"圆角"属性管理器中的"确定"按钮✓，即完成圆角特征的创建，如图14-43所示。

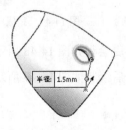 

图 14-42　选择的圆角边2　　　　　图 14-43　创建的圆角特征2

14.2　上盖的绘制

以如图14-44所示的上盖为例，具体介绍其绘制方法。

图 14-44　上盖

操作步骤

01 启动桌面上的"SolidWorks 2018"程序，界面如图 1-1 所示。

02 新建文件。

新建文件详见第 1 章中的 1.2 节。

03 保存文件。

保存文件详见第 1 章中的 1.2 节。

单击"保存"按钮，系统打开如图 12-2 所示的"另存为"对话框，设定保存文件的名称为"上盖"。

04 绘制草图 1。单击"草图"功能区中的"草图绘制"按钮，选择前视基准面作为草绘平面，绘制如图 14-45 所示的图元。

05 创建拉伸曲面。

创建拉伸曲面详见第 8 章中的 8.2 节。

选择菜单栏中的"插入"→"曲面"→"拉伸曲面"命令，然后选择刚刚绘制的曲线，拉伸深度设为 10，此时预览效果如图 14-46 所示，单击"曲面-拉伸"属性管理器中的"确定"按钮，即完成拉伸曲面特征的创建，如图 14-47 所示。

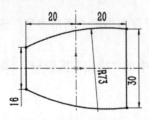
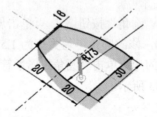
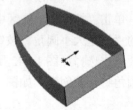

图 14-45　绘制草图 1　　　　图 14-46　拉伸曲面预览　　　　图 14-47　完成的拉伸曲面特征

07 绘制草图 2。选择上视基准面为草绘平面，然后绘制如图 14-48 所示的图元。

08 绘制草图 3。选择右视基准面为草绘平面，然后绘制如图 14-49 所示的图元。

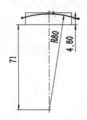
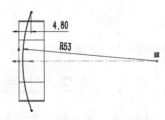

图 14-48　绘制草图 2　　　　　　图 14-49　绘制草图 3

09 创建扫描曲面特征。

创建扫描曲面特征详见第 8 章中的 8.5 节。

选择菜单栏中的"插入"→"曲面"→"扫描曲面"命令，系统弹出"曲面-扫描"属性管理器。

单击"轮廓"列表框，选择绘制的草图 3；单击"路径"列表框，选择绘制的草图 2，并单击"双向"按钮；在"选项"选项组中，选择轮廓方位为"随路径变化"选项，"轮廓扭转"为无，其"曲面-扫描"属性管理器设置如图 14-50 所示。

其预览效果如图 14-51 所示，单击"曲面-扫描"属性管理器中的"确定"按钮，即完成扫描曲面特征的创建，如图 14-52 所示。

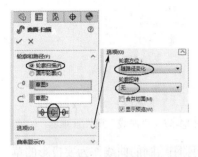
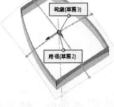

图 14-50 "曲面-扫描"属性管理器　　图 14-51 预览效果　　图 14-52 完成的扫描曲面特征

 专家提示：在使用引导线扫描曲面时，所选择的扫描方向不同，则生成的扫描曲面也不同。

10 创建相交曲面特征 1。

创建相交曲面特征详见第 8 章中的 8.11 节。

单击"特征"功能区中的"相交"按钮，系统弹出"相交"属性管理器，然后选择如图 14-52 所示的拉伸曲面 1 和扫描曲面 1，并选择"创建两者"选项，勾选"曲面上的封盖平面开口"复选框，然后单击"相交"按钮。

在"要排除的区域"选项组中，选择"显示排除的区域"按钮，并选择"区域 1"选项，其预览效果如图 14-53 所示。

"相交"属性管理器设置如图 14-54 所示，单击属性管理器中的"确定"按钮，即完成相交曲面特征的创建，如图 14-55 所示。

图 14-53 预览效果　　图 14-54 "相交"属性管理器　　图 14-55 完成的相交曲面特征

11 绘制草图 4。按照前面的操作方法绘制草图,选择前视基准面为草绘平面,然后绘制如图 14-56 所示的图元。

12 创建投影曲线特征。

创建投影曲线特征详见第 4 章中的 4.2 节。

选择菜单栏中的"插入"→"曲线"→"投影曲线"命令,系统弹出如图 14-57 所示的"曲线"属性管理器。

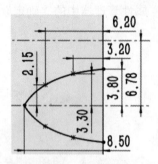

图 14-56 绘制草图 4

图 14-57 "曲线"属性管理器

单击对话框中的"要投影的草图"选项框,然后选择刚刚绘制的曲线作为要投影的草图;单击对话框中的"投影面"选项框,然后选择如图 14-58 所示的拉伸曲面作为投影面。单击管理器中的"确定"按钮,即完成投影曲线特征的创建,如图 14-59 所示。

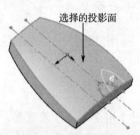

图 14-58 选择的投影面

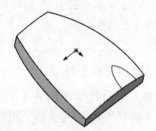

图 14-59 完成的投影曲线特征

13 绘制草图 5。选择如图 14-60 所示的平面作为草绘平面,然后绘制如图 14-61 所示的图元。

图 14-60 选择的平面

图 14-61 绘制草图 5

14 创建边界曲面。

创建边界曲面特征详见第 8 章中的 8.8 节。

选择菜单栏中的"插入"→"曲面"→"边界曲面"命令,系统弹出"边界-曲面"属

第 14 章 高手实训——曲面设计

性管理器,单击"方向 1"选项组下的列表框,然后单击选择如图 14-62 所示的投影曲线,此时系统显示一个方向的边界曲面预览;单击选择刚刚绘制的草图 5,生成边界曲面预览,如图 14-63 所示。

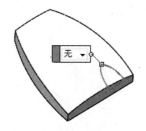
图 14-62 选择投影曲线

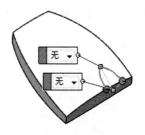
图 14-63 选择的曲线 2

其"边界-曲面"属性管理器设置如图 14-64 所示,单击属性管理器中的"确定"按钮,即完成边界曲面特征的创建,如图 14-65 所示。

图 14-64 "边界-曲面"属性管理器

图 14-65 完成的边界曲面特征

15 创建曲面相交特征 2。

单击"特征"功能区中的"相交"按钮，系统弹出"相交"属性管理器,然后选择如图 14-65 所示的相交曲面和边界曲面,并选择"创建两者"选项,然后单击"相交"按钮。

在"要排除的区域"选项组中选择"显示排除的区域"按钮，并选择"区域 2"选项,其预览效果如图 14-66 所示。

此时"相交"属性管理器如图 14-67 所示,单击属性管理器中的"确定"按钮，即完成相交曲面特征的创建,如图 14-68 所示。

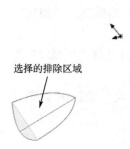
图 14-66 预览效果

图 14-67 "相交"属性管理器

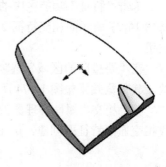
图 14-68 完成的相交曲面特征 2

16 隐藏和显示特征。

在 FeatureManager 设计树中选中刚刚创建的相交特征,在弹出的菜单中选择"隐藏"选项,如图 14-69 所示;然后设置前导视图工具栏中的"隐藏/显示项目"选项下的"隐藏/显示主要基准面"选项为显示,此时效果如图 14-70 所示。

图 14-69 选择"隐藏"选项

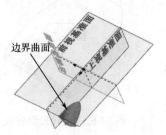
图 14-70 隐藏和显示效果

17 创建镜像特征。

创建镜像特征详见第 6 章中的 6.13 节。

单击"特征"功能区中的"镜像"按钮 ,然后单击"镜像面/基准面"选项组下的列表框,选择上视基准面,单击"要镜像的实体"选项组中的列表框,选择如图 14-70 所示的边界曲面特征,其"镜像"属性管理器设置如图 14-71 所示。

其预览效果如图 14-72 所示,单击属性管理器中的"确定"按钮 ,即完成镜像特征的创建,如图 14-73 所示。

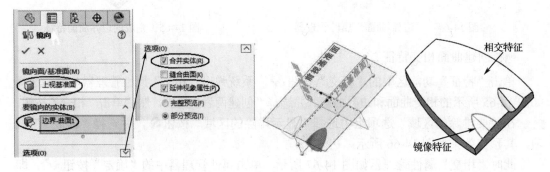

图 14-71 "镜像"属性管理器　　图 14-72 预览效果　　图 14-73 完成的镜像特征

18 创建曲面相交特征 3。

单击"特征"功能区中的"相交"按钮 ,系统弹出"相交"属性管理器,然后选择如图 14-73 所示的相交特征 2 和镜像特征,并选择"创建两者"选项,然后单击"相交"按钮。

在"要排除的区域"选项组中选择"显示排除的区域"按钮 ,并选择"区域 2"选项,其预览效果如图 14-74 所示。

其"相交"属性管理器如图 14-75 所示,单击属性管理器中的"确定"按钮 ,即完成相交曲面特征的创建,如图 14-76 所示。

图 14-74　预览效果　　　　图 14-75　"相交"属性管理器　　　图 14-76　完成的相交曲面特征 3

19 创建曲面缝合特征。

创建曲面缝合特征详见第 8 章中的 8.10 节。

选择菜单栏中的"插入"→"曲面"→"缝合曲面"命令，系统弹出"缝合曲面"属性管理器，然后依次单击选择图中所有面特征，其属性管理器设置如图 14-77 所示，预览效果如图 14-78 所示。

单击"缝合曲面"属性管理器中的"确定"按钮，即完成缝合曲面特征的创建，如图 14-79 所示。

图 14-77　"缝合曲面"属性管理器　　图 14-78　曲面缝合预览效果　　图 14-79　完成的缝合曲面特征

20 创建圆角特征 1。

创建圆角特征详见第 6 章中的 6.1 节。

单击"特征"功能区中的"圆角"按钮，单击属性管理器中的"圆角类型"选项下的"恒定大小圆角"按钮，修改圆角半径大小为 4。

单击选择如图 14-80 所示的边，单击"圆角"属性管理器中的"确定"按钮，即完成圆角特征的创建，如图 14-81 所示。

21 创建倒圆角特征 2。

单击"特征"功能区中的"圆角"按钮，单击属性管理器中的"圆角类型"选项下的"恒定大小圆角"按钮，修改圆角半径大小为 3。

379

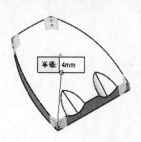

图 14-80　选择的圆角边 1　　　　　　　图 14-81　完成的圆角特征 1

单击选择如图 14-82 所示的边，单击"圆角"属性管理器中的"确定"按钮，即完成圆角特征的创建，如图 14-83 所示。

图 14-82　选择的圆角边 2　　　　　　　图 14-83　完成的圆角特征 2

22 创建圆角特征 3。

单击"特征"功能区中的"圆角"按钮，单击属性管理器中的"圆角类型"选项下的"恒定大小圆角"按钮，修改圆角半径大小为 1。

单击选择如图 14-84 所示的边，单击"圆角"属性管理器中的"确定"按钮，即完成圆角特征的创建，如图 14-85 所示。

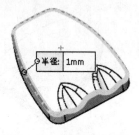

图 14-84　选择的圆角边 3　　　　　　　图 14-85　完成的圆角特征 3

23 创建抽壳特征。

创建抽壳特征详见第 6 章中的 6.5 节。

单击"特征"功能区中的"抽壳"按钮，或者选择菜单栏中的"插入"→"特征"→"抽壳"命令，系统弹出"抽壳"属性管理器。

单击选择模型的底面作为要移除的面，在属性管理器中的"厚度"图标后的文本框中，将厚度值修改为 1，然后按 Enter 键，其预览效果如图 14-86 所示。

其"抽壳"属性管理器如图 14-87 所示，单击属性管理器中的"确定"按钮，即完成抽壳特征的创建，如图 14-88 所示。

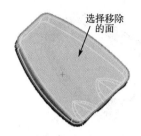

图 14-86　预览效果　　　　图 14-87　"抽壳"属性管理器　　　　图 14-88　完成的抽壳特征

24 创建拉伸切除特征 1。

创建拉伸切除特征详见第 5 章中的 5.6 节。

单击"特征"功能区中的"拉伸切除"按钮，选择如图 14-89 所示的平面作为草绘平面，然后绘制如图 14-90 所示的图形，草图绘制完成后，退出草图绘制界面。

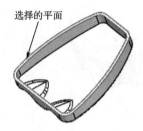
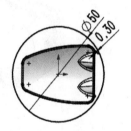

图 14-89　选择的草绘平面　　　　　　　图 14-90　草绘的图元

输入拉伸值为 0.3，其预览效果如图 14-91 所示，其"切除-拉伸"属性管理器如图 14-92 所示，单击属性管理器中的"确定"按钮，即完成拉伸切除特征的创建，如图 14-93 所示。

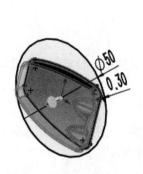

图 14-91　拉伸切除预览效果　　图 14-92　"切除-拉伸"属性管理器　　图 14-93　完成的拉伸切除特征 1

25 创建拉伸切除特征 2。

单击"特征"功能区中的"拉伸切除"按钮，选择右视基准面作为草绘平面，然后绘制如图14-94所示的图形，草图绘制完成后，退出草图绘制界面。

输入拉伸值为25，其预览效果如图14-95所示，单击属性管理器中的"确定"按钮 ✓，即完成拉伸切除特征的创建，如图14-96所示。

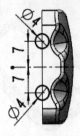  

图14-94 草绘的图元　　　　图14-95 预览效果　　　　图14-96 完成的拉伸切除特征2

14.3　啤酒瓶盖的绘制

以如图14-97所示的啤酒瓶盖为例，具体介绍其绘制方法。

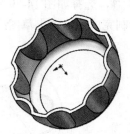 

图14-97　啤酒瓶盖

操作步骤

01 启动桌面上的"SolidWorks 2018"程序，界面如图1-1所示。

02 新建文件。

新建文件详见第1章中的1.2节。

03 保存文件。

保存文件详见第1章中的1.2节。

单击"保存"按钮 📙，系统打开如图12-2所示的"另存为"对话框，设定保存文件的名称为"啤酒瓶盖"。

04 创建草图。

选择上视基准面作为草绘平面，单击"视图定向"快捷菜单中的"正视于"按钮 ↧，然后绘制如图14-98所示的图形，草图绘制完成后，退出草图绘制界面。

05 创建旋转曲面特征1。

创建旋转曲面特征详见第8章中的8.3节。

选择菜单栏中的"插入"→"曲面"→"旋转曲面"命令，然后单击绘图区中的右视基准面，然后绘制如图14-99所示的图元。

第14章 高手实训——曲面设计

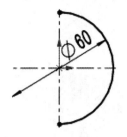

图14-98 创建的草图1

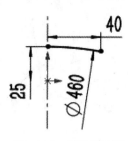

图14-99 草绘的图元

在"方向1"角度文本框中输入旋转角度90°，其"曲面-旋转"属性管理器设置如图14-101所示，其预览效果如图14-100所示，然后单击属性管理器中的"确定"按钮，即完成旋转曲面特征的创建，如图14-102所示。

  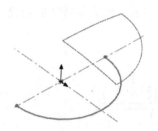

图14-100 预览效果　　图14-101 "曲面-旋转"属性管理器　　图14-102 完成的旋转曲面特征1

06 创建拉伸曲面特征1。

创建拉伸曲面特征详见第8章中的8.2节。

选择菜单栏中的"插入"→"曲面"→"拉伸曲面"命令，然后单击绘图区中的右视基准面，然后绘制如图14-103所示的图元。

在"方向1"选项组"深度"文本框中输入50，其属性管理器如图14-104所示，预览效果如图14-105所示，单击属性管理器中的"确定"按钮，即完成拉伸曲面特征的创建，如图14-106所示。

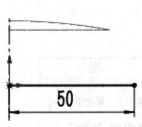 

图14-103 草绘的图元　　图14-104 "曲面-拉伸"属性管理器

383

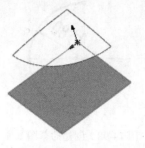

图 14-105　预览效果　　　　图 14-106　完成的拉伸曲面特征 1

07 创建旋转曲面特征 2。

选择菜单栏中的"插入"→"曲面"→"旋转曲面"命令,然后单击绘图区中的右视基准面,然后绘制如图 14-107 所示的图元。

在"方向 1"角度 文本框中输入旋转角度 90°,其"曲面-旋转"属性管理器设置如图 14-108 所示,其预览效果如图 14-109 所示,然后单击属性管理器中的"确定"按钮 ,即完成旋转曲面特征的创建,如图 14-110 所示。

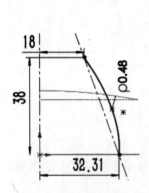
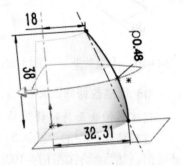

图 14-107　草绘的图元　　图 14-108　"曲面-旋转"属性管理器　　图 14-109　预览效果

08 创建拉伸曲面特征 2。

选择菜单栏中的"插入"→"曲面"→"拉伸曲面"命令,然后单击绘图区中的上视基准面,然后绘制如图 14-111 所示的曲线。

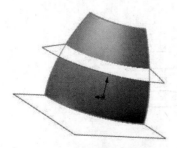
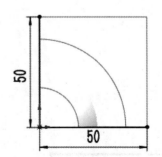

图 14-110　完成的旋转曲面特征 2　　　　图 14-111　草绘的图元

在"方向 1"选项组中"深度" 文本框中输入 38,其"曲面-拉伸"属性管理器如

图 14-112 所示，预览效果如图 14-113 所示，单击属性管理器中的"确定"按钮 ✓，即完成拉伸曲面特征的创建，如图 14-114 所示。

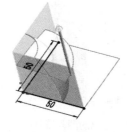

图 14-112　"曲面-拉伸"属性管理器　　图 14-113　预览效果　　图 14-114　完成的拉伸曲面特征 2

09 创建相交曲面特征 1。

创建相交曲面特征详见第 8 章中的 8.11 节。

单击"特征"功能区中的"相交"按钮，系统弹出"相交"属性管理器，然后依次选择前面所创建的两个拉伸曲面和两个旋转曲面，并选择"创建两者"选项，然后单击"相交"按钮，其预览效果如图 14-115 所示。

其"相交"属性管理器设置如图 14-116 所示，单击属性管理器中的"确定"按钮 ✓，即完成相交曲面特征的创建，如图 14-117 所示。

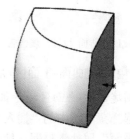

图 14-115　预览效果　　图 14-116　"相交"属性管理器　　图 14-117　完成的相交曲面特征 1

10 创建圆角特征。

创建圆角特征详见第 6 章中的 6.1 节。

单击"特征"功能区中的"圆角"按钮,单击属性管理器中的"圆角类型"选项下的"恒定大小圆角"按钮,修改圆角半径大小为8。

单击选择如图14-118所示的边,单击"圆角"属性管理器中的"确定"按钮,即完成圆角特征的创建,如图14-119所示。

11 创建拉伸曲面特征3。

选择菜单栏中的"插入"→"曲面"→"拉伸曲面"命令,然后单击绘图区中的上视基准面,然后绘制如图14-120所示的圆。

 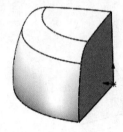 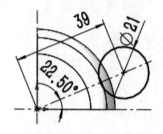

图14-118 选择的边　　图14-119 完成的圆角特征　　图14-120 草绘的图

在"方向1"选项组"深度"文本框中输入25,并勾选"封底"选项,其"曲面-拉伸"属性管理器如图14-121所示,预览效果如图14-122所示,单击属性管理器中的"确定"按钮,即完成拉伸曲面特征的创建,如图14-123所示。

 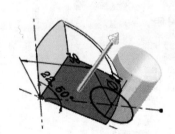 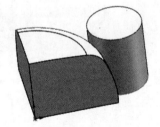

图14-121 "曲面-拉伸"属性管理器3　　图14-122 预览效果6　　图14-123 完成的拉伸曲面特征3

12 创建曲面-平面区域特征。

创建曲面-平面区域特征详见第8章中的8.4节。

选择菜单栏中的"插入"→"曲面"→"平面区域"命令,系统弹出如图14-124所示的"平面"属性管理器,然后单击选择步骤11创建的圆柱边线,如图14-125所示。

单击"平面"属性管理器中的"确定"按钮,即完成曲面-平面区域特征的创建,如图14-126所示。

第 14 章　高手实训——曲面设计

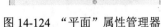

图 14-124　"平面"属性管理器　　　图 14-125　选择的图元　　　图 14-126　完成的曲面-平面区域特征

13 创建相交曲面特征 2。

单击"特征"功能区中的"相交"按钮 ，系统弹出"相交"属性管理器，然后依次选择前面所创建的拉伸曲面和曲面-平面区域特征，并选择"创建两者"选项，然后单击"相交"按钮，其预览效果如图 14-127 所示。

其"相交"属性管理器如图 14-128 所示，单击属性管理器中的"确定"按钮 ✓，即完成相交曲面特征的创建，如图 14-129 所示。

图 14-127　预览效果 7　　　图 14-128　"相交"属性管理器　　　图 14-129　完成的相交曲面特征 2

14 创建拔模特征。

创建拔模特征详见第 6 章中的 6.4 节。

单击"特征"功能区中的"拔模"按钮，或者选择菜单栏中的"插入"→"特征"→"拔模"命令，系统弹出"拔模"属性管理器，选择"手工"选项，选择"拔模类型"选项组下的"中性面"选项。

单击选择上视基准面作为中性面，接着单击选择圆柱体侧面作为拔模面，如图 14-130 所示。

在属性管理器中的"拔模角度"图标 后的文本框中，将角度值修改为 1.5，然后按 Enter 键；在"拔模面"选项组中选择"拔模沿面延伸"为"无"，其"拔模"属性管理器如图 14-131 所示。

单击属性管理器中的"确定"按钮 ✓，即完成拔模特征的创建，如图 14-132 所示。

387

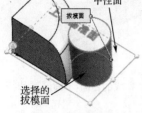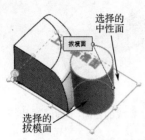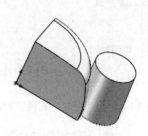

图 14-130　选择的对象 1　　　图 14-131　"拔模"属性管理器　　　图 14-132　完成的拔模特征

15 创建圆周阵列特征。

创建圆周阵列特征详见第 6 章中的 6.12 节。

单击"特征"功能区中的"圆周阵列"按钮，或者选择菜单栏中的"插入"→"阵列/镜像"→"圆周阵列"命令，系统弹出"阵列（圆周）"属性管理器。

单击"方向 1"选项下的"反向"按钮后的列表框，然后单击如图 14-133 所示的中心轴，然后在"方向 1"选项组的"角度"文本框中输入角度值 45，在"实例数"文本框中输入特征数 2，其"阵列（圆周）"属性管理器如图 14-134 所示，单击属性管理器中的"确定"按钮，即完成圆周阵列特征的创建，如图 14-135 所示。

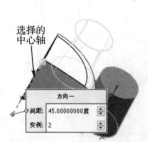

图 14-133　选择的中心轴　　　图 14-134　"阵列（圆周）"属性管理器　　　图 14-135　完成的圆周阵列特征

16 创建相交曲面特征 3。

单击"特征"功能区中的"相交"按钮，系统弹出"相交"属性管理器，然后选择如图 14-136 所示的曲面 1 和曲面 2，并选择"创建两者"选项，然后单击"相交"按钮。

在"要排除的区域"选项组中选择"显示包含的区域"按钮，并选择"区域 1"和"区域 3"选项，其预览效果如图 14-137 所示。

图 14-136　选择的相交对象　　　　　图 14-137　预览效果

其"相交"属性管理器如图 14-138 所示,单击属性管理器中的"确定"按钮 ✔,即完成相交特征的创建,如图 14-139 所示。

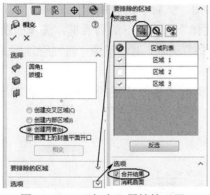

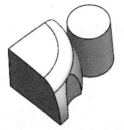

图 14-138　"相交"属性管理器　　　　　图 14-139　完成的相交曲面特征 3

17 创建相交曲面特征 4。

单击"特征"功能区中的"相交"按钮 ,系统弹出"相交"属性管理器,然后选择如图 14-140 所示的曲面 1 和曲面 2,并选择"创建两者"选项,然后单击"相交"按钮。

在选择"要排除的区域"选项组中选择"显示包含的区域"按钮 ,并"区域 1"和"区域 3"选项,其预览效果如图 14-141 所示。

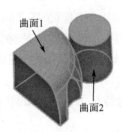

图 14-140　选择的相交对象　　　　　图 14-141　预览效果

其"相交"属性管理器如图 14-142 所示,单击属性管理器中的"确定"按钮 ✔,即完成相交特征的创建,如图 14-143 所示。

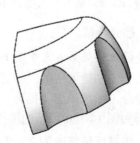

图 14-142　"相交"属性管理器　　　　　图 14-143　完成的相交曲面特征 4

18 创建镜像特征1。

创建镜像特征详见第6章中的6.13节。

单击"特征"功能区中的"镜像"按钮，然后单击"镜像面/基准面"选项组下的列表框，选择右视基准面；单击"要镜像的实体"选项组下的列表框，选择如图14-144所示实体，并在"选项"选项组中选择"合并实体"选项，其"镜像"属性管理器如图14-145所示。

单击属性管理器中的"确定"按钮✓，即完成镜像特征的创建，如图14-146所示。

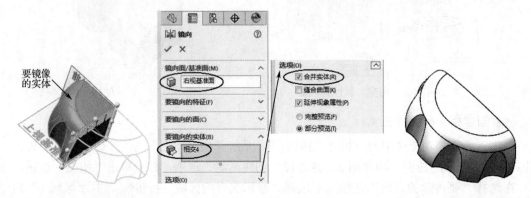

图14-144 选择的镜像对象1　　图14-145 "镜像"属性管理器1　　图14-146 完成的镜像特征1

19 创建镜像特征2。

单击"特征"功能区中的"镜像"按钮，然后单击"镜像面/基准面"选项组下的列表框，选择前视基准面；单击"要镜像的实体"选项组下的列表框，选择如图14-147所示实体，并在"选项"选项组中勾选"合并实体"选项，其"镜像"属性管理器如图14-148所示。

单击属性管理器中的"确定"按钮✓，即完成镜像特征的创建，如图14-149所示。

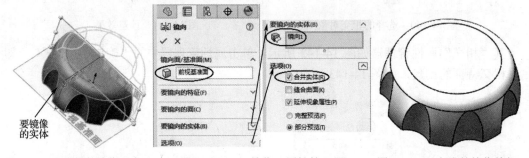

图14-147 选择的镜像对象2　　图14-148 "镜像"属性管理器2　　图14-149 完成的镜像特征2

20 创建抽壳特征。

创建抽壳特征详见第6章中的6.5节。

单击"特征"功能区中的"抽壳"按钮，或者选择菜单栏中的"插入"→"特征"→"抽壳"命令，系统弹出"抽壳"属性管理器。

单击选择如图14-150所示的面作为要移除的面，在属性管理器中的"厚度"图标后的文本框中，将厚度值修改为2，然后按Enter键，其预览效果如图14-150所示。

其"抽壳"属性管理器如图 14-151 所示,单击属性管理器中的"确定"按钮 ✓,即完成抽壳特征的创建,如图 14-152 所示。

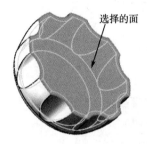

图 14-150　选择的面　　　图 14-151　"抽壳"属性管理器　　　图 14-152　完成的抽壳特征

14.4　鼠标外壳的绘制

以如图 14-153 所示的鼠标外壳为例,具体介绍其绘制方法。

图 14-153　鼠标外壳

操作步骤

01 启动桌面上的"SolidWorks 2018"程序,界面如图 1-1 所示。

02 新建文件。

新建文件详见第 1 章中的 1.2 节。

03 保存文件。

保存文件详见第 1 章中的 1.2 节。

单击"保存"按钮 📄,系统打开如图 12-2 所示的"另存为"对话框,设定保存文件的名称为"鼠标外壳"。

04 创建基准面 1。

创建基准面特征详见第 5 章中的 5.2 节。

单击"特征"功能区中的"参考几何体"选项下的"基准面"按钮 📐,系统弹出"基准面"属性管理器。单击"第一参考"下的列表框，选择前视基准面作为参考，在"偏移距离"文本框中输入 25，其预览效果如图 14-154 所示。

其"基准面"属性管理器设置如图 14-155 所示，单击属性管理器中的"确定"按钮，即完成基准面的创建。

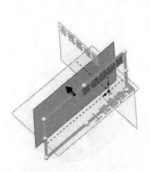

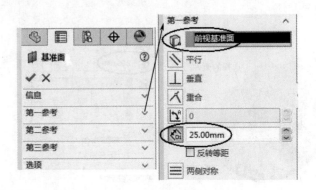

图 14-154　预览效果 1　　　　　　图 14-155　"基准面"属性管理器 1

05 创建基准面 2。

单击"特征"功能区中的"参考几何体"选项下的"基准面"按钮，系统弹出"基准面"属性管理器。单击"第一参考"下的列表框，选择刚刚创建的基准面 1 作为参考，在"偏移距离"文本框中输入 25，其预览效果如图 14-156 所示。

其"基准面"属性管理器设置如图 14-157 所示，单击属性管理器中的"确定"按钮，即完成基准面的创建。

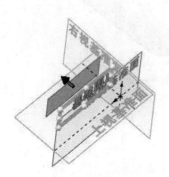

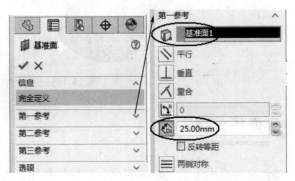

图 14-156　预览效果 2　　　　　　图 14-157　"基准面"属性管理器 2

06 创建草图 1。

选择前视基准面作为草绘平面，单击"视图定向"快捷菜单中的"正视于"按钮，然后绘制如图 14-158 所示的图形，草图绘制完成后，退出草图绘制界面。

07 创建草图 2。

选择创建的基准面 1 作为草绘平面，单击"视图定向"快捷菜单中的"正视于"按钮，然后绘制如图 14-159 所示的图形，草图绘制完成后，退出草图绘制界面。

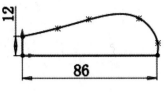
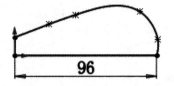

图 14-158　草绘的图元 1　　　　　　图 14-159　草绘的图元 2

08 创建草图 3。

选择创建的基准面 2 作为草绘平面，单击"视图定向"快捷菜单中的"正视于"按钮，然后绘制如图 14-160 所示的图形，草图绘制完成后，退出草图绘制界面。

09 创建草图 4。

选择创建的上视基准面作为草绘平面，单击"视图定向"快捷菜单中的"正视于"按钮，然后绘制如图 14-161 所示的图形，草图绘制完成后，退出草图绘制界面。

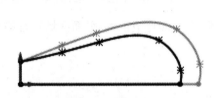
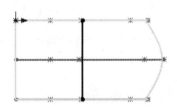

图 14-160　草绘的图元 3　　　　　　图 14-161　草绘的图元 4

10 创建放样曲面特征。

创建放样曲面特征详见第 8 章中的 8.6 节。

选择菜单栏中的"插入"→"曲面"→"放样曲面"命令，系统弹出"曲面-放样"属性管理器，然后依次单击选择如图 14-162 所示的草图 1、2、3 作为轮廓，其预览效果如图 14-163 所示；单击"引导线"选项组，选择"引导线感应类型"选项中的"到下一引线"选项，然后单击如图 14-162 所示的草图 4 作为引导线；其预览效果如图 14-164 所示。

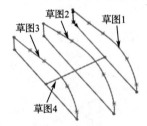

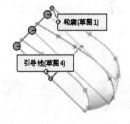

图 14-162　选择的草图　　　　图 14-163　放样曲面预览效果 1　　　　图 14-164　放样曲面预览效果 2

其"曲面-放样"属性管理器设置如图 14-165 所示，单击属性管理器中的"确定"按钮，即完成放样曲面特征的创建，如图 14-166 所示。

11 创建曲面-平面区域特征 1。

创建曲面-平面区域特征详见第 8 章中的 8.4 节。

选择菜单栏中的"插入"→"曲面"→"平面区域"命令，系统弹出如图 14-167 所示的"平面"属性管理器，然后单击选择如图 14-168 所示的边线。

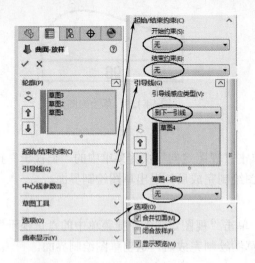

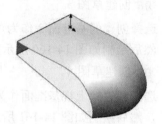

图 14-165 "曲面-放样"属性管理器　　　　图 14-166 完成的放样曲面特征

单击"平面"属性管理器中的"确定"按钮 ✓，即完成曲面-平面区域特征的创建，如图 14-169 所示。

 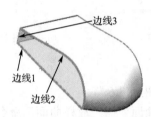 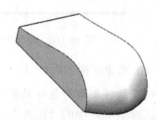

图 14-167 "平面"属性管理器 1　　图 14-168 选择的连线 1　　图 14-169 完成的曲面-平面区域特征 1

12 创建曲面-平面区域特征 2。

选择菜单栏中的"插入"→"曲面"→"平面区域"命令，系统弹出如图 14-170 所示的"平面"属性管理器，然后单击选择如图 14-171 所示的边线。

单击"平面"属性管理器中的"确定"按钮 ✓，即完成曲面-平面区域特征的创建，如图 14-172 所示。

图 14-170 "平面"属性管理器 2　　图 14-171 选择的边线 2　　图 14-172 完成的曲面-平面区域特征 2

13 创建缝合曲面特征。

创建缝合曲面特征详见第 8 章中的 8.10 节。

选择菜单栏中的"插入"→"曲面"→"缝合曲面"命令，系统弹出"缝合曲面"属性管理器，然后单击选择前面创建的三个面，其属性管理器设置如图 14-173 所示，单击属性管理器中的"确定"按钮，即完成缝合曲面特征的创建，如图 14-174 所示。

图 14-173 "缝合曲面"属性管理器　　　　图 14-174 创建的缝合曲面特征

14 创建圆角特征 1。

创建圆角特征详见第 6 章中的 6.1 节。

单击"特征"功能区中的"圆角"按钮，单击属性管理器中的"圆角类型"选项下的"恒定大小圆角"按钮，修改圆角半径大小为 10。

单击选择如图 14-175 所示的边，单击"圆角"属性管理器中的"确定"按钮，即完成圆角特征的创建，如图 14-176 所示。

图 14-175 选择的圆角边 1　　　　图 14-176 完成的圆角特征 1

15 创建圆角特征 2。

单击"特征"功能区中的"圆角"按钮，单击属性管理器中的"圆角类型"选项下的"变量大小圆角"按钮，并依次单击如图 14-177 所示的边线 1、2、3、4 和 5。

单击"变半径参数"选项组，选择"圆角方法"为"对称"选项，然后依次输入各个附加的半径值，其 V1, R=3mm; V2, R=10mm; V3, R=3mm; V4, R=3mm; V5, R=3mm; V6, R=10mm; "变半径参数"选项组设置如图 14-178 所示。

其"圆角"属性管理器设置如图 14-179 所示，预览效果如图 14-180 所示，单击"圆角"属性管理器中的"确定"按钮，即完成圆角特征的创建，如图 14-181 所示。

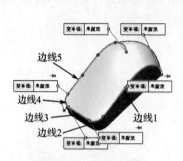 

图 14-177　选择的圆角边　　　　图 14-178　"变半径参数"选项组

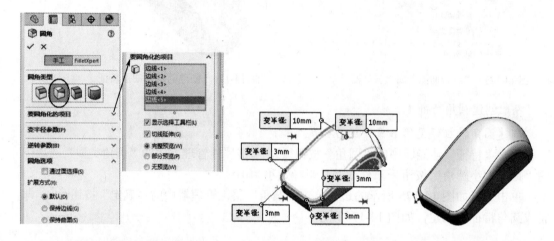

图 14-179　"圆角"属性管理器　　图 14-180　选择的圆角边 2　　图 14-181　完成的圆角特征 2

16 创建圆角特征 3。

单击"特征"功能区中的"圆角"按钮，单击属性管理器中的"圆角类型"选项下的"恒定大小圆角"按钮，修改圆角半径大小为 3。

单击选择如图 14-182 所示的边，单击"圆角"属性管理器中的"确定"按钮，即完成圆角特征的创建，如图 14-183 所示。

图 14-182　选择的圆角边 3　　　　图 14-183　完成的圆角特征 3

17 创建加厚特征。

选择菜单栏中的"插入"→"凸台/基体"→"加厚"命令，系统弹出"加厚"属性管理器。

单击属性管理器中"加厚参数"选项组下的"要加厚的曲面"列表框,然后单击选择如图 14-184 所示的面;单击"加厚侧边 2"按钮,在"厚度"图标后的选项框中输入 2;勾选"合并结果"选项。

其"加厚"属性管理器设置如图 14-185 所示,单击属性管理器中的"确定"按钮,即完成加厚特征的创建,如图 14-186 所示。

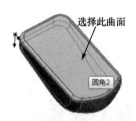
图 14-184 选择的曲面

图 14-185 "加厚"属性管理器

图 14-186 完成的加厚特征

14.5 茶壶的绘制

以如图 14-187 所示的茶壶为例,具体介绍其绘制方法。

图 14-187 茶壶

1. 壶身的绘制

操作步骤

01 启动桌面上的"SolidWorks 2018"程序,界面如图 1-1 所示。

02 新建文件。

新建文件详见第 1 章中的 1.2 节。

03 保存文件。

保存文件详见第 1 章中的 1.2 节。

单击"保存"按钮 🖫，系统打开如图 12-2 所示的"另存为"对话框，设定保存文件的名称为"壶身"。

04 创建旋转曲面特征。

创建旋转曲面特征详见第 8 章中的 8.3 节。

选择菜单栏中的"插入"→"曲面"→"旋转曲面"命令，然后单击绘图区中的前视基准面，然后绘制如图 14-188 所示的草图。

选择绘制的中心线作为旋转轴，在"方向 1"角度 文本框中输入旋转角度 360°，其"曲面-旋转"属性管理器设置如图 14-189 所示，其预览效果如图 14-190 所示，然后单击属性管理器中的"确定"按钮 ✓，即完成旋转曲面特征的创建，如图 14-191 所示。

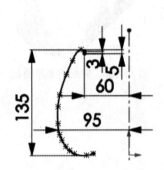

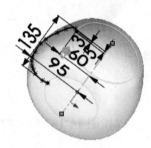

图 14-188　绘制草图 1　　图 14-189　"曲面-旋转"属性管理器　　图 14-190　预览效果

05 绘制草图 2。单击"草图"功能区中的"草图绘制"按钮 ⌐，选择前视基准面作为草绘平面，绘制如图 14-192 所示的图元。

06 绘制草图 3。单击"草图"功能区中的"草图绘制"按钮 ⌐，选择前视基准面作为草绘平面，绘制如图 14-193 所示的图元。

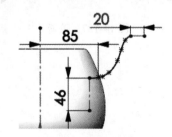
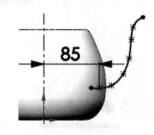

图 14-191　完成的旋转曲面特征　　图 14-192　绘制草图 2　　图 14-193　绘制草图 3

07 绘制草图 4。单击"草图"功能区中的"草图绘制"按钮 ⌐，选择右视基准面作为草绘平面，绘制如图 14-194 所示的图元。

08 绘制草图 5。单击"草图"功能区中的"草图绘制"按钮 ⌐，选择上视基准面作为草绘平面，绘制如图 14-195 所示的图元。

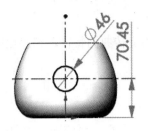

图 14-194　绘制草图 4

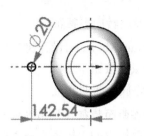

图 14-195　绘制草图 5

09 创建基准平面 1。

创建基准面特征详见第 5 章中的 5.2 节。

单击"特征"功能区中的"参考几何体"选项下的"基准面"按钮，系统弹出"基准面"属性管理器，单击"第一参考"下的列表框，然后单击右视基准面，并单击选择"平行"按钮；单击"第二参考"下的列表框，然后单击如图 14-196 所示的参考点。

其"基准面"属性管理器设置如图 14-197 所示，其预览效果如图 14-196 所示，单击属性管理器中的"确定"按钮，即完成基准面的创建。

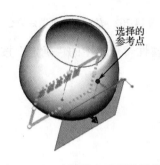

图 14-196　选择的点及预览效果 1

图 14-197　"基准面"属性管理器 1

10 创建基准平面 2。

单击"特征"功能区中的"参考几何体"选项下的"基准面"按钮，系统弹出"基准面"属性管理器。单击"第一参考"下的列表框，然后单击上视基准面，并单击选择"平行"按钮；单击"第二参考"下的列表框，然后单击如图 14-198 所示的参考点。

其"基准面"属性管理器设置如图 14-199 所示，其预览效果如图 14-198 所示，单击属性管理器中的"确定"按钮，即完成基准面的创建。

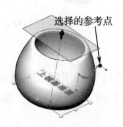

图 14-198　选择的点及预览效果 2

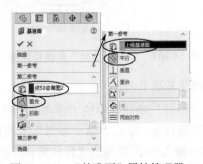

图 14-199　"基准面"属性管理器 2

11 隐藏旋转曲面特征。

在"FeatureManager 设计树"中单击步骤 4 创建的旋转曲面特征,在弹出的快捷菜单中选择"隐藏"按钮。

12 创建放样曲面特征。

创建放样曲面特征详见第 8 章中的 8.6 节。

选择菜单栏中的"插入"→"曲面"→"放样曲面"命令,系统弹出"曲面-放样"属性管理器,然后依次单击选择如图 14-200 所示的草图 4 和 5 作为轮廓,其预览效果如图 14-201 所示;单击"引导线"选项组,选择"引导线感应类型"选项中的"到下一引线"选项,然后单击如图 14-200 所示的草图 2 和 3 作为引导线,其预览效果如图 14-202 所示。

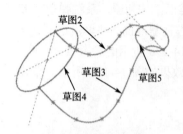 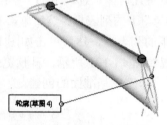 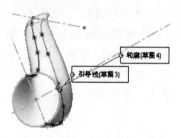

图 14-200 选择的草图　　图 14-201 放样曲面预览效果 1　　图 14-202 放样曲面预览效果 2

其"曲面-放样"属性管理器设置如图 14-203 所示,单击属性管理器中的"确定"按钮 ✓,即完成放样曲面特征的创建,如图 14-204 所示。

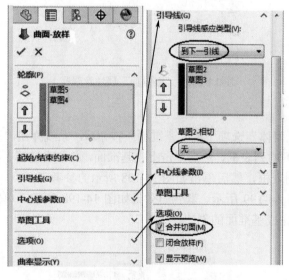 

图 14-203 "曲面-放样"属性管理器　　图 14-204 完成的放样曲面特征

13 创建基准平面 3。

单击"特征"功能区中的"参考几何体"选项下的"基准面"按钮,系统弹出"基准面"属性管理器。单击"第一参考"下的列表框,然后单击右视基准面,在"偏移距离"文本框中输入 70,并勾选"反转等距"选项。

其"基准面"属性管理器设置如图 14-205 所示,其预览效果如图 14-206 所示,单击属性管理器中的"确定"按钮✔,即完成基准面的创建。

14 绘制草图 6。单击"草图"功能区中的"草图绘制"按钮,选择刚刚创建的基准面 3 作为草绘平面,绘制如图 14-207 所示的图元。

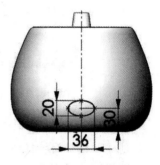

图 14-205　"基准面"属性管理器 3　　图 14-206　基准面 3 预览效果　　图 14-207　绘制草图 6

15 创建基准平面 4。

单击"特征"功能区中的"参考几何体"选项下的"基准面"按钮,系统弹出"基准面"属性管理器。单击"第一参考"下的列表框,然后单击上视基准面,在"偏移距离"文本框中输入 70。

其"基准面"属性管理器设置如图 14-208 所示,其预览效果如图 14-209 所示,单击属性管理器中的"确定"按钮✔,即完成基准面的创建。

16 绘制草图 7。单击"草图"功能区中的"草图绘制"按钮,选择刚刚创建的基准面 4 作为草绘平面,绘制如图 14-210 所示的图元。

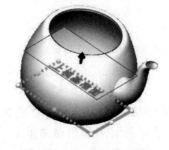
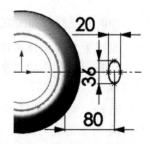

图 14-208　"基准面"属性管理器 4　　图 14-209　基准面 4 预览效果　　图 14-210　绘制草图 7

17 创建草图 8。单击"草图"功能区中的"草图绘制"按钮，选择步骤 13 创建的基准面 3 作为草绘平面，绘制如图 14-211 所示的图元。

18 创建草图 9。单击"草图"功能区中的"草图绘制"按钮，选择前视基准面作为草绘平面，绘制如图 14-212 所示的图元。

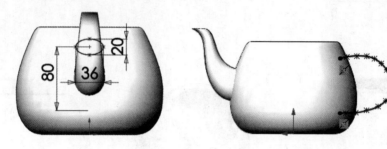

图 14-211　创建草图 8　　　　　图 14-212　创建草图 9

19 创建扫描曲面特征。

创建扫描曲面特征详见第 8 章中的 8.5 节。

选择菜单栏中的"插入"→"曲面"→"扫描曲面"命令，系统弹出"曲面-扫描"属性管理器。

单击"轮廓"列表框，并选择绘制的草图 8；单击"路径"列表框，并选择绘制的草图 9，其他的"曲面-扫描"属性管理器设置如图 14-213 所示。

其预览效果如图 14-214 所示，单击"曲面-扫描"属性管理器中的"确定"按钮，即完成扫描曲面特征的创建，如图 14-215 所示。

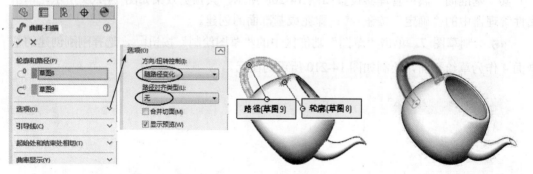

图 14-213　"曲面-扫描"属性管理器　　图 14-214　预览效果　　图 14-215　完成的扫描曲面特征

20 创建剪裁曲面特征。

创建剪裁曲面特征详见第 8 章中的 8.13 节。

选择菜单栏中的"插入"→"曲面"→"剪裁曲面"命令，系统弹出"曲面-剪裁"属性管理器。

选择"剪裁类型"中的"相互"选项，单击"剪裁工具"列表框，然后单击选择如图 14-216 所示的旋转曲面 1、放样曲面 1 和扫描曲面 1；单击选择"保留选择"选项，并在"保留的部分"列表框中，单击选择如图 14-217 所示的黄色显亮曲面部分。

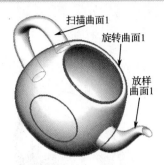
图 14-216 选择的曲面

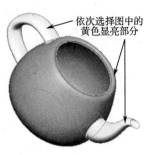
图 14-217 选择的保留部分

其属性管理器设置如图 14-218 所示，选择完后预览效果如图 14-219 所示，单击属性管理器中的"确定"按钮 ✓，即完成剪裁曲面特征的创建，如图 14-220 所示。

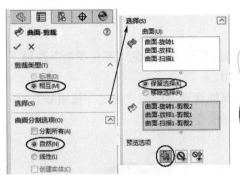

图 14-218 "曲面-剪裁"属性管理器

图 14-219 预览效果　　图 14-220 完成的剪裁曲面特征

21 创建填充曲面特征。

创建填充曲面特征详见第 8 章中的 8.14 节。

选择菜单栏中的"插入"→"曲面"→"填充"命令，系统弹出"曲面填充"属性管理器。

单击"修补边界"选项组下的列表框，然后单击选择如图 14-221 所示的边线，其他设置如图 14-223 所示。

图 14-221 选择的边线

图 14-222 预览效果

其预览效果如图 14-222 所示，单击"曲面填充"属性管理器中的"确定"按钮 ✓，即完成填充曲面特征的创建，如图 14-224 所示。

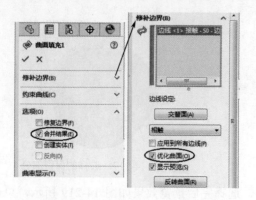

图 14-223 "曲面填充"属性管理器　　　图 14-224 完成的填充曲面特征

22 创建圆角特征。

创建圆角特征详见第 6 章中的 6.1 节。

单击"特征"功能区中的"圆角"按钮，单击属性管理器中的"圆角类型"选项下的"恒定大小圆角"按钮，修改圆角半径大小为 10。

单击选择如图 14-225 所示的边，单击"圆角"属性管理器中的"确定"按钮，即完成圆角特征的创建，如图 14-226 所示。保存文件完成壶身的创建。

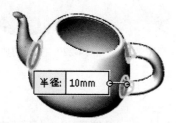

图 14-225 选择的边及预览效果　　　图 14-226 完成的圆角特征

2. 壶盖的绘制

操作步骤

01 启动桌面上的"SolidWorks 2018"程序，界面如图 1-1 所示。

02 新建文件。

新建文件详见第 1 章中的 1.2 节。

03 保存文件。

保存文件详见第 1 章中的 1.2 节。

单击"保存"按钮，系统打开如图 12-2 所示的"另存为"对话框，设定保存文件的名称为"壶盖"。

04 创建旋转曲面特征。

创建旋转曲面特征详见第 8 章中的 8.3 节。

选择菜单栏中的"插入"→"曲面"→"旋转曲面"命令,然后单击绘图区中的前视基准面,然后绘制如图14-227所示的图元。

选择绘制的中心线作为旋转轴,在"方向1"角度文本框中输入旋转角度360°,其"曲面-旋转"属性管理器设置如图14-228所示,其预览效果如图14-229所示,然后单击属性管理器中的"确定"按钮,即完成旋转曲面特征的创建,如图14-230所示。

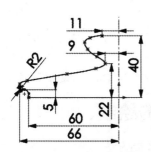
图14-227 草绘的图元

图14-228 "曲面-旋转"属性管理器

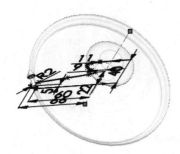
图14-229 预览效果9

图14-230 完成的旋转曲面特征2

05 创建曲面填充特征。

创建曲面填充特征详见第8章中的8.14节。

选择菜单栏中的"插入"→"曲面"→"填充"命令,系统弹出"曲面填充"属性管理器。

单击"修补边界"选项组下的列表框,然后单击选择如图14-231所示的边线,其他设置如图14-232所示。

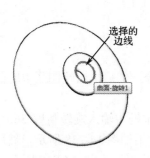
图14-231 选择的填充边线

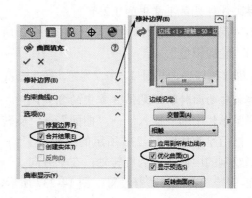
图14-232 "曲面填充"属性管理器

405

其预览效果如图 14-233 所示，单击"曲面填充"属性管理器中的"确定"按钮 ✓，即完成填充曲面特征的创建，如图 14-234 所示。保存文件完成壶盖的创建。

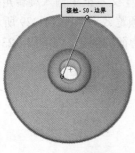
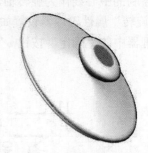

图 14-233　预览效果　　　　　　　　图 14-234　完成的填充曲面特征

14.6　轮毂模型的绘制

以如图 14-235 所示的轮毂模型为例，具体介绍其绘制方法。

图 14-235　轮毂模型

操作步骤

01 启动桌面上的"SolidWorks 2018"程序，界面如图 1-1 所示。

02 新建文件。

新建文件详见第 1 章中的 1.2 节。

03 保存文件。

保存文件详见第 1 章中的 1.2 节。

单击"保存"按钮，系统打开如图 12-2 所示的"另存为"对话框，设定保存文件的名称为"轮毂模型"。

04 创建旋转曲面特征 1。

创建旋转曲面特征详见第 8 章中的 8.3 节。

选择菜单栏中的"插入"→"曲面"→"旋转曲面"命令，然后单击绘图区中的前视基准面，然后绘制如图 14-236 所示的图元。

选择绘制的中心线作为旋转轴，在"方向 1"角度文本框中输入旋转角度 360°，其"曲面-旋转"属性管理器设置如图 14-237 所示，其预览效果如图 14-238 所示，然后单击属性管理器中的"确定"按钮 ✓，即完成旋转曲面特征的创建，如图 14-239 所示。

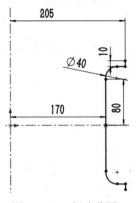

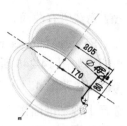

图 14-236　创建草图 1　　图 14-237　"曲面-旋转"属性管理器 1　　图 14-238　预览效果 1

图 14-239　生成的旋转曲面特征 1

05 创建旋转曲面特征 2。

选择菜单栏中的"插入"→"曲面"→"旋转曲面"命令，然后单击绘图区中的前视基准面，然后绘制如图 14-240 所示的图元。

选择绘制的中心线作为旋转轴，在"方向 1"角度文本框中输入旋转角度 360°，其预览效果如图 14-241 所示，然后单击属性管理器中的"确定"按钮，即完成旋转曲面特征的创建，如图 14-242 所示。

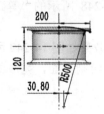

图 14-240　创建草图 2　　图 14-241　预览效果 2　　图 14-242　生成的旋转曲面特征 2

06 创建旋转曲面特征 3。

选择菜单栏中的"插入"→"曲面"→"旋转曲面"命令，然后单击绘图区中的前视基准面，然后绘制如图 14-243 所示的图元。

选择绘制的中心线作为旋转轴，在"方向 1"角度文本框中输入旋转角度 360°，其预览效果如图 14-244 所示，然后单击属性管理器中的"确定"按钮，即完成旋转曲面特征的创建，如图 14-245 所示。

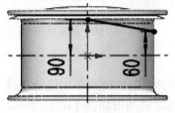
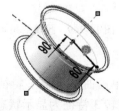

图 14-243　创建草图 3　　图 14-244　预览效果 3　　图 14-245　生成的旋转曲面特征 3

SolidWorks 2018 基础、进阶、高手一本通

07 隐藏所有曲面。

在"FeatureManager 设计树"中单击曲面-旋转 1 特征,在弹出的快捷菜单中选择"隐藏"按钮,如图 14-246 所示,然后依次隐藏另外两个旋转曲面,并打开基准面显示。

08 创建草图 4。

选择上视基准面作为草绘平面,单击"视图定向"快捷菜单中的"正视于"按钮,然后绘制如图 14-247 所示的图形,草图绘制完成后,退出草图绘制界面。

图 14-246 选择"隐藏"选项

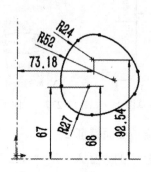

图 14-247 创建草图 4

09 创建草图 5。

选择上视基准面作为草绘平面,单击"视图定向"快捷菜单中的"正视于"按钮,然后单击"草图"功能区中的"等距实体"按钮,系统打开如图 14-248 所示的"等距实体"属性管理器。

按照图中的参数设置好后,单击草图 4 中任意直线或圆弧,其预览效果如图 14-249 所示,再单击对话框中的"确定"按钮,草图绘制完成后,退出草图绘制界面,完成的等距实体如图 14-250 所示。

图 14-248 "等距实体"属性管理器

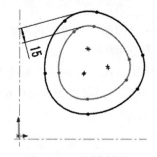

图 14-249 预览效果 4

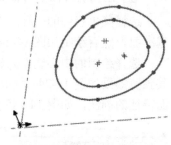

图 14-250 创建草图 5

10 显示旋转曲面特征 2、3。

在"FeatureManager 设计树"中单击曲面-旋转 2 特征,在弹出的快捷菜单中选择"显示"按钮,用同样的方法设置曲面-旋转 3 特征为显示状态,此时的图形如图 14-251 所示。

11 创建投影曲线 1。

创建投影曲线特征详见第 4 章中的 4.2 节。

单击"特征"功能区中的"曲线"选项下的"投影曲线"按钮，或者选择菜单栏中的"插入"→"曲线"→"投影曲线"命令，系统弹出如图 14-252 所示的"投影曲线"属性管理器。

单击"要投影的草图"列表框，然后选择步骤 9 绘制的草图 5 作为要投影的草图；单击"投影面"列表框，然后选择如图 14-253 所示的曲面作为投影面。

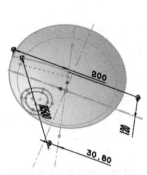

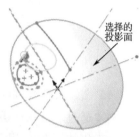

图 14-251　显示的曲面 1　　图 14-252　"投影曲线"属性管理器 1　　图 14-253　选择的投影面 1

单击属性管理器中的"确定"按钮，即完成投影曲线特征的创建，如图 14-254 所示。

12 隐藏旋转曲面特征 2。

在"FeatureManager 设计树"中单击曲面-旋转 2 特征，在弹出的快捷菜单中选择"隐藏"按钮，此时的图形如图 14-255 所示。

13 创建投影曲线 2。

单击"特征"功能区中的"曲线"选项下的"投影曲线"按钮，或者选择菜单栏中的"插入"→"曲线"→"投影曲线"命令，系统弹出如图 14-256 所示的"投影曲线"属性管理器。

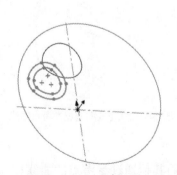
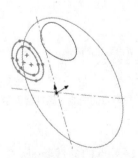

图 14-254　完成的投影曲线特征 1　　图 14-255　隐藏曲面 2　　图 14-256　"投影曲线"属性管理器 2

单击"要投影的草图" 列表框，然后选择步骤8绘制的草图4作为要投影的草图；单击"投影面" 列表框，然后选择如图14-257所示的曲面作为投影面。

单击属性管理器中的"确定"按钮 ，即完成投影曲线特征的创建，如图14-258所示。

14 隐藏旋转曲面特征3。

在"FeatureManager设计树"中单击曲面-旋转3特征，在弹出的快捷菜单中选择"隐藏"按钮，此时的图形如图14-259所示。

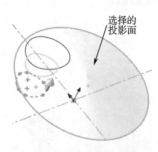
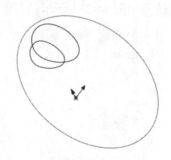
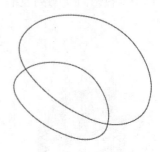

图14-257　选择的投影面2　　图14-258　完成的投影曲线特征2　　图14-259　隐藏曲面3

15 创建通过参考点的曲线特征1。

创建通过参考点的曲线特征详见第4章中的4.7节。

单击"特征"功能区中的"曲线"选项下的"通过参考点的曲线"按钮 ，或者选择菜单栏中的"插入"→"曲线"→"通过参考点的曲线"命令，系统弹出"通过参考点的曲线"属性管理器。

依次单击如图14-260所示的点1和点2，不勾选"闭环曲线"选项，其"通过参考点的曲线"属性管理器如图14-261所示。

单击属性管理器中的"确定"按钮 ，即完成通过参考点的曲线特征创建，如图14-262所示。

 专家提示：在选择点的时候，应该选择靠近点1垂直位置的点，这样才能在创建边界曲面的时候，不生成混乱的曲面。

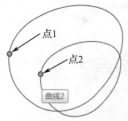

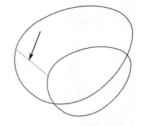

图14-260　选择的点　　图14-261　"通过参考点的曲线"属性管理器　　图14-262　完成的通过参考点曲线

16 创建通过参考点的其他曲线特征。

按照同样的操作方法创建通过参考点的曲线特征，生成的其他通过参考点的曲线如图14-263所示。

17 创建边界曲面特征。

创建边界曲面特征详见第 8 章中的 8.8 节。

选择菜单栏中的"插入"→"曲面"→"边界曲面"命令，系统弹出"边界-曲面"属性管理器，单击"方向 1"选项组下的列表框，然后单击选择如图 14-264 所示的曲线，此时系统显示一个方向的边界曲面预览；单击选择另外一条曲线，此时系统生成边界曲面预览，如图 14-265 所示。

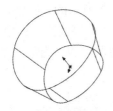
图 14-263 完成的六条曲线

图 14-264 选取的曲线 1

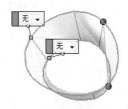
图 14-265 选取的曲线 2

单击"方向 2"选项组下的列表框，然后单击选择如图 14-266 所示的曲线，此时系统显示一个方向的边界曲面预览；依次选择所创建的六条通过参考点的曲线，此时生成边界混合曲面预览，如图 14-267 所示。

其"边界-曲面"属性管理器设置如图 14-269 所示，单击属性管理器中的"确定"按钮，即完成边界曲面特征的创建，如图 14-268 所示。

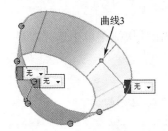
图 14-266 选取的曲线 3

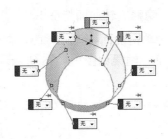
图 14-267 边界混合曲面预览效果

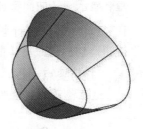
图 14-268 完成的边界曲面特征

18 隐藏曲线。

在"FeatureManager 设计树"中选取两条投影曲线和六条通过参考点的曲线，在弹出的快捷菜单中选择"隐藏"命令，此时的图形如图 14-270 所示。

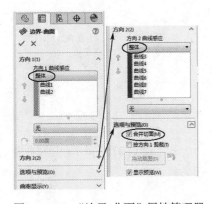
图 14-269 "边界-曲面"属性管理器

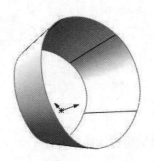
图 14-270 隐藏所有曲线

19 显示旋转曲面特征 1。

在"FeatureManager 设计树"中单击曲面-旋转 1 特征,在弹出的快捷菜单中选择"显示"按钮,效果如图 14-271 所示。

20 创建阵列特征。

创建阵列特征详见第 6 章中的 6.12 节。

选中创建的边界曲面特征,然后单击"特征"功能区中的"圆周阵列"按钮 ,单击"方向 1"选项下的"反向" 按钮后的列表框,然后选择如图 14-272 所示的中心轴,然后在"方向 1"选项组的"实例数" 文本框中输入特征数 5,并勾选"等间距"选项。

其"阵列(圆周)"属性管理器如图 14-274 所示,单击属性管理器中的"确定"按钮 ,即完成圆周阵列特征的创建,如图 14-273 所示。

图 14-271 显示的曲面特征 1

图 14-272 选择的中心轴

图 14-273 完成的圆周阵列特征

21 显示旋转曲面特征 2 和 3,隐藏旋转曲面特征 1。

在"FeatureManager 设计树"中单击曲面-旋转 2 和 3,在弹出的快捷菜单中选择"显示"按钮,然后隐藏旋转曲面 1 特征,结果如图 14-275 所示。

> **技巧要点**
> 这里隐藏轮毂主曲面即旋转曲面 1,目的是为了更好地选择边界曲面。

图 14-274 "阵列(圆周)"属性管理器

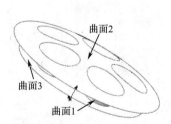

图 14-275 显示和隐藏曲面

22 创建剪裁曲面特征 1。

创建剪裁曲面特征详见第 8 章中的 8.13 节。

选择菜单栏中的"插入"→"曲面"→"剪裁曲面"命令，系统弹出"曲面-剪裁"属性管理器。

选择"剪裁类型"中的"标准"选项，单击"剪裁工具"列表框，然后单击选择如图14-275 所示的曲面 2 和曲面 3；单击选择"保留选择"选项，并单击"保留的部分" 列表框，选择如图 14-275 所示的曲面 2 和曲面 3。

其属性管理器设置如图 14-276 所示，预览效果如图 14-277 所示，单击属性管理器中的"确定"按钮，即完成剪裁曲面特征的创建，如图 14-278 所示。

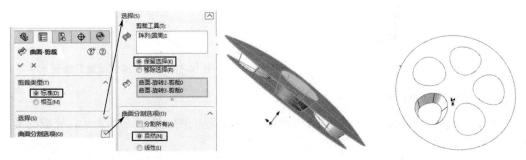

图 14-276　"曲面-剪裁"属性管理器　　图 14-277　剪裁曲面 1 预览效果　图 14-278　完成的剪裁曲面特征 1

23 创建剪裁曲面特征 2。

创建剪裁曲面特征详见第 8 章中的 8.13 节。

按照同样的操作方法，创建剪裁曲面特征 2，其预览效果如图 14-279 所示，完成的剪裁曲面特征如图 14-280 所示。

 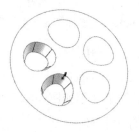

图 14-279　剪裁曲面 2 预览效果　　　　　图 14-280　完成的剪裁曲面特征 2

24 创建剪裁曲面特征 3。

按照同样的操作方法，创建剪裁曲面特征 3，其预览效果如图 14-281 所示，完成的剪裁曲面特征如图 14-282 所示。

图 14-281　剪裁曲面 3 预览效果　　　　　图 14-282　完成的剪裁曲面特征 3

25 创建剪裁曲面特征 4。

按照同样的操作方法,创建剪裁曲面特征,其预览效果如图 14-283 所示,完成的剪裁曲面特征如图 14-284 所示。

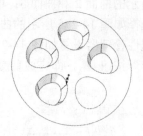

图 14-283　剪裁曲面 4 预览效果　　　　图 14-284　完成的剪裁曲面特征 4

26 创建剪裁曲面特征 5。

按照同样的操作方法,创建剪裁曲面特征 5,其预览效果如图 14-285 所示,完成的剪裁曲面特征,如图 14-286 所示。

图 14-285　剪裁曲面 5 预览效果　　　　图 14-286　完成的剪裁曲面特征 5

27 显示旋转曲面特征 1。

在"FeatureManager 设计树"中单击曲面-旋转 1 特征,在弹出的快捷菜单中选择"显示"按钮,此时的图形如图 14-287 所示。

28 创建加厚特征。

选择菜单栏中的"插入"→"凸台/基体"→"加厚"命令,系统弹出"加厚"属性管理器,然后单击选择曲面-旋转 1 特征。

选择"加厚侧边 2"按钮，并输入厚度值 10,其属性管理器设置如图 14-288 所示,单击属性管理器中的"确定"按钮，即完成加厚特征的创建,如图 14-289 所示。

图 14-287　显示旋转曲面 1　　图 14-288　"加厚"属性管理器　　图 14-289　创建的加厚曲面特征

29 隐藏加厚特征。

在"FeatureManager 设计树"中单击加厚特征 1，在弹出的快捷菜单中选择"隐藏"按钮，如图 14-290 所示。

30 创建缝合曲面特征 1。

创建缝合曲面特征详见第 8 章中的 8.10 节。

选择菜单栏中的"插入"→"曲面"→"缝合曲面"命令，系统弹出"缝合曲面"属性管理器，然后依次单击选择绘图区中的曲面，其属性管理器设置如图 14-291 所示，预览效果如图 14-292 所示，单击属性管理器中的"确定"按钮 ✓，即完成缝合曲面特征的创建，如图 14-293 所示。

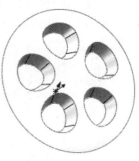

图 14-290 隐藏加厚特征

图 14-291 "缝合曲面"属性管理器　　图 14-292 预览效果　　图 14-293 完成的缝合曲面特征 1

31 显示加厚特征。

在"FeatureManager 设计树"中单击加厚特征 1，在弹出的快捷菜单中选择"显示"按钮。

32 创建相交特征。

创建相交特征详见第 8 章中的 8.11 节。

单击"特征"功能区中的"相交"按钮 ，系统弹出"相交"属性管理器，然后选择如图 14-294 所示的加厚 1 和曲面-缝合 1，并选择"创建两者"选项，然后单击"相交"按钮。

选择"显示包含的区域"按钮 ，并不选择"要排除的区域"选项组中的"区域 1、2、3、4"选项，其预览效果如图 14-295 所示。

图 14-294 选择的特征　　　　图 14-295 预览效果 12

其"相交"属性管理器如图 14-296 所示，单击属性管理器中的"确定"按钮 ，即完成相交特征的创建，如图 14-297 所示。

> **专家提示**：这里创建相交特征，是为了把旋转曲面 2 和 3 中多余的曲面切除掉，这样才能在创建缝合特征时生成实体特征。

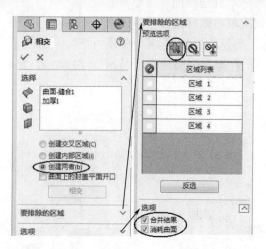

图 14-296　"相交"属性管理器　　　　　图 14-297　完成的相交特征

33 创建拉伸切除特征。

创建拉伸切除特征详见第 5 章中的 5.6 节。

单击"特征"功能区中的"拉伸切除"按钮，选择上视基准面作为草绘平面，然后绘制如图 14-298 所示的图形，草图绘制完成后，退出草图绘制界面。

输入拉伸值为 150，其预览效果如图 14-299 所示，单击属性管理器中的"确定"按钮，即完成拉伸切除特征的创建，如图 14-300 所示。

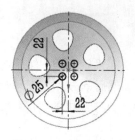 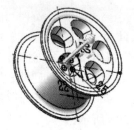 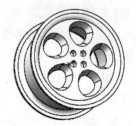

图 14-298　草绘的图元　　　图 14-299　拉伸切除预览　　　图 14-300　完成的拉伸切除特征

34 创建缝合曲面特征 2。

选择菜单栏中的"插入"→"曲面"→"缝合曲面"命令，系统弹出"缝合曲面"属性管理器，然后依次单击选择各个曲面，其属性管理器设置如图 14-301 所示，其预览效果如图 14-302 所示，单击属性管理器中的"确定"按钮，即完成缝合曲面特征的创建，如图 14-303 所示。

专家提示：缝合曲面生成实体特征时，多的面删除掉、没有面的地方补起来、面相交的地方剪裁多出部分，三个要求有一个达不到，就生成不了实体。

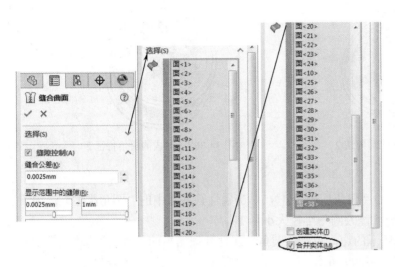

图14-302　预览效果

图14-301　"缝合曲面"属性管理器　　　　　图14-303　完成的缝合曲面特征2

35 隐藏相交特征。

在"FeatureManager 设计树"中单击相交特征 1，在弹出的快捷菜单中选择"隐藏"按钮。

专家提示：隐藏相交特征是为了把曲面特征隐藏掉，以便在创建倒圆角特征时，能够很好地选择边线，读者可以尝试下。

36 创建圆角特征 1。

创建圆角特征详见第 6 章中的 6.1 节。

单击"特征"功能区中的"圆角"按钮，单击属性管理器中的"圆角类型"选项下的"恒定大小圆角"按钮，修改圆角半径大小为 2。

单击选择如图 14-304 所示的边，单击"圆角"属性管理器中的"确定"按钮，即完成圆角特征的创建，如图 14-305 所示。

图14-304　选择的圆角边1　　　　　图14-305　完成的圆角特征1

37 创建圆角特征 2。

单击"特征"功能区中的"圆角"按钮，单击属性管理器中的"圆角类型"选项下的"恒定大小圆角"按钮，修改圆角半径大小为 10。

单击选择如图 14-306 所示的边，单击"圆角"属性管理器中的"确定"按钮，即完成圆角特征的创建，如图 14-307 所示。

图 14-306　选择的圆角边 2　　　　图 14-307　完成的圆角特征 2

38 创建圆角特征 3。

单击"特征"功能区中的"圆角"按钮，单击属性管理器中的"圆角类型"选项下的"恒定大小圆角"按钮，修改圆角半径大小为 10。

单击选择如图 14-308 所示的边，单击"圆角"属性管理器中的"确定"按钮，即完成圆角特征的创建，如图 14-309 所示。

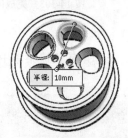 

图 14-308　选择的圆角边 3　　　　图 14-309　完成的圆角特征 3

39 创建圆角特征 4。

单击"特征"功能区中的"圆角"按钮，单击属性管理器中的"圆角类型"选项下的"恒定大小圆角"按钮，修改圆角半径大小为 10。

单击选择如图 14-310 所示的边，单击"圆角"属性管理器中的"确定"按钮，即完成圆角特征的创建，如图 14-311 所示。

图 14-310　选择的圆角边 4　　　　图 14-311　完成的圆角特征 4

40 创建圆角特征 5。

单击"特征"功能区中的"圆角"按钮,单击属性管理器中的"圆角类型"选项下的"恒定大小圆角"按钮,修改圆角半径大小为 10。

单击选择如图 14-312 所示的边,单击"圆角"属性管理器中的"确定"按钮,即完成圆角特征的创建,如图 14-313 所示。

图 14-312　选择的圆角边 5　　　　　图 14-313　完成的圆角特征 5

41 创建圆角特征 6。

单击"特征"功能区中的"圆角"按钮,单击属性管理器中的"圆角类型"选项下的"恒定大小圆角"按钮,修改圆角半径大小为 10。

单击选择如图 14-314 所示的边,单击"圆角"属性管理器中的"确定"按钮,即完成圆角特征的创建,如图 14-315 所示。

图 14-314　选择的圆角边 6　　　　　图 14-315　完成的圆角特征 6

42 创建圆角特征 7。

单击"特征"功能区中的"圆角"按钮,单击属性管理器中的"圆角类型"选项下的"恒定大小圆角"按钮,修改圆角半径大小为 2。

单击选择如图 14-316 所示的边,单击"圆角"属性管理器中的"确定"按钮,即完成圆角特征的创建,如图 14-317 所示。

图 14-316　选择的圆角边 7　　　　　图 14-317　完成的圆角特征 7

本章小结

本章主要讲解了盖子、上盖、啤酒瓶盖、鼠标外壳、茶壶和轮毂模型的绘制。读者通过对这些具体实例的练习，能够真正学会相关技巧，从练习中掌握操作方法。

第 15 章 高手实训——装配设计

本章主要通过具体的实例来掌握 SolidWorks 绘图的操作方法,包括茶壶的装配、轴承的装配、齿轮泵装配等几个简单的实例,使读者能够基本地了解和掌握 SolidWorks 相关的技能。

Chapter 15 高手实训——装配设计

学习重点

- ☑ 熟悉 SolidWorks 2018 操作环境
- ☑ 掌握新建文件的方法
- ☑ 掌握文件管理的方法
- ☑ 掌握基本的二维草图的绘制方法(第 2 章内容)
- ☑ 掌握实体特征设计的方法(第 4 章内容)
- ☑ 掌握放置特征建模的方法(第 5 章内容)
- ☑ 掌握特征的编辑与管理方法(第 6 章内容)

15.1 茶壶的装配

以如图 15-1 所示的茶壶的装配为例，具体介绍装配方法。

图 15-1　茶壶

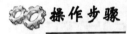

01 启动桌面上的"SolidWorks 2018"程序，界面如图 1-1 所示。

02 创建装配体文件。

创建装配体文件详见第 10 章中的 10.2 节。

03 在"开始装配体"属性管理器中，单击"要插入的零件/装配体"选项组中的"浏览"按钮，系统弹出"打开"对话框。

04 在"X:\源文件\ch15\茶壶"选择"壶身"零件作为装配体的基准零件，如图 15-2 所示，单击"打开"按钮，然后在绘图区合适位置单击以放置零件，调整视图，如图 15-3 所示。

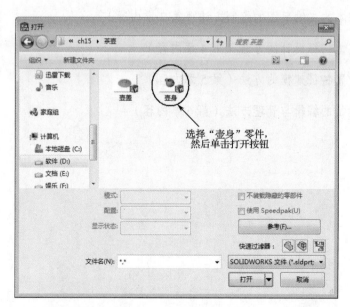

图 15-2　"打开"对话框

第 15 章 高手实训——装配设计

图 15-3 导入壶身零件后的界面

05 单击"装配体"功能区中的"插入零部件"按钮，或者选择"插入"→"零部件"→"现有零件/装配体"命令，系统弹出如图 15-4 所示的"插入零部件"属性管理器。

06 单击"要插入的零件/装配体"选项组中的"浏览"按钮，系统弹出"打开"对话框。

07 在"X:\源文件\ch15\茶壶"选择"壶盖"零件作为装配体的插入零件，如图 15-5 所示，单击"打开"按钮，然后在绘图区合适位置单击以放置零件，调整视图，如图 15-6 所示。

08 单击"装配体"功能区中的"配合"按钮，或者选择"工具"→"配合"命令，系统弹出"配合"属性管理器。

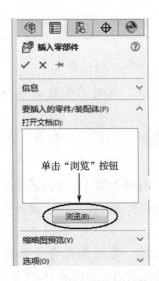

图 15-4 "插入零部件"属性管理器

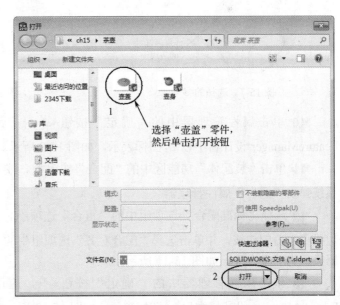

图 15-5 "打开"对话框

423

SolidWorks 2018 基础、进阶、高手一本通

图 15-6 导入壶盖零件后的界面

09 选择"标准配合"选项组中的"同轴心"选项◎，然后选择如图 15-7 所示壶身的边线和壶盖的边线，并单击选择"配合对齐"选项组中的"同向对齐"选项，"配合"属性管理器显示为"同心"属性管理器，如图 15-8 所示。

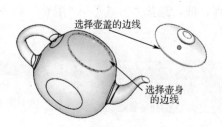

图 15-7 选择的参考

图 15-8 设置"同心"配合

10 单击属性管理器中的"确定"按钮✓，应用配合，此时的配合关系会在 FeatureManager 设计树中以 图标表示，如图 15-9 所示。

11 单击"装配体"功能区中的"配合"按钮，或者选择"工具"→"配合"命令，系统弹出"配合"属性管理器。

12 选择"标准配合"选项组中的"重合"选项，然后选择如图 15-10 所示壶身的边线和壶盖的边线，并单击选择"配合对齐"选项组中的"同向对齐"选项，属性管理器显示为"重合"，如图 15-11 所示。

13 单击属性管理器中的"确定"按钮✓，应用配合，此时的配合关系会在 FeatureManager 设计树中以 图标表示，如图 15-12 所示，配合后的效果如图 15-13 所示。

第 15 章　高手实训——装配设计

图 15-9　FeatureManager 设计树

图 15-10　选择的参考

图 15-11　设置"重合"配合

图 15-12　FeatureManager 设计树

14 保存文件。

单击工具栏中的"保存"按钮，系统打开如图 15-14 所示的"另存为"对话框，设定保存文件的名称为"茶壶"，然后单击"保存"按钮，即将装配后的茶壶装配体保存。

图 15-13　配合后的效果

图 15-14　"另存为"对话框

425

15.2 轴承的装配

以如图 15-15 所示的轴承装配为例，具体介绍装配方法。

图 15-15 轴承装配

操作步骤

01 启动桌面上的"SolidWorks 2018"程序，界面如图 1-1 所示。

02 创建装配体文件。

创建装配体文件详见第 10 章中的 10.2 节。

03 在"开始装配体"属性管理器中，单击"要插入的零件/装配体"选项组中的"浏览"按钮，系统弹出"打开"对话框。

04 在"X:\源文件\ch15\轴承装配"选择"保持架"零件作为装配体的基准零件，如图 15-16 所示，单击"打开"按钮，然后在绘图区合适位置单击以放置零件，调整视图，如图 15-17 所示。

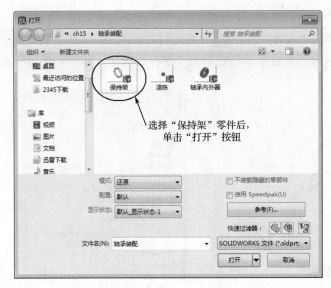

图 15-16 "打开"对话框

第15章 高手实训——装配设计

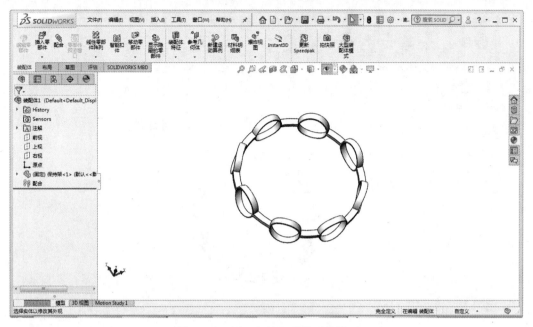

图15-17 导入保持架零件后的界面

05 单击"装配体"功能区中的"插入零部件"按钮,或者选择"插入"→"零部件"→"现有零件/装配体"命令,系统弹出如图15-18所示的"插入零部件"属性管理器。

06 单击"要插入的零件/装配体"选项组中的"浏览"按钮,系统弹出"打开"对话框。

07 在"X:\源文件\ch15\轴承装配"选择"滚珠"零件作为装配体的插入零件,如图15-19所示,单击"打开"按钮,然后在绘图区合适位置单击以放置零件,调整视图,如图15-20所示。

图15-18 "插入零部件"属性管理器

图15-19 "打开"对话框

427

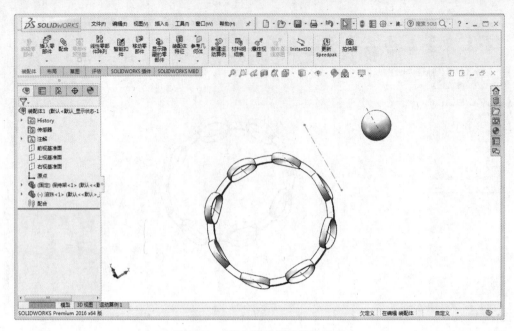

图 15-20 导入滚珠零件后的界面

08 单击"装配体"功能区中的"配合"按钮,或者选择"工具"→"配合"命令,系统弹出"配合"属性管理器。

09 选择"标准配合"选项组中的"重合"选项,然后选择如图 15-21 所示滚珠的基准轴和保持架的基准轴,并单击选择"配合对齐"选项组中的"同向对齐"选项,属性管理器显示为"重合",如图 15-22 所示。

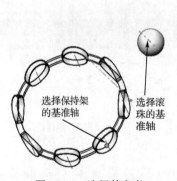

图 15-21 选择的参考

图 15-22 设置"重合"配合 1

10 单击属性管理器中的"确定"按钮,应用配合,此时的配合关系会在 FeatureManager 设计树中以图标表示,如图 15-23 所示。

11 单击"装配体"功能区中的"配合"按钮,或者选择"工具"→"配合"命令,系统弹出"配合"属性管理器。

428

12 选择"标准配合"选项组中的"相切"选项，然后选择如图 15-24 所示滚珠的面和保持架的面，并单击选择"配合对齐"选项组中的"同向对齐"选项，属性管理器如图 15-25 所示，其预览效果如图 15-26 所示。

图 15-23　FeatureManager 设计树

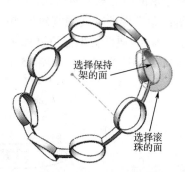

图 15-24　选择的参考

图 15-25　设置"相切"配合 1

图 15-26　预览效果

13 单击属性管理器中的"确定"按钮，应用配合，此时的配合关系会在 FeatureManager 设计树中以图标表示，如图 15-27 所示，配合后的效果如图 15-28 所示。

图 15-27　FeatureManager 设计树

图 15-28　配合后的效果

14 创建阵列特征。

创建阵列特征详见第6章中的6.12节。

选中FeatureManager设计树中的滚珠特征,然后单击"装配体"功能区中的"圆周阵列"按钮,单击属性管理器"参数"选项组的"反向"按钮后的列表框,然后选择如图15-29所示的中心轴,然后在"参数"选项组的"实例数"文本框中输入特征数8,并勾选"等间距"选项,其预览效果如图15-29所示。

其"圆周阵列"属性管理器设置如图15-30所示,单击属性管理器中的"确定"按钮,即完成圆周阵列特征的创建,如图15-31所示。

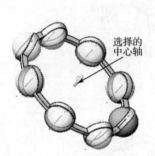

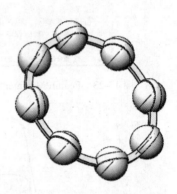

图15-29　选择的参考　　　图15-30　"圆周阵列"属性管理器　　　图15-31　完成的圆周阵列特征

15 单击"装配体"功能区中的"插入零部件"按钮,或者选择"插入"→"零部件"→"现有零件/装配体"命令,系统弹出"插入零部件"属性管理器。

16 单击"要插入的零件/装配体"选项组中的"浏览"按钮,系统弹出"打开"对话框。

17 在"X:\源文件\ch15\轴承装配"选择"轴承内外圈"零件作为装配体的插入零件,如图15-32所示,单击"打开"按钮,然后在绘图区合适位置单击以放置零件,调整视图,如图15-33所示。

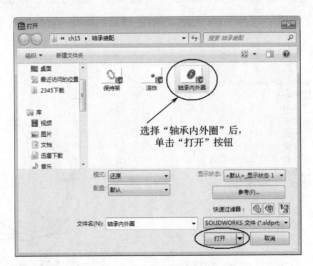

图15-32　"打开"对话框

第 15 章 高手实训——装配设计

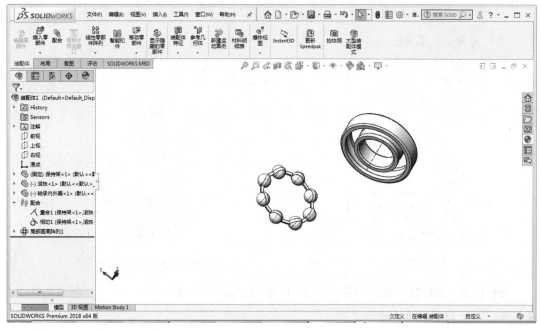

图 15-33 导入轴承内外圈零件后的界面

18 单击"装配体"功能区中的"配合"按钮 ⑩，或者选择"工具"→"配合"命令，系统弹出"配合"属性管理器。

19 选择"标准配合"选项组中的"重合"选项 人，然后选择如图 15-34 所示轴承内外圈的中心轴和保持架的中心轴，并单击选择"配合对齐"选项组中的"反向对齐"选项 ㄩ，属性管理器显示为"重合"，如图 15-35 所示。

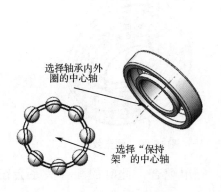

图 15-34 选择的参考

图 15-35 设置"重合"配合 2

20 单击属性管理器中的"确定"按钮 ✓，应用配合，此时的配合关系会在 FeatureManager 设计树中以 ⑩ 图标表示，如图 15-36 所示，配合后的效果如图 15-37 所示。

431

图 15-36 FeatureManager 设计树

图 15-37 配合后的效果

21 单击"装配体"功能区中的"配合"按钮 ⚲，或者选择"工具"→"配合"命令，系统弹出"配合"属性管理器。

22 选择"标准配合"选项组中的"相切"选项 ⚬，此时属性管理器显示为"相切"（见图 15-39），然后选择如图 15-38 所示滚珠的面和轴承内外圈的面，并单击选择"配合对齐"选项组中的"反向对齐"选项 ⇆，其预览效果如图 15-40 所示。

图 15-39 设置"相切"配合 2

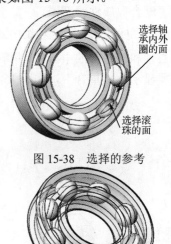

图 15-38 选择的参考

图 15-40 预览效果

23 单击属性管理器中的"确定"按钮 ✓，应用配合，此时的配合关系会在 FeatureManager 设计树中以 ⦚ 图标表示，如图 15-41 所示，配合后的效果如图 15-42 所示。

24 保存文件。

单击工具栏中的"保存"按钮 ⬛，系统打开"另存为"对话框，设定保存文件的名称为"轴承装配"。

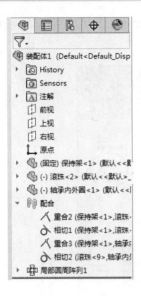

图 15-41　FeatureManager 设计树

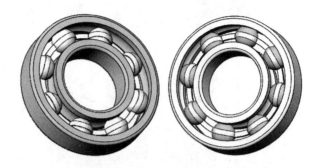

图 15-42　配合后的效果

15.3　齿轮泵装配

以如图 15-43 所示的齿轮泵装配为例，具体介绍装配方法。

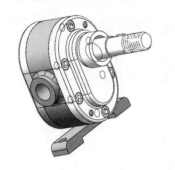
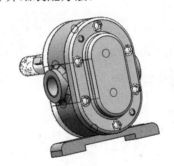

图 15-43　齿轮泵装配

1. 支撑轴装配

操作步骤

01 启动桌面上的"SolidWorks 2018"程序。

02 创建装配体文件。

创建装配体文件详见第 10 章中的 10.2 节。

03 在"开始装配体"属性管理器中，单击"要插入的零件/装配体"选项组中的"浏览"按钮，系统弹出"打开"对话框。

04 在"X:\源文件\ch15\齿轮泵装配"选择"支撑轴"零件作为装配体的基准零件，

如图 15-44 所示,单击"打开"按钮,然后在绘图区合适位置单击以放置零件,调整视图,如图 15-45 所示。

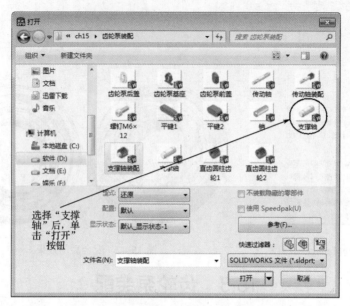

图 15-44 "打开"对话框

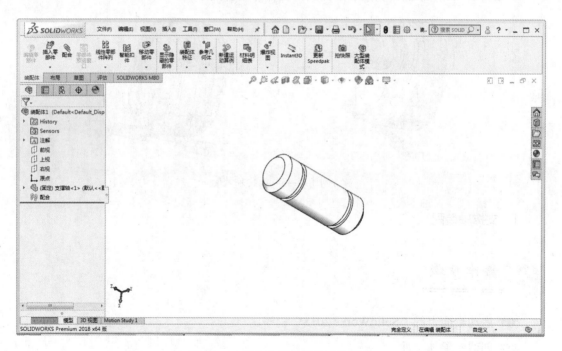

图 15-45 导入支撑轴零件后的界面

05 单击"装配体"功能区中的"插入零部件"按钮,或者选择"插入"→"零部件"→"现有零件/装配体"命令,系统弹出如图 15-46 所示的"插入零部件"属性管理器。

06 单击"要插入的零件/装配体"选项组中的"浏览"按钮,系统弹出"打开"对话框。

07 在"X:\源文件\ch15\齿轮泵装配"选择"直齿圆柱齿轮 2"零件作为装配体的插入零件,如图 15-47 所示,单击"打开"按钮,然后在绘图区合适位置单击以放置零件,调整视图,如图 15-48 所示。

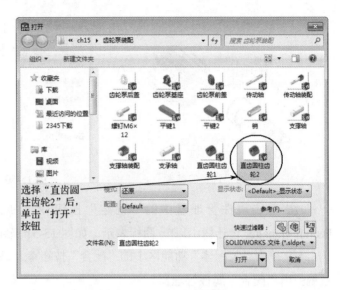

图 15-46 "插入零部件"属性管理器　　　　图 15-47 "打开"对话框

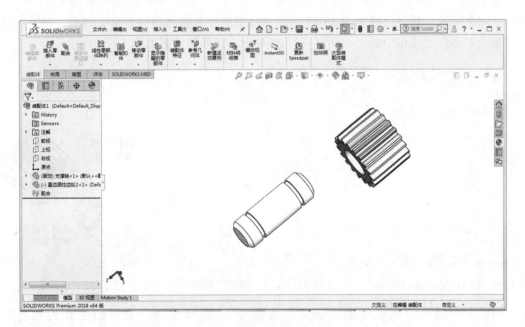

图 15-48 导入直齿圆柱齿轮 2 零件后的界面

08 单击"装配体"功能区中的"配合"按钮,或者选择"工具"→"配合"命令,系统弹出"配合"属性管理器。

09 选择"标准配合"选项组中的"同轴心"选项,然后选择如图 15-49 所示支撑轴的面和直齿圆柱齿轮 2 的面,并单击选择"配合对齐"选项组中的"同向对齐"选项,属性管理器显示为"同心",如图 15-50 所示。

435

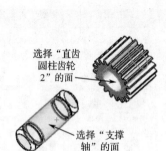

图 15-49　选择的参考　　　　　图 15-50　设置"同心"配合 1

10 单击属性管理器中的"确定"按钮 ✓，应用配合，此时的配合关系会在 FeatureManager 设计树中以 ⬚ 图标表示，如图 15-51 所示。

11 单击"装配体"功能区中的"配合"按钮 ⬚，或者选择"工具"→"配合"命令，系统弹出"配合"属性管理器。

12 选择"标准配合"选项组中的"重合"选项 ⬚，此时属性管理器显示为"重合"，如图 15-52 所示，然后选择如图 15-53 所示支撑轴的面和直齿圆柱齿轮 2 的面，并单击选择"配合对齐"选项组中的"同向对齐"选项 ⬚，其预览效果如图 15-54 所示。

图 15-51　FeatureManager 设计树　　　图 15-52　设置"重合"配合 1　　　图 15-53　选择的参考

13 单击属性管理器中的"确定"按钮 ✓，应用配合，此时的配合关系会在 FeatureManager 设计树中以 ⬚ 图标表示，如图 15-55 所示，配合后的效果如图 15-56 所示。

14 保存文件。

单击工具栏中的"保存"按钮 ⬚，系统打开"另存为"对话框，设定保存文件的名称为"支撑轴装配"。

图 15-54 预览效果

图 15-55 FeatureManager 设计树

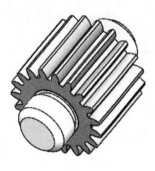
图 15-56 配合后的效果

2. 传动轴装配

操作步骤

01 启动桌面上的"SolidWorks 2018"程序。

02 创建装配体文件。

创建装配体文件详见第 10 章中的 10.2 节。

03 在"开始装配体"属性管理器中,单击"要插入的零件/装配体"选项组中的"浏览"按钮,系统弹出"打开"对话框。

04 在"X:\源文件\ch15\齿轮泵装配"选择"传动轴"零件作为装配体的基准零件,如图 15-57 所示,单击"打开"按钮,然后在绘图区合适位置单击以放置零件,调整视图,如图 15-58 所示。

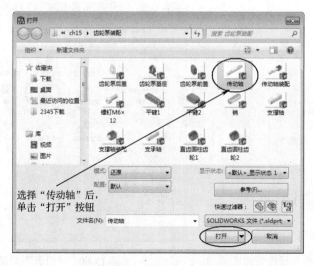
图 15-57 "打开"对话框

SolidWorks 2018 基础、进阶、高手一本通

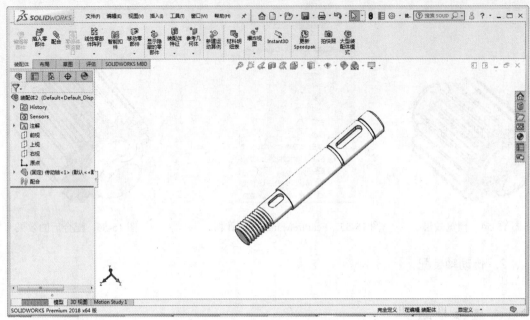

图 15-58 导入传动轴零件后的界面

05 单击"装配体"功能区中的"插入零部件"按钮，或者选择"插入"→"零部件"→"现有零件/装配体"命令，系统弹出如图 15-59 所示的"插入零部件"属性管理器。

06 单击"要插入的零件/装配体"选项组中的"浏览"按钮，系统弹出"打开"对话框。

07 在"X:\源文件\ch15\齿轮泵装配"选择"平键1"零件作为装配体的插入零件，如图 15-60 所示，单击"打开"按钮，然后在绘图区合适位置单击以放置零件，调整视图，如图 15-61 所示。

图 15-59 "插入零部件"属性管理器

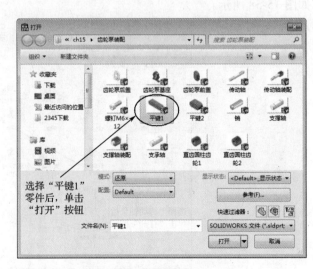

图 15-60 "打开"对话框

438

第 15 章　高手实训——装配设计

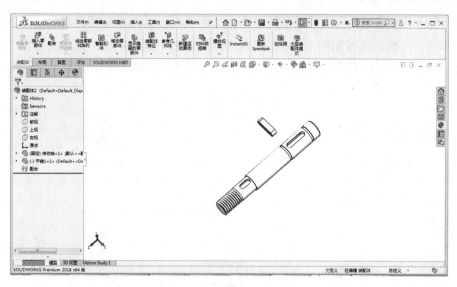

图 15-61　导入平键 1 零件后的界面

08 单击"装配体"功能区中的"配合"按钮，或者选择"工具"→"配合"命令，系统弹出"配合"属性管理器。

09 选择"标准配合"选项组中的"重合"选项，此时属性管理器显示为"重合"，如图 15-62 所示，然后选择如图 15-63 所示传动轴的面和平键 1 的面，并单击选择"配合对齐"选项组中的"反向对齐"选项。

图 15-62　设置"重合"配合 1

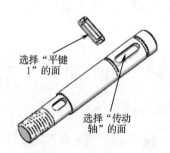

图 15-63　选择的参考

10 单击属性管理器中的"确定"按钮，应用配合，此时的配合关系会在 FeatureManager 设计树中以图标表示，如图 15-64 所示。

11 单击"装配体"功能区中的"配合"按钮，或者选择"工具"→"配合"命令，系统弹出"配合"属性管理器。

439

12 选择"标准配合"选项组中的"重合"选项，此时属性管理器显示为"重合"（见图 15-65），然后选择如图 15-66 所示传动轴的面和平键 1 的面，并单击选择"配合对齐"选项组中的"反向对齐"选项，其预览效果如图 15-67 所示。

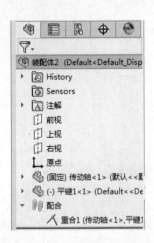

图 15-64　FeatureManager 设计树　　　　　图 15-65　设置"重合"配合 2

13 单击属性管理器中的"确定"按钮，应用配合，此时的配合关系会在 FeatureManager 设计树中以图标表示，如图 15-68 所示。

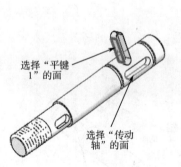  

图 15-66　选择的参考　　　图 15-67　预览效果　　　图 15-68　FeatureManager 设计树

14 单击"装配体"功能区中的"配合"按钮，或者选择"工具"→"配合"命令，系统弹出"配合"属性管理器。

15 选择"标准配合"选项组中的"同轴心"选项，此时属性管理器显示为"同心"（见图 15-69），然后选择如图 15-70 所示传动轴的面和平键 1 的面，并单击选择"配合对齐"选项组中的"同向对齐"选项，其预览效果如图 15-71 所示。

第 15 章 高手实训——装配设计

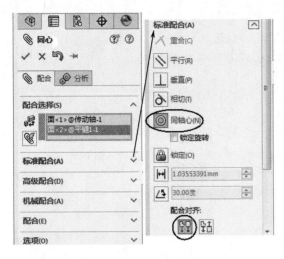

图 15-69 设置"同心"配合 1

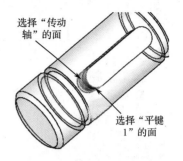

图 15-70 选择的参考

16 单击属性管理器中的"确定"按钮 ✓，应用配合，此时的配合关系会在 FeatureManager 设计树中以 🔗 图标表示，如图 15-72 所示，配合后的效果如图 15-73 所示。

图 15-71 预览效果

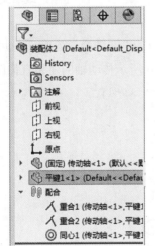

图 15-72 FeatureManager 设计树

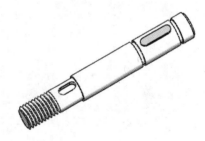

图 15-73 配合后的效果

17 单击"装配体"功能区中的"插入零部件"按钮 🛠️，或者选择"插入"→"零部件"→"现有零件/装配体"命令，系统弹出"插入零部件"属性管理器。

18 单击"要插入的零件/装配体"选项组中的"浏览"按钮，系统弹出"打开"对话框。

19 在"X:\源文件\ch15\齿轮泵装配"选择"直齿圆柱齿轮 1"零件作为装配体的插入零件，单击"打开"按钮，然后在绘图区合适位置单击以放置零件，调整视图，如图 15-74 所示。

441

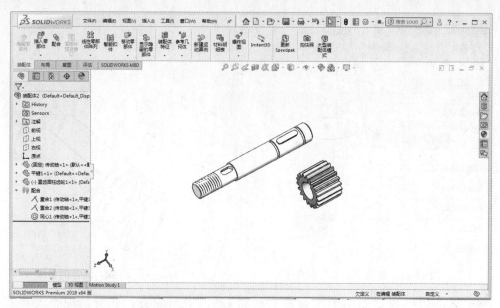

图 15-74　导入直齿圆柱齿轮 1 零件后的界面

20 单击"装配体"功能区中的"配合"按钮 ◎，或者选择"工具"→"配合"命令，系统弹出"配合"属性管理器。

21 选择"标准配合"选项组中的"同轴心"选项 ◎，此时属性管理器显示为"同心"（见图 15-75），然后选择如图 15-76 所示传动轴的面和直齿圆柱齿轮 1 的面，并单击选择"配合对齐"选项组中的"反向对齐"选项 ⊟。

图 15-75　设置"同心"配合 2

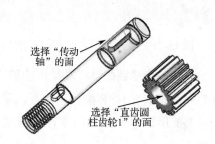

图 15-76　选择的参考

22 单击属性管理器中的"确定"按钮 ✓，应用配合，此时的配合关系会在 FeatureManager 设计树中以 ◎◎ 图标表示。

23 单击"装配体"功能区中的"配合"按钮 ◎，或者选择"工具"→"配合"命令，系统弹出"配合"属性管理器。

24 选择"标准配合"选项组中的"重合"选项，此时属性管理器显示为"重合"（见图15-77），然后选择如图15-78所示平键1的面和直齿圆柱齿轮1的面，并单击选择"配合对齐"选项组中的"反向对齐"选项。

图15-77 设置"重合"配合3

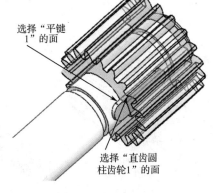

图15-78 选择的参考

25 单击属性管理器中的"确定"按钮，应用配合，此时的配合关系会在FeatureManager设计树中以图标表示，如图15-79所示。

26 单击"装配体"功能区中的"配合"按钮，或者选择"工具"→"配合"命令，系统弹出"配合"属性管理器。

27 选择"标准配合"选项组中的"重合"选项，此时属性管理器显示为"重合"（见图15-80），然后选择如图15-81所示传动轴的面和直齿圆柱齿轮1的面，并单击选择"配合对齐"选项组中的"同向对齐"选项，其预览效果如图15-82所示。

图15-79 FeatureManager设计树

图15-80 设置"重合"配合4

443

28 单击属性管理器中的"确定"按钮 ✓，应用配合，此时的配合关系会在 FeatureManager 设计树中以 ⌘ 图标表示，如图 15-83 所示，配合后的效果如图 15-84 所示。

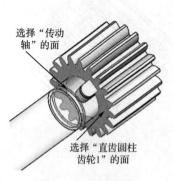

图 15-81　选择的参考　　　图 15-82　预览效果　　　图 15-83　FeatureManager 设计树

29 单击"装配体"功能区中的"插入零部件"按钮，或者选择"插入"→"零部件"→"现有零件/装配体"命令，系统弹出"插入零部件"属性管理器。

30 单击"要插入的零件/装配体"选项组中的"浏览"按钮，系统弹出如图 15-85 所示的"打开"对话框。

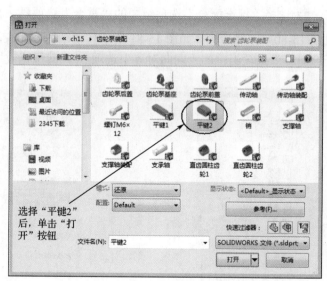

图 15-84　配合后的效果　　　　　　　图 15-85　"打开"对话框

31 在"X:\源文件\ch15\齿轮泵装配"选择"平键 2"零件作为装配体的插入零件，单击"打开"按钮，然后在绘图区合适位置单击以放置零件，调整视图，如图 15-86 所示。

第 15 章 高手实训——装配设计

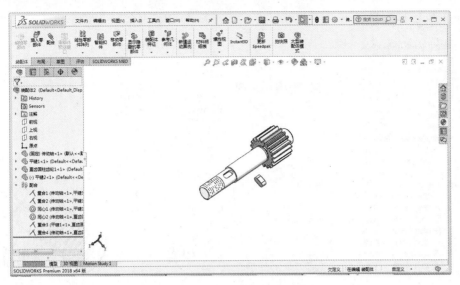

图 15-86 导入平键 2 零件后的界面

32 单击"装配体"功能区中的"配合"按钮，或者选择"工具"→"配合"命令，系统弹出"配合"属性管理器。

33 选择"标准配合"选项组中的"重合"选项，此时属性管理器显示为"重合"（见图 15-87），然后选择如图 15-88 所示平键 2 的面和传动轴的面，并单击选择"配合对齐"选项组中的"反向对齐"选项。

图 15-87 设置"重合"配合 5

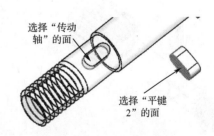

图 15-88 选择的参考

34 单击属性管理器中的"确定"按钮，应用配合，此时的配合关系会在 FeatureManager 设计树中以图标表示，如图 15-89 所示。

35 单击"装配体"功能区中的"配合"按钮，或者选择"工具"→"配合"命令，系统弹出"配合"属性管理器。

36 选择"标准配合"选项组中的"重合"选项，此时属性管理器显示为"重合"（见图 15-90），然后选择如图 15-91 所示平键 2 的面和传动轴的面，并单击选择"配合对齐"选项组中的"反向对齐"选项，其预览效果如图 15-92 所示。

445

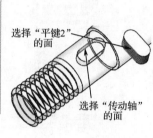

图 15-89　FeatureManager 设计树　　图 15-90　设置"重合"配合 6　　图 15-91　选择的参考

37 单击属性管理器中的"确定"按钮 ✓，应用配合，此时的配合关系会在 FeatureManager 设计树中以 图标表示，如图 15-93 所示，配合后的效果如图 15-94 所示。

图 15-92　预览效果　　　　图 15-93　FeatureManager 设计树　　图 15-94　配合后的效果

38 单击"装配体"功能区中的"配合"按钮 ，或者选择"工具"→"配合"命令，系统弹出"配合"属性管理器。

39 选择"标准配合"选项组中的"同轴心"选项 ，此时属性管理器显示为"同心"（见图 15-95），然后选择如图 15-96 所示传动轴的面和平键 2 的面，并单击选择"配合对齐"选项组中的"同向对齐"选项 ，其预览效果如图 15-97 所示。

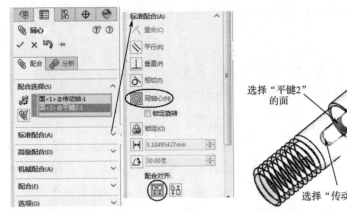

图 15-95 设置"同心"配合 3　　图 15-96 选择的参考　　图 15-97 预览效果

40 单击属性管理器中的"确定"按钮 ✓ ，应用配合，此时的配合关系会在 FeatureManager 设计树中以 图标表示，如图 15-98 所示，配合后的效果如图 15-99 所示。

图 15-98　FeatureManager 设计树　　　　图 15-99　配合后的效果

41 保存文件。

单击工具栏中的"保存"按钮 ，系统打开"另存为"对话框，设定保存文件的名称为"传动轴装配"。

3．齿轮泵总装配

操作步骤

01 启动桌面上的"SolidWorks 2018"程序。

02 创建装配体文件。

创建装配体文件详见第 10 章中的 10.2 节。

03 在"开始装配体"属性管理器中，单击"要插入的零件/装配体"选项组中的"浏览"按钮，系统弹出"打开"对话框。

04 在"X:\源文件\ch15\齿轮泵装配"选择"齿轮泵基座"零件作为装配体的基准零

447

件，单击"打开"按钮，然后在绘图区合适位置单击以放置零件，调整视图，如图 15-100 所示。

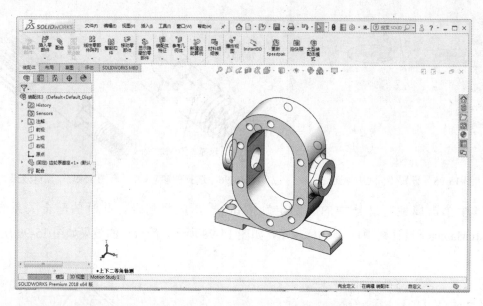

图 15-100 导入齿轮泵基座后的界面

05 单击"装配体"功能区中的"插入零部件"按钮，或者选择"插入"→"零部件"→"现有零件/装配体"命令，系统弹出"插入零部件"属性管理器。

06 单击"要插入的零件/装配体"选项组中的"浏览"按钮，系统弹出"打开"对话框。

07 在"X:\源文件\ch15\齿轮泵装配"选择"齿轮泵前盖"零件作为装配体的插入零件，单击"打开"按钮，然后在绘图区合适位置单击以放置零件，然后调整视图，如图 15-101 所示。

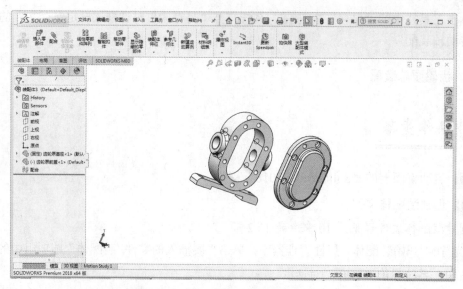

图 15-101 导入齿轮泵前盖零件后的界面

第 15 章 高手实训——装配设计

08 单击"装配体"功能区中的"配合"按钮，或者选择"工具"→"配合"命令，系统弹出"配合"属性管理器。

09 选择"标准配合"选项组中的"重合"选项，此时属性管理器显示为"重合"（见图 15-102），然后选择如图 15-103 所示齿轮泵基座的基准轴和齿轮泵前盖的基准轴，并单击选择"配合对齐"选项组中的"同向对齐"选项。

图 15-102　设置"重合"配合 1

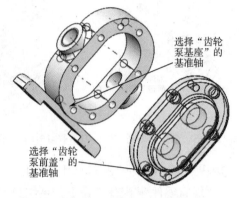

图 15-103　选择的参考

10 单击属性管理器中的"确定"按钮，应用配合，此时的配合关系会在 FeatureManager 设计树中以图标表示，如图 15-104 所示。

11 单击"装配体"功能区中的"配合"按钮，或者选择"工具"→"配合"命令，系统弹出"配合"属性管理器。

12 选择"标准配合"选项组中的"重合"选项，此时属性管理器显示为"重合"（见图 15-105），然后选择如图 15-106 所示齿轮泵基座的面和齿轮泵前盖的面，并单击选择"配合对齐"选项组中的"异向对齐"选项，其预览效果如图 15-107 所示。

图 15-104　FeatureManager 设计树

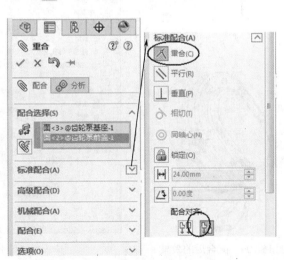

图 15-105　设置"重合"配合 2

449

13 单击属性管理器中的"确定"按钮 ✓，应用配合，此时的配合关系会在 FeatureManager 设计树中以 🔗 图标表示，如图 15-108 所示，配合后的效果如图 15-109 所示。

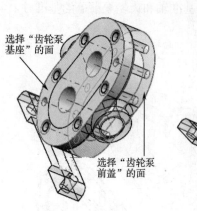
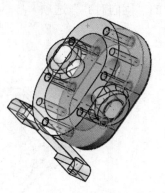

图 15-106　选择的参考　　　图 15-107　预览效果　　　图 15-108　FeatureManager 设计树

14 单击"装配体"功能区中的"插入零部件"按钮 🔧，或者选择"插入"→"零部件"→"现有零件/装配体"命令，系统弹出"插入零部件"属性管理器。

15 单击"要插入的零件/装配体"选项组中的"浏览"按钮，系统弹出"打开"对话框。

16 在"X:\源文件\ch15\齿轮泵装配"选择"销"零件作为装配体的插入零件，如图 15-110 所示，单击"打开"按钮，然后在绘图区合适位置单击以放置零件，调整视图，如图 15-111 所示。

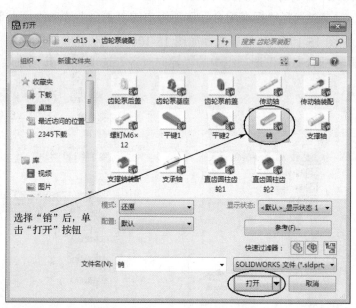

图 15-109　配合后的效果　　　　　图 15-110　"打开"对话框

第 15 章 高手实训——装配设计

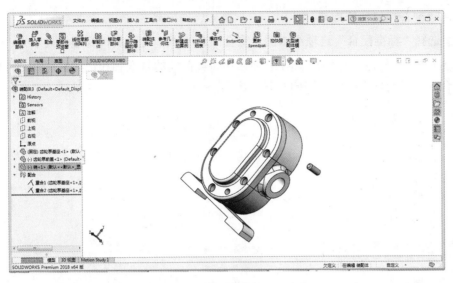

图 15-111 导入销零件后的界面

17 单击"装配体"功能区中的"配合"按钮，或者选择"工具"→"配合"命令，系统弹出"配合"属性管理器。

18 选择"标准配合"选项组中的"重合"选项，此时属性管理器显示为"重合"（见图 15-112），然后选择如图 15-113 所示齿轮泵前盖的面和销的面，并单击选择"配合对齐"选项组中的"同向对齐"选项，其预览效果如图 15-114 所示。

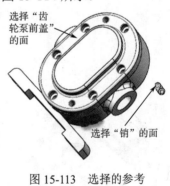

图 15-113 选择的参考

图 15-112 设置"重合"配合 3

图 15-114 预览效果

19 单击属性管理器中的"确定"按钮，应用配合，此时的配合关系会在 FeatureManager 设计树中以 图标表示，如图 15-115 所示。

20 单击"装配体"功能区中的"配合"按钮，或者选择"工具"→"配合"命令，系统弹出"配合"属性管理器。

21 选择"标准配合"选项组中的"重合"选项，此时属性管理器显示为"重合"（见图 15-116），然后选择如图 15-117 所示齿轮泵前盖的基准轴和销的基准轴，并单击选择"配合对齐"选项组中的"同向对齐"选项。

图 15-115 FeatureManager 设计树

图 15-116 设置"重合"配合 4

22 单击属性管理器中的"确定"按钮，应用配合，此时的配合关系会在 FeatureManager 设计树中以图标表示，如图 15-118 所示，配合后的效果如图 15-119 所示。

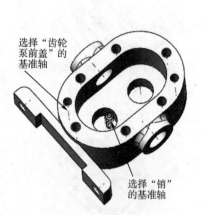

图 15-117 选择的参考

图 15-118 FeatureManager 设计树

图 15-119 配合后的效果

23 装配另外一定位销，装配方法详见操作步骤 14～21。装配完成后的配合关系会在 FeatureManager 设计树中以图标表示，如图 15-120 所示，配合后的效果如图 15-121 所示。

24 单击"装配体"功能区中的"插入零部件"按钮，或者选择"插入"→"零部件"→"现有零件/装配体"命令，系统弹出"插入零部件"属性管理器。

452

25 单击"要插入的零件/装配体"选项组中的"浏览"按钮,系统弹出"打开"对话框。

26 在"X:\源文件\ch15\齿轮泵装配"选择"支撑轴装配"装配体作为插入部件,单击"打开"按钮,然后在绘图区合适位置单击以放置部件,如图 15-122 所示。

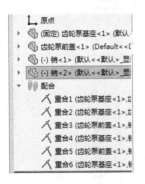

图 15-120　FeatureManager 设计树　　　图 15-121　配合后的效果　　　图 15-122　放置部件

27 单击"装配体"功能区中的"配合"按钮,或者选择"工具"→"配合"命令,系统弹出"配合"属性管理器。

28 选择"标准配合"选项组中的"距离"选项,并输入数值 0.1,此时属性管理器显示为"距离"(见图 15-123),然后选择如图 15-124 所示齿轮泵前盖的面和支撑轴装配的面,并单击选择"配合对齐"选项组中的"反向对齐"选项。

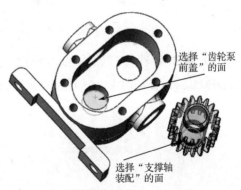

图 15-123　设置"距离"配合 1　　　　图 15-124　选择的参考

29 单击属性管理器中的"确定"按钮,应用配合,此时的配合关系会在 FeatureManager 设计树中以图标表示,如图 15-125 所示。

30 单击"装配体"功能区中的"配合"按钮,或者选择"工具"→"配合"命令,系统弹出"配合"属性管理器。

31 选择"标准配合"选项组中的"重合"选项,此时属性管理器显示为"重合"

(见图15-126),然后选择如图15-127所示齿轮泵前盖的基准轴和支撑曲轴装配的基准轴,并单击选择"配合对齐"选项组中的"同向对齐"选项,其预览效果如图15-128所示。

图 15-125　FeatureManager 设计树

图 15-126　设置"重合"配合 7

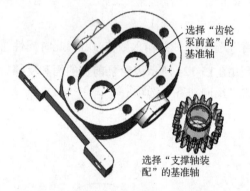

图 15-127　选择的参考

图 15-128　预览效果

32 单击属性管理器中的"确定"按钮 ✓,应用配合,此时的配合关系会在 FeatureManager 设计树中以 🔗 图标表示,如图 15-129 所示,配合后的效果如图 15-130 所示。

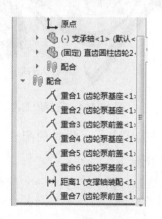

图 15-129　FeatureManager 设计树

图 15-130　配合后的效果

33 按照同样的方法装配"传动轴装配"部件。其装配方法详见步骤 24～32，设置"距离"约束的距离值为 0.1mm，距离配合约束预览效果如图 15-131 所示，基准轴配合约束预览效果如图 15-132 所示，装配完成后的配合关系会在 FeatureManager 设计树中以 图标表示，如图 15-133 所示，配合后的效果如图 15-134 所示。

图 15-131　距离配合预览效果　　　　图 15-132　基准轴重合配合预览效果

图 15-133　FeatureManager 设计树　　　　图 15-134　配合后的效果

34 按照同样的方法装配齿轮泵后盖。其装配方法详见步骤 5～13，齿轮泵基座的面和齿轮泵后盖的面重合配合预览效果如图 15-135 所示，齿轮泵基座的基准轴和齿轮泵后盖的基准轴（定位销孔的基准轴）重合配合预览效果如图 15-136 所示，其齿轮泵基座的基准轴和齿轮泵后盖的基准轴（定位销孔的基准轴）重合配合预览效果如图 15-137 所示。

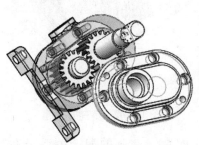
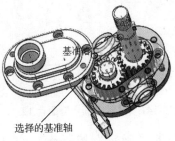
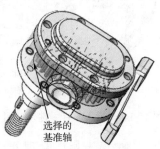

图 15-135　面重合配合预览效果　　图 15-136　基准轴重合配合　　图 15-137　基准轴重合配合
　　　　　　　　　　　　　　　　　　　　　　预览效果 1　　　　　　　　　　预览效果 2

455

装配完成后的配合关系会在 FeatureManager 设计树中以 00 图标表示，如图 15-139 所示，配合后的效果如图 15-138 所示。

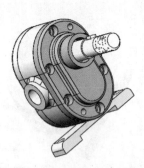

图 15-138　配合后的效果　　　　　图 15-139　FeatureManager 设计树

35 单击"装配体"功能区中的"插入零部件"按钮，或者选择"插入"→"零部件"→"现有零件/装配体"命令，系统弹出"插入零部件"属性管理器。

36 单击"要插入的零件/装配体"选项组中的"浏览"按钮，系统弹出"打开"对话框。

37 在"X:\源文件\ch15\齿轮泵装配"选择"螺钉 M6×12"零件作为装配体的插入零件，单击"打开"按钮，然后在绘图区合适位置单击以放置零件，如图 15-140 所示。

38 单击"装配体"功能区中的"配合"按钮，或者选择"工具"→"配合"命令，系统弹出"配合"属性管理器。

39 选择"标准配合"选项组中的"重合"选项，此时属性管理器显示为"重合"（见图 15-141），然后选择如图 15-142 所示齿轮泵后盖的面和螺钉 M6×12 的面，并单击选择"标准配合"选项组中的"反向对齐"选项，其预览效果如图 15-143 所示。

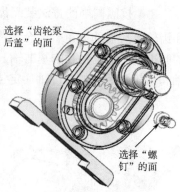

图 15-140　导入螺钉零件　　图 15-141　设置"重合"配合 12　　图 15-142　选择的参考

40 单击属性管理器中的"确定"按钮，应用配合，此时的配合关系会在 FeatureManager 设计树中以 00 图标表示，如图 15-144 所示。

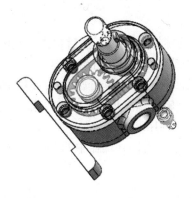

图 15-143　预览效果　　　　　　　　　　　图 15-144　FeatureManager 设计树

41 单击"装配体"功能区中的"配合"按钮，或者选择"工具"→"配合"命令，系统弹出"配合"属性管理器。

42 选择"标准配合"选项组中的"重合"选项，此时属性管理器显示为"重合"（见图 15-145），然后选择如图 15-146 所示齿轮泵后盖的面和螺钉 M6×12 的面，并单击选择"标准配合"选项组中的"反向对齐"选项。

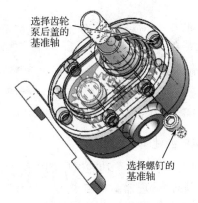

图 15-145　设置"重合"配合 13　　　　　　图 15-146　选择的参考

43 单击属性管理器中的"确定"按钮，应用配合，此时的配合关系会在 FeatureManager 设计树中以图标表示，如图 15-147 所示，配合后的效果如图 15-148 所示。

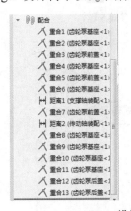

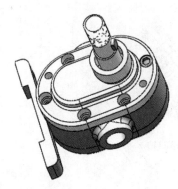

图 15-147　FeatureManager 设计树　　　　　图 15-148　配合后的效果

44 创建圆周零部件阵列。

选中"FeatureManager 设计树"中刚刚装配好的螺钉 M6×12，然后单击"装配体"功能区中的"圆周零部件阵列"按钮，系统弹出"圆周阵列"属性管理器。

单击"参数"选项组的"反向"按钮后的列表框，然后单击如图 15-149 所示的中心轴，然后在"参数"选项组的"角度"文本框中输入角度值 90，在"参数"选项组的"实例数"文本框中输入特征数 2，预览效果如图 15-149 所示。

"圆周阵列"属性管理器设置如图 15-150 所示，单击属性管理器中的"确定"按钮，即完成圆周零部件阵列的创建，如图 15-151 所示。

图 15-149　基准选择及预览效果　　图 15-150　"圆周阵列"属性管理器　　图 15-151　完成的圆周阵列零部件

45 创建基准面。

单击"装配体"功能区中的"参考几何体"选项下的"基准面"按钮，系统弹出"基准面"属性管理器。单击"第一参考"下的列表框，选择右视基准面作为参考；单击"第二参考"下的列表框，选择如图 15-152 所示的基准轴作为参考。

其"基准面"属性管理器设置如图 15-153 所示，单击属性管理器中的"确定"按钮，即完成基准面的创建。

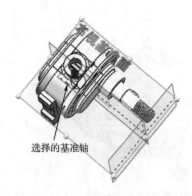

图 15-152　第二参考选择及预览效果　　　　图 15-153　"基准面"属性管理器

458

46 创建镜像零部件。

单击"装配体"功能区中的"镜像零部件"按钮，然后单击"镜像基准面"选项的列表框，选择刚刚创建的基准面 1；单击"要镜像的零部件"选项列表框中，选择刚刚创建的圆周阵列特征的一个螺钉（见图 15-154），其"镜像零部件"属性管理器如图 15-155 所示。

单击属性管理器中的"确定"按钮，即完成镜像零部件的创建，如图 15-156 所示。

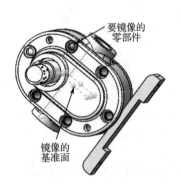

图 15-154　创建镜像特征　　图 15-155　"镜像零部件"属性管理器　　图 15-156　完成的镜像零部件 1

47 创建镜像零部件 2。

单击"装配体"功能区中的"镜像零部件"按钮，然后单击"镜像基准面"选项的列表框，选择齿轮泵后盖的基准面 1；单击"要镜像的零部件"选项列表框，依次选择如图 15-157 所示的螺钉，其"镜像零部件"属性管理器如图 15-158 所示。

单击属性管理器中的"确定"按钮，即完成镜像零部件的创建，如图 15-159 所示。

图 15-157　选择的参考　　图 15-158　"镜像零部件"属性管理器　　图 15-159　完成的镜像零部件 2

48 创建镜像零部件 3。

单击"装配体"功能区中的"镜像零部件"按钮，然后单击"镜像基准面"选项的列表框，选择齿轮泵基座的前视基准面；单击"要镜像的零部件"选项列表框，依次选择如图 15-160 所示所有的螺钉，其"镜像零部件"属性管理器如图 15-161 所示。

单击属性管理器中的"确定"按钮，即完成镜像零部件的创建，如图 15-162 所示。

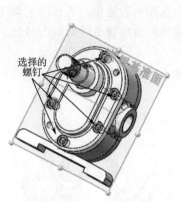  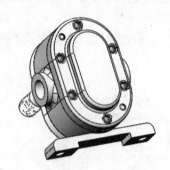

图 15-160　选择的参考　　图 15-161　"镜像零部件"属性管理器　　图 15-162　完成的镜像零部件 3

49 创建镜像零部件 4。

单击"装配体"功能区中的"镜像零部件"按钮 ,然后单击"镜像基准面"选项的列表框,选择齿轮泵基座的前视基准面;单击"要镜像的零部件"选项列表框,依次选择如图 15-163 所示的销钉,其"镜像零部件"属性管理器如图 15-164 所示。

单击属性管理器中的"确定"按钮 ,即完成镜像零部件的创建,如图 15-165 所示。

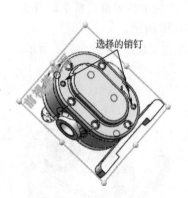  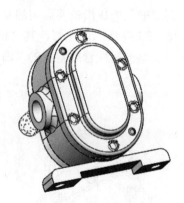

图 15-163　选择的参考　　图 15-164　"镜像零部件"属性管理器　　图 15-165　完成的镜像零部件 4

50 保存文件。

单击工具栏中的"保存"按钮 ,系统打开"另存为"对话框,设定保存文件的名称为"齿轮泵装配"。

本章小结

本章主要讲了茶壶的装配、轴承的装配和齿轮泵的装配,通过这些具体实例的练习,讲解具体装配所需采用的具体操作技巧方法,使读者能够真正学会相关技巧,从练习中掌握方法。